Renato Massa

L'ÉVOLUTION

L'aventure de la matière vivante

traduit de l'italien par

Dominique Vittoz

Éditions du Rouergue

SOMMAIRE

Introduction . . . 7

1. Darwin . . . **9**
Le voyage du *Beagle* . . . 9
Le naturaliste . . . 12
Les prédécesseurs . . . 14
Darwin et Wallace . . . 19
Actualisme . . . 21

2. Les preuves historiques . . . **25**
L'âge de la Terre . . . 25
Sélection artificielle . . . 26
Naissance de la génétique . . . 30
Sélection naturelle . . . 32
Anatomie comparée . . . 34
Embryologie comparée . . . 36
Éthologie comparée . . . 37

3. Biogéographie . . . **40**
De Dublin . . . 40
Régions biogéographiques . . . 45
Identités ethniques . . . 48

4. Spéciation . . . **50**
En Mélanésie septentrionale . . . 50
Espèces et spéciation . . . 52
Stades de la spéciation allopatrique . . . 54

5. Adaptation . . . **59**
L'adaptation comme projet . . . 59
Hypothèses sur le passé . . . 60
Coévolution . . . 62
Évolution par sauts . . . 65
Sélection sexuelle . . . 68

6. Sociobiologie . . . **71**
La nouvelle synthèse . . . 71
Stratégies alternatives . . . 71
Communication . . . 72
Évolution de la socialité . . . 77
Darwinisme social . . . 80

7. Convergence . . . **81**
Pourquoi un poisson nage-t-il ? . . . 81
Propriétés admirables . . . 84
Solutions de la vie . . . 85
Convergence globale . . . 90

8. Le cadre . . . **95**

9. Origines de la vie . . . **104**
Qu'est-ce que la vie ? . . . 104
Information et élaboration . . . 105
Origines dans les protéines . . . 106
Origines dans les acides nucléiques . . . 108

Vie bouillante . . . 110
Code génétique . . . 111
Les premiers organismes véritables . . . 116
Lien fatal . . . 118

10. Procaryotes . . . 119
Copies de programmes . . . 119
Conjugaison . . . 120
Évolution bactérienne . . . 123
Extinctions impossibles . . . 124

11. Eucaryotes . . . 128
Une incroyable symbiose . . . 128
Unicellulaires et autres . . . 136
Fécondation et méiose . . . 137
Conflit d'intérêts . . . 138

12. Vie dans les océans . . . 142
L'explosion cambrienne . . . 142
L'évolution des poissons . . . 145
Poumons et vessie natatoire . . . 147
Vers la vie sur les continents . . . 150

13. Tétrapodes . . . 152
De l'eau à la terre . . . 152
Radiations terrestres . . . 155
Tortues . . . 157
Monstres marins . . . 158
Diapsides : les Lépidosauriens . . . 159

14. Archosauriens . . . 162
Théocodontes . . . 162
Bipèdes ou quadrupèdes ? . . . 163
Écologie jurassique . . . 166
Extinction de masse . . . 169
Archosauriens survivants . . . 171

15. Mammifères . . . 177
La radiation adaptative . . . 180
Primates . . . 185
Brachiation . . . 188
Origine de l'homme . . . 190

16. Intelligence . . . 192
Impressions humaines . . . 192
Langage des sourds-muets . . . 192
Oiseaux créatifs . . . 195
Les travaux sur Alex . . . 196

17. Un regard critique et historique . . . 202
Ancêtres et cousins . . . 202
Le progrès . . . 203
Les cinq théories de l'évolution . . . 205
L'acceptation du darwinisme . . . 213

18. Conservation . . . 214

Bibliographie . . . 231
Index . . . 233
Crédits iconographiques . . . 239

INTRODUCTION

Tout bon naturaliste sait parfaitement qu'il arrive souvent, lorsqu'on vagabonde dans la nature à la recherche d'un animal bien précis, d'en trouver un autre totalement inattendu. Au début du printemps dernier, en cherchant le lézard ocellé dans l'arrière-pays de Cannes, je suis tombé sur une petite bête d'un centimètre de long environ, qui se roulait en boule comme un tatou. On aurait vraiment dit un crustacé terrestre isopode du groupe qu'on désigne habituellement comme cloporte, petits animaux très communs dans tout jardin ou terrasse munie de pots de fleurs. Sauf que celui-là se déplaçait d'une façon nettement différente, et puis, au lieu de se présenter d'une anonyme couleur grise, il était d'un noir vif coloré de taches rouges. Un drôle de cloporte, assurément, et comme j'ai un frère professeur d'entomologie (même si les crustacés sont justement des crustacés et pas des insectes, mais ce sont toujours des arthropodes), je lui ai demandé par SMS : « As-tu déjà vu un cloporte noir à pois rouges ? » « Non », me répond-il quelques minutes plus tard, ce qui pousse à creuser la question. Je prends alors une photo digitale et je la lui envoie par courriel. Suivent quelques heures de silence, puis je reçois un autre SMS libellé comme suit : « L'isopode est en réalité un diplopode onisciforme. »Traduction en langage courant : le cloporte présumé est en réalité un petite mille-pattes à forme de cloporte. Voici un cas de convergence vraiment extraordinaire entre arthropodes appartenant carrément à deux classes différentes. Un cloporte véritable est apparenté aux crabes, aux gambas et aux langoustes, un diplopode onisciforme, comme celui que j'ai trouvé dans la colline provençale, est au contraire proche cousin des longs mille-pattes à l'odeur désagréable qui se cachent souvent sous les pierres, exactement comme les cloportes. Je n'avais pas parlé de ce cas dans le chapitre de mon livre consacré à cette question et il ne valait peut-être pas la peine d'aller l'y rajouter, car les cas de convergence repérables doivent être encore assez nombreux pour décourager toute tentative de relevé exhaustif.

Nous savons aujourd'hui que les organismes vivants prennent les formes et les fonctions qui conviennent le mieux à leur survie. Nous savons en outre qu'ils le font à plusieurs reprises avec des résultats analogues et qu'il est possible de réobtenir non seulement les cloportes, mais aussi les mouches, les papillons, les serpents, les poissons prédateurs et de nombreux autres types d'organismes qui, à première vue, semblent le produit extraordinaire d'un hasard unique qui ne saurait se répéter. Or cela signifie que la matière vivante n'est pas un hasard unique, qu'elle s'organise de façon rationnelle exactement comme les cristaux, même si nous n'avons pas encore de théorie d'ensemble sur les modalités de ces répétitions. Nous voyons toutefois que ce phénomène est lié, d'un côté, à la structure même de la matière et, de l'autre, à l'existence virtuelle d'une sorte de super-ciel platonique où les concepts existent de façon complètement indépendante de l'esprit humain. Le jeu de la sélection naturelle dévoile les extraordinaires propriétés de la matière et les façons dont elle peut s'assembler dans un animal, une plante, un champignon, une bactérie. Ces différentes façons ne sont pas infinies et elles présentent même des solutions récurrentes qui, je crois, constituent aujourd'hui le chapitre le plus fascinant de toute la question complexe de l'évolution, celui qui attend encore d'être approfondi et qui, dans un certain sens, pourrait nous fournir une vague idée des rapports de la vie avec le reste de l'univers.

Mais assez parlé par énigmes, il est temps de commencer notre histoire. Nous devrons donc faire un saut en arrière d'environ deux siècles, en nous déplaçant à l'intérieur de notre vieille Europe, du sud ensoleillé de la France où se promenait mon diplopode coloré, à la pluvieuse Angleterre où, au XIXe siècle, des événements mémorables se préparaient.

1. DARWIN

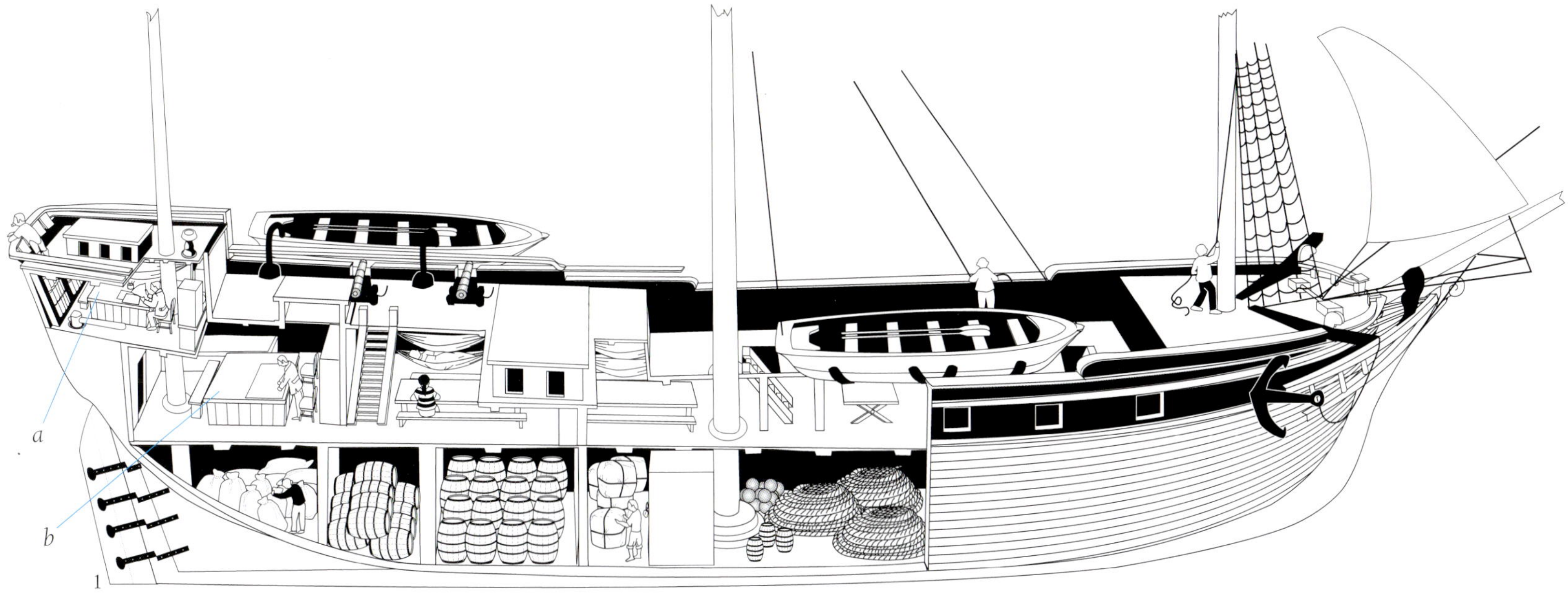

1

2

1. *Coupe du* Beagle *avec l'emplacement des cabines de Darwin (a) et du capitaine Fitzroy (b). Le brigantin long d'à peine trente mètres emmenait soixante-douze personnes qui durent vivre côte à côte sans discontinuer pendant environ cinq ans, de 1831 à 1836.*

2. *Darwin à trente ans, portrait à la détrempe du peintre George Richmond. En 1840, quatre ans après le retour du* Beagle, *le jeune Darwin apparaît déjà comme ce tranquille gentleman-farmer qui, retiré dans les vertes campagnes du Kent, tira un bénéfice intellectuel des rentes familiales qui lui permettaient de vivre affranchi des obligations d'un travail quotidien.*

LE VOYAGE DU *BEAGLE*

Au début du XIXe siècle, les principales colonies espagnoles et portugaises d'Amérique du Sud se rebellèrent contre leur mère patrie tout comme l'avaient fait quelques décennies plus tôt les colonies anglaises d'Amérique du Nord. La proclamation de nouveaux États indépendants dans une région du monde jusqu'alors entièrement réservée au commerce des deux pays ibériques éveilla des espoirs chez les Anglais qui envoyèrent une flotte destinée à « protéger » les côtes libérées du nouveau continent. En même temps, l'Amirauté de Sa Majesté envoya vite des navires explorer ces nouvelles côtes qui étaient enfin devenues accessibles à la flotte marchande anglaise. Leur principale tâche était de choisir les routes les plus adéquates aux nouveaux échanges commerciaux avec l'Amérique, les colonies australiennes et néo-zélandaises et l'Orient asiatique. Le premier voyage eut lieu de 1826 à 1830 avec deux brigantins, le *Beagle* et l'*Adventure*, placés sous le commandement du capitaine King. L'expédition s'occupa surtout d'établir un relevé de la côte très découpée de l'extrême Sud américain et, entre autres, retrouva et releva le détroit de Magellan, ce canal long et étroit qui relie, au milieu de tempêtes et de vents incessants, l'océan Atlantique au Pacifique.

Dès le retour des deux navires en Angleterre, l'Amirauté décida d'organiser une nouvelle expédition, encore plus ambitieuse et complexe que la première, et en désigna comme responsable le jeune commandant en second du voyage précédent, Robert FitzRoy. Celui-ci accepta tout de suite, choisit pour ce nouveau voyage le brigantin *Beagle* qu'il connaissait déjà et veilla soigneusement au recrutement de l'équipage qui, au final, fut composé de soixante-dix hommes triés sur le volet, tous très jeunes. Quelques mois avant le départ, peut-être sur suggestion de l'Amirauté, le capitaine FitzRoy annonça au professeur Henslow, naturaliste de Cambridge, qu'il partagerait volontiers sa propre cabine avec un jeune naturaliste qui aurait accepté de participer au nouveau voyage du *Beagle* en qualité de chercheur sans solde. Le professeur écrivit sans tarder à un de ses jeunes disciples, Charles Darwin, qui se montra immédiatement « désireux d'accepter cette offre ». Une fois l'opposition paternelle vaincue, grâce à l'intervention d'un oncle influent qui avait parcouru à cet effet une cinquantaine de miles en voiture, le jeune Darwin put, à vingt et un ans, s'embarquer sur le *Beagle* qui, le 27 décembre 1831, appareilla enfin du port de Plymouth, pour son long voyage au service de Sa Gracieuse Majesté.

À bord du vaisseau, outre le capitaine FitzRoy et les soixante-dix membres d'équipage, se retrouva donc aussi le jeune naturaliste de vingt et un ans, Charles Darwin, chargé de recueillir et conserver les animaux, les plantes et les roches de ces terres lointaines afin de mieux les connaître. Il faisait partie intégrante de l'expédition mais, en même temps, on ne devait pas considérer son rôle comme fondamental s'il avait été recruté sans rétribution et avec une qualification si modeste. En effet, Darwin n'avait pas de diplôme précis ; sur les bancs de l'université, qu'il n'avait pas terminée, il avait étudié un peu de médecine et un peu de théologie, mais il s'était frotté aussi aux sciences naturelles, en fréquentant comme bénévole les chercheurs de Cambridge.

C'est de cette façon romantique que commençait une des aventures intellectuelles majeures du XIXe siècle, la collecte des observations et des données expérimentales qui conduirait Darwin, vingt-huit ans plus tard, à publier son célèbre ouvrage, *L'Origine des espèces* (1859), dans lequel il traçait pour la première fois de façon globale, détaillée et nettement compréhensible, la théorie de l'évolution biologique.

Le voyage de Darwin fut fondamental pour rassembler le matériau et les expériences qui nourrirent ensuite, chez le futur gentleman-farmer libre de soucis économiques et absorbé par des préoccupations profondes, la longue méditation qui allait déboucher sur la principale révolution du siècle en matière de sciences biologiques. Ce voyage dura presque cinq ans et s'acheva à Plymouth, où il avait commencé, le 2 octobre 1836. Au cours de cette longue période, la bateau fit route à travers l'Atlantique jusqu'au Brésil, puis il continua par étapes vers le sud pour doubler le cap Horn et remonter le long des côtes du Pacifique, accostant d'abord dans différentes localités chiliennes puis dans les îles Galápagos. Ensuite, par les îles de la Société et la Nouvelle-Zélande, le bateau atteignit Sydney, en Australie, continua vers l'océan Indien pour doubler le cap de Bonne-Espérance, retraverser l'Atlantique vers le Brésil et de là, faire route vers le port de Plymouth d'où il était parti.

Le jeune Darwin, animé d'une passion profonde pour les sciences naturelles, travailla sans relâche au projet pour lequel il s'était embarqué, il recueillit une quantité énorme de données scientifiques qu'il envoya au fur et à mesure au British Museum et il écrivit aussi, sur son long et sans doute pénible voyage, un journal mémorable

1. Le voyage du Beagle *pendant les cinq longues années où le brigantin effectua son exploration. Le jeune Darwin était en pleine forme, savait monter à cheval et manier le fusil, et il explorait infatigablement les terres inhospitalières qu'il rencontrait, dormant sous la tente dans un confort sommaire. Mais il souffrait du mal de mer et dans ses mémoires, il écrivit qu'il repartirait volontiers pour d'autres voyages, mais sur terre.*

2. Iguane marin des Galápagos (Amblyrhynchus cristatus). *Ces reptiles aux griffes puissantes ont opté pour un processus évolutif unique en s'adaptant à l'environnement isolé et tranquille de ces îles perdues. Dans son journal de voyage, Darwin les décrivit de façon approfondie et fut le premier à remarquer qu'ils broutaient aussi au fond de la mer, relativement loin de la côte.*

2

1

3. *Vue aérienne du canal Beagle, entre le Chili et l'Argentine, à l'extrême pointe de la Terre de Feu. Ce canal porte le nom du brigantin sur lequel Darwin l'explora en janvier et février 1833, décrivant avec admiration ses incomparables eaux d'un bleu profond, ses côtes découpées, ses glaciers majestueux.*

3

1

1. *Le fou à pieds bleus* (Sula nebouxii) *est un oiseau marin caractéristique, à la tête gris et blanc, au dos brun et au ventre blanc, muni de surprenantes pattes palmées bleues, qui niche de la Basse-Californie jusqu'au Pérou et dans les îles Galápagos, où cette photo a été prise.*

2. *Down House, la maison dans le village de Downe où Darwin établit sa résidence en 1842, six ans après son retour de son long voyage sur le* Beagle. *Aujourd'hui située dans la banlieue de Londres, elle se trouvait alors en pleine campagne et Darwin l'avait voulue comme un refuge aux distractions sociales de la capitale où il sentait qu'il menait une vie oisive et inutile. Il vécut avec sa famille dans cette maison de Downe, complètement absorbé dans son travail, jusqu'à sa mort en 1882.*

qui fut publié peu de temps après son retour en Angleterre. Il ne quitta plus son pays natal ; deux ans plus tard, il se maria et s'établit à Downe, dans la campagne du Kent, se retirant peu à peu dans une sorte d'ermitage studieux, d'où il ne sortait que très rarement et à contrecœur.

2

LE NATURALISTE

Au moment où Darwin embarque sur le *Beagle*, sa formation de naturaliste était encore très sommaire. Son propre maître Henslow lui avait écrit : « Tu es la personne qui convient le mieux… non parce que je pense que tu sois un naturaliste accompli, mais parce que je te crois qualifié pour recueillir, observer et noter tout qu'il faut noter dans le domaine de l'histoire naturelle. » À l'évidence, Henslow connaissait bien la passion du jeune Darwin pour l'histoire naturelle et, d'une certaine façon, il devait aussi percevoir sa vision holistique du monde vivant (il est plus important de saisir un organisme vivant comme une totalité que comme la somme de ses composantes), vision peut-être confortée justement par le manque de formation spécifique dans une branche précise qui, s'il est vrai qu'elle donne les outils techniques pour affronter des sujets spécialisés, le fait souvent de façon si standardisée qu'elle coule les étudiants dans le moule de la communauté scientifique existante, pour le meilleur et pour le pire, douchant les enthousiasmes à l'égard des grandes idées de synthèse, éventuellement considérées comme des moments de naïveté d'esprit plus tournés vers la philosophie romantique que vers la « vraie » science.
On pourrait assurément considérer comme romantique, mais aussi animée d'authentique passion scientifique, la lettre que Darwin écrivit à sa sœur Caterina de la Terre de Feu : « Faire le peu dont on a les moyens pour augmenter le patrimoine commun des connaissances figure parmi les buts qu'on peut poursuivre avec le plus de dignité dans une existence… Si je devais tout laisser tomber, je ne crois pas que je pourrais reposer en paix dans ma tombe, je deviendrais sûrement un fantôme et je hanterais le British Museum. »
Le risque de devenir un fantôme ayant été conjuré par son brillant curriculum personnel, Darwin eut la chance d'introduire finalement dans le cadre de la science une

3. *Ce qu'on appelle le rat de Darwin* (Mus darwinii) *n'est qu'une des vingt-huit nouvelles espèces que le zoologue George R. Waterhouse réussit à décrire en se basant sur la riche collection rassemblée par Darwin au cours de son voyage. Elle fut décrite et illustrée dans le volume* The Zoology of the Voyage of H. M. S. Beagle, *publié à Londres en 1839.*

3

4

5

théorie cohérente sur l'origine du monde vivant, qui avait visité les esprits dès l'époque lointaine de Démocrite et trouvé d'illustres épigones, de saint Augustin jusqu'à Jean-Baptiste Lamarck, mais aucun d'eux n'avait réussi à démêler cet écheveau particulièrement embrouillé.

En effet, avant que ne soit formulée la théorie de l'évolution au moyen de la sélection naturelle, il n'existait encore aucune idée précise sur les origines du monde vivant. On se limitait à affirmer que le monde avait dû être créé par Dieu ; évidemment, une telle affirmation n'entrait pas dans le cadre de la science mais se rattachait plutôt à des conceptions religieuses, culturelles ou philosophiques. En réalité, l'idée de la création n'est aucunement le contraire de la conception évolutionniste comme, à tort, on le pense et on l'affirme souvent, mais c'est simplement une idée d'ordre différent qui s'exprime dans des contextes différents. À l'idée de création, on peut éventuellement opposer une vision panthéiste, qui est une autre vision religieuse ou culturelle, tandis que l'évolutionnisme, étant une théorie scientifique, pourrait, quoi qu'en pensent les extrémistes, être compatible avec l'une et l'autre de ces visions théologico-philosophiques. Les travaux de Darwin furent les premiers qui, grâce à la masse énorme de données récoltées en faveur de l'idée évolutionniste, permirent de la formuler scientifiquement, en fournissant pour la première fois dans l'absolu une théorie générale qui unifiait la biologie et expliquait l'infinie variété des formes vivantes. Plus récemment, la théorie de Darwin a été confortée par la génétique et par la biologie moléculaire (inexistantes à son époque) et elle a réussi à expliquer aussi la surprenante unité des mécanismes de base de la vie, telle qu'elle ressort des recherches des cinquante dernières années. Aujourd'hui, l'évolution du monde vivant est un fait avéré et amplement confirmé par une quantité immense de données et d'observations expérimentales et il ne viendrait jamais à l'idée d'aucun biologiste sérieux de remettre en question ses fondements. Il en va autrement pour ce qui est d'une théorie générale des formes des organismes vivants, sujet qui reste ouvert aux contributions possibles de quelque futur scientifique de génie. Le rôle fondamental de la sélection naturelle, qui fut la grande intuition de Darwin, reste néanmoins bien établi, et le terme de *darwinisme* utilisé parfois (à vrai dire aussi de façon péjorative) comme presque synonyme d'*évolutionnisme*, conserve donc toute sa validité.

4. Une grande serre du jardin botanique d'Edinburgh. Darwin passa une brève période de sa prime jeunesse dans la capitale de l'Écosse, tentant sans succès d'étudier la médecine selon les désirs de son père.

5. Une autre serre célèbre, le Crystal Palace, construite dans Hyde Park, à Londres, pour accueillir la Great Exhibition de 1851. L'ingénieur et jardinier Joseph Paxton répondit à l'indignation populaire devant le risque d'abattage d'arbres, en faisant cohabiter arbres et exposition dans cet immense édifice en verre de six cents mètres de long.

1

2

1. Un brin de Salvia hispanica *dans un herbier assez ancien pour s'honorer de la mention manuscrite du nom scientifique par Linné lui-même, l'inventeur de la classification binomiale. Ce précieux exemplaire est conservé au Botanische Staatssammlung de Munich.*

Par une ironie du sort, la base des connaissances indispensables qui ouvrit la voie à la théorie de l'évolution est due à deux illustres personnages, dont le premier, le botaniste suédois Carl von Linné (1707-1778), entendait créer seulement un système général de classification des organismes vivants, et dont le second, le paléontologue français Georges Cuvier (1769-1832), entendait étudier les fossiles d'animaux extraordinaires, dont on n'a plus trace aujourd'hui, sans toutefois accepter l'idée de l'évolution, à laquelle au contraire il s'opposa toujours fermement.

Il ne pouvait échapper à Linné qu'on peut classer les très nombreuses espèces existantes de plantes et d'animaux par rang d'affinité décroissante. Par exemple, il est évident que le lézard de Wagler, le lézard des ruines et le lézard des murailles sont trois espèces bien différenciées mais très semblables, au point que seul un spécialiste peut les distinguer avec certitude. Linné inventa alors la nomenclature binomiale pour regrouper les espèces proches en *genres* homogènes. Dans le cas cité, les trois lézards peuvent être décrits aujourd'hui comme *Podarcis wagleriana*, *Podarcis sicula* et *Podarcis muralis*.

Les genres proches peuvent être ensuite réunis en *familles*. Par exemple, dans la famille des Lacertidés, on trouve, à côté du genre *Podarcis* avec ses nombreuses espèces, le genre *Lacerta* qui comprend le lézard vert, le lézard ocellé et le lézard des souches, le genre *Algyroides*, le genre *Psammodromus*, le genre *Acantodactylus* et ainsi de suite. C'est la famille des lézards proprement dits de l'Ancien Monde avec toutes leurs variations.

Les différentes familles sont ensuite réunies en *ordres*. La famille des lézards appartient à l'ordre des Squamates dont font partie tous les Sauriens (lézards, agames, iguanes, geckos, caméléons, etc.) ainsi que les serpents (couleuvres, boas, pythons, vipères, crotales, etc.) vivants et fossiles.

À leur tour, les ordres se regroupent en classes (dans le cas présent, la classe des reptiles, qui comprend aussi les crocodiles, les tortues et les tuataras) et les classes forment les *embranchements* ou *phyla* (dans le cas présent l'embranchement des chordés), qui sont des groupes plus larges présentant encore quelques caractères communs.

3

4

5

6

2. *Portrait du naturaliste suédois Carl von Linné sur le premier volume du* Système des plantes, *exemplaire conservé à la bibliothèque de l'École nationale d'agronomie de Montpellier. Le travail de Linné porta le nombre des espèces vivantes connues des quatre cents de l'époque d'Aristote à quatre mille quatre cents. Aujourd'hui, on en connaît presque deux millions, mais on utilise toujours la nomenclature binomiale.*

3. *Au premier plan un lézard des ruines* (Podarcis sicula campestris) *de Toscane et, au second plan, un lézard sicilien* (Podarcis wagleriana wagleirana) *de Palerme, côte à côte dans un terrarium. Aujourd'hui, dans les cas les plus complexes, la nomenclature binomiale est devenue trinomiale, décrivant aussi la sous-espèce, un concept qui toutefois reste flou.*

4. *Un agame* (Agama sp.), *saurien de la famille des* Agamidae *d'Afrique orientale qui, même à première vue, apparaît bien distinct des lézards européens de la famille des* Lacertidae. *Les caractères communs qui permettent de réunir ces deux familles dans le sous-ordre* Sauria *sont néanmoins évidents (pattes, écailles, etc.)*

5. *Portrait de Lamarck (Jean-Baptiste Pierre Antoine de Monet de Lamarck) signé J. Doerfler, dans son ouvrage* Botaniker Portraets.

6. *Lamarck affirmait l'hérédité des caractères acquis, c'est-à-dire qu'un caractère comme le long cou de la girafe pouvait être acquis par l'effort de nombreuses générations pour brouter de plus en plus haut. Ce n'est qu'après Darwin que cette hypothèse fut définitivement réfutée.*

Bien que le caractère hiérarchique évident de la classification de Linné suggère clairement une histoire de divergences successives à partir d'une origine commune, l'illustre botaniste suédois écrit dans l'introduction de son ouvrage : « *Species tot numeramus quot a principio creavit infinitum ens.* » (« Nous dénombrons autant d'espèces que l'Être infini en créa au début. ») En d'autres termes, ou Linné est un créationniste convaincu, ou bien il ne veut pas entrer dans le débat de l'origine des espèces sur laquelle il ne peut rien dire de concret ni apporter aucune lumière. Il déclare alors, en pensant se comporter en bon chrétien, qu'il entend simplement énumérer et dénommer les espèces existantes, quelle qu'ait été leur origine terrestre (leur origine divine ne fait pas de doute pour lui). Et pourtant sa classification hiérarchique ouvre des perspectives à qui sait lire la nature, et bientôt quelqu'un se demandera si elle ne possède pas des significations cachées.

À peine une génération plus tard, ce quelqu'un prend les traits de Jean-Baptiste Lamarck (1744-1829), longtemps directeur du Muséum d'histoire naturelle de Paris. Dans son ouvrage *Philosophie zoologique*, publié en 1809, Lamarck pose en termes très clairs le problème de l'origine des espèces et le résout avec la théorie de l'évolution. Lamarck écrit en effet :

« Il est un fait que les différents animaux ont chacun selon leur propre genre et leur propre espèce, des habitudes particulières et une organisation qui est toujours parfaitement en rapport avec ces habitudes. De la considération de ce fait, il nous semble qu'on peut admettre ou l'une ou l'autre des deux conclusions suivantes et qu'aucune des deux ne peut être prouvée.

« Conclusion admise jusqu'à ce jour : la nature (ou son Auteur), en créant les animaux, a prévu toutes les sortes possibles de circonstances dans lesquelles ils auraient à vivre et a donné à chaque espèce une organisation constante ainsi qu'une forme déterminée et invariable dans ses parties, qui forcent chaque espèce à vivre dans les lieux et les climats où on la trouve et à y conserver les habitudes qu'on lui connaît.

« Ma conclusion particulière : la nature, en produisant successivement toutes les espèces d'animaux et commençant par les plus imparfaits ou les plus simples, pour terminer son ouvrage par les plus parfaits, a compliqué graduellement leur organisation, et ces animaux se répandant généralement dans toutes les régions habitables du globe, chaque espèce a reçu de l'influence des circonstances dans lesquelles elle

PLANCHE 20.

J. G. Prêtre pinx.

Victor sculp

Gérard color.

1. Parmi d'autres activités, Lamarck, qui était directeur du Muséum d'histoire naturelle de Paris, rassembla et décrivit des coquillages marins. En achetant la collection complète de Lamarck, le baron Delessert, de Lyon, riche négociant passionné de coquillages, devint probablement le plus grand collectionneur de coquillages du monde et, en 1841, il publia un Recueil de coquilles décrites par Lamarck et non encore figurées. *Nous en reproduisons une page remarquable qui représente l'huître épineuse des Philippines et du Japon* (Spondylus regius).

2. Une belle image de chameau de Bactriane (Camelus bactrianus) *extraite du deuxième volume de l'*Histoire naturelle des mammifères *de G. F. Cuvier et E. G. Saint-Hilaire, publiée en 1824. Comme on le voit, cet ouvrage représentait avec force détails ce mammifère exotique et d'autres, à cette époque peu connus en Europe. À la différence du dromadaire* (Camelus dromedarius) *qui a une seule bosse, le chameau de Bactriane en a deux et vit dans les déserts froids. Malgré tout le soin qu'il a apporté à décrire des mammifères vivants et fossiles, Cuvier resta toujours hostile à la théorie de l'évolution et, pour essayer de la réfuter, il n'hésita pas à se laisser aller à des élucubrations comme la soi-disant théorie des catastrophes successives.*

3. Georges Cuvier, fondateur de l'anatomie comparée et de la paléontologie, fut le jeune collègue de Lamarck au Muséum d'histoire naturelle de Paris.

2

s'est rencontrée les habitudes que nous lui connaissons et les modifications dans ses parties que l'observation montre en elle. »

Ce sont des paroles raisonnables et assez actuelles, qui surtout n'adoptent pas un point de vue finaliste grossier, mais se rattachent aux observations de David Hume, encore aujourd'hui pleinement valables, contre le concept naïf d'« harmonie préétablie » de l'univers car si l'harmonie n'existait pas, si l'organisme n'était pas parfaitement adapté à son environnement, celui-ci serait destiné à périr et donc n'existerait tout simplement pas. On pourrait donc considérer Lamarck comme le premier partisan du concept d'adaptation.

Le célèbre généticien Giuseppe Montalenti, aujourd'hui disparu, écrit à ce propos dans son introduction à une édition italienne de 1967 de *L'Origine des espèces* :

« Il importe de remarquer ce parti pris théorique de Lamarck car il montre que l'évolutionnisme revêt déjà chez son premier défenseur un caractère de théorie interprétative et non de théorie purement descriptive dans un sens historique. Et c'est justement un des phénomènes les plus caractéristiques de la vie, la finalité, qui est concerné par cette nouvelle interprétation. Non pas, comme on l'a souvent et faussement affirmé, que l'évolutionnisme nie la finalité des phénomènes vitaux ; ce serait ridicule et indéfendable. Il nie en revanche le finalisme comme dessein préétabli, comme il apparaît clairement dans la "conclusion admise jusqu'à ce jour" de Lamarck, et il essaie d'interpréter les finalités, et particulièrement l'adaptation à l'environnement, de façon scientifique, comme un acquis des organismes, comme un processus actif et en perpétuel devenir, fruit d'une dialectique incessante entre organisme et environnement. »

Voici des paroles fort sages sur le finalisme, un concept dont l'application pose décidément bien des problèmes et que nous reprendrons ici à propos de certains spécialistes modernes de l'évolution.

En quoi Lamarck s'est-il donc trompé pour qu'il apparaisse comme un évolutionniste à ne pas suivre plutôt qu'un évolutionniste accompli ? Il rencontra principalement deux obstacles : ne pas avoir compris que le mécanisme principal de l'évolution est la sélection naturelle et que, par conséquent, l'évolution n'est pas un phénomène qui concerne les individus mais bien les populations ; avoir trouvé en Georges Cuvier un formidable adversaire qui, combattant sa théorie en tout et pour

3

1

1. *La grande galerie de zoologie du Muséum d'histoire naturelle et Jardin des Plantes de Paris, projetée par l'architecte Jules André au début du XXe siècle. Cette salle abritait de très nombreux squelettes de grands animaux dans le but d'illustrer les variations de l'évolution. Ce pavillon, impressionnant mais démodé, est aujourd'hui entièrement réaménagé.*

2. *Crâne d'hippopotame, avec ses grosses défenses bien visibles, arrivé au Muséum d'histoire naturelle, en provenance des Pays-Bas, en 1795. L'exemplaire en question, tué en Afrique du Sud par un émigré hollandais, est probablement le premier hippopotame arrivé en Europe, même s'il n'était plus vivant. D'après le républicain Boissy d'Anglas, le Muséum aurait dû être (peut-être de façon trop optimiste) « un temple des sciences et des arts, un monument à la gloire du génie humain, le lieu de la célébration du beau et de l'utile dans l'enthousiasme unanime des victoires de la liberté et des lumières républicaines ».*

3. *Un orang-outan adulte* (Pongo pygmaeus), *le grand singe anthropomorphe asiatique qu'Alfred Russel Wallace observa sur l'île de Bornéo. Au cours de son long voyage comme médecin de bord en Asie du Sud-Est, Wallace mena des recherches approfondies en sciences naturelles et en arriva à élaborer la théorie de la sélection naturelle de façon totalement indépendante de Darwin.*

tout, empêcha les modifications et les révisions qui souvent caractérisent le développement graduel des grandes idées. Il y eut une révision des idées de Lamarck, et substantielle, mais c'est Charles Darwin et Alfred Russel Wallace qui l'effectuèrent trente ans après la mort du célèbre naturaliste français. Georges Cuvier fut indubitablement un personnage brillant, et même un jeune loup aux dents longues, dirait-on aujourd'hui. Collègue plus jeune de Lamarck au Muséum d'histoire naturelle de Paris, il se montra sagace et travailleur, et jeta les bases de l'anatomie comparée et de la paléontologie. Il exhuma et décrivit les os de nombreux mammifères fossiles de la région parisienne et reconnut qu'ils appartenaient à des espèces différentes des espèces vivantes. En définitive, il rassembla une moisson d'informations qui auraient pu apporter beaucoup d'eau au moulin de la théorie de Lamarck si elles avaient été correctement interprétées. Dans le même temps, il acquérait un poids politique important grâce aux charges de gouvernement qui lui furent confiées sous l'Empire et qu'il sut conserver sous la Restauration. Fervent défenseur d'un rôle de la science limité aux « faits positifs », Cuvier ne pouvait juger que confuses et inacceptables les tentatives de Lamarck d'expliquer les causes de l'évolution par le biais d'« impulsions » et de tendances internes, ainsi que par l'hérédité des caractères acquis par des individus particuliers au cours de leur existence, concept qui s'est révélé par la suite tout à fait erroné. En outre, vu le caractère timide et modeste de Lamarck et ses fermes convictions politiques jacobines, on peut facilement imaginer que Cuvier ne trouva ni difficile ni désagréable de polémiquer avec un collègue plus âgé et reconnu qui, somme toute, était le seul à pouvoir encore lui faire un peu d'ombre. En rejetant et combattant ouvertement l'idée évolutionniste comme non scientifique parce que basée sur de simples extrapolations, Cuvier fut toutefois contraint de trouver une autre explication à cette singulière succession de faunes aux diverses ères de la terre, qu'il avait lui-même découverte et illustrée en premier. Oubliant ses critiques contre l'excès d'imagination de son aîné, le jeune ambitieux lance du haut de son autorité sociale une théorie encore plus fantaisiste, celle des « évolutions de la surface

2

3

5

4. *Alfred Russel Wallace photographié dans sa vieillesse, au début du XXe siècle (il vécut jusqu'en 1913, c'est-à-dire trente et un ans après la mort de Darwin qui, du reste, était son aîné de quatorze ans). Comme auteur de la théorie de la sélection naturelle, Wallace resta toujours une figure de second plan parce qu'il ne publia jamais ses observations scientifiques sous une forme achevée, comme Darwin l'avait fait.*

5. *Vue d'une forêt des moussons, en Inde du Nord. Les forêts tropicales asiatiques, bien plus vastes à l'époque de Wallace qu'aujourd'hui, s'étendaient de l'Inde jusqu'à l'Indonésie sur des péninsules, des îles et des îlots.*

4

du globe ». C'est-à-dire qu'il fait l'hypothèse d'une série de cataclysmes successifs qui, périodiquement, auraient détruit tous les organismes vivants d'une région donnée. Après la catastrophe, ceux-ci auraient été remplacés par des espèces provenant de régions limitrophes, la plupart de temps différentes de celles qui avaient disparu. La dernière de ces catastrophes successives se refléterait dans le Déluge universel de la narration biblique.
La polémique stérile de Cuvier contre Lamarck reste aujourd'hui comme un splendide monument à la vanité humaine. Il est possible, et même probable, qu'une collaboration sereine entre deux personnalités aussi actives – qui en outre avaient la chance de travailler pour la même institution – aurait pu conduire à la formulation correcte de la théorie de l'évolution un demi-siècle plus tôt. Mais on ne refait pas l'histoire et la théorie de l'évolution reste liée aujourd'hui au nom de Charles Darwin. Lamarck vécut retiré et mourut oublié de tous malgré des mérites non négligeables dans d'autres domaines de la biologie. Et pourtant Darwin, dans son bref examen de l'œuvre de ses prédécesseurs, en parle comme d'un naturaliste « célèbre à juste titre ».

DARWIN ET WALLACE

Le principal mérite de Darwin et de son contemporain Wallace fut d'avoir compris que le mécanisme fondamental de l'évolution consistait dans la sélection naturelle. Darwin et Wallace avaient une expérience en commun, même si elle se déroula en des lieux et à des moments différents : un long voyage par mer permettant l'observation de milieux et de faunes lointains, et la rédaction d'un journal de voyage détaillé. À la différence de Darwin, Wallace (1823-1913) n'était pas de famille aisée mais il avait pu s'embarquer quand même comme médecin de bord et avait visité d'abord l'Amazonie, puis plusieurs îles de l'actuelle Indonésie. En 1858, pendant une halte aux îles Moluques (entre la Nouvelle-Guinée et Bornéo), Wallace attrapa la malaria et, pendant une nuit de fièvre éprouvante, il se souvint du livre du révérend Thomas Malthus où l'on observait que l'augmentation incontrôlée de la population humaine suit un dessin géométrique tandis que la production de nourriture croît moins vite, de façon arithmétique. Le triste résultat de cette situation est que la nourriture disponible n'est pas suffisante pour tout le monde et que les plus faibles sont fatalement condamnés à mourir de faim.

« Tout à coup, je me souvins, écrit Wallace, de la notion de survie du plus adapté. Plus j'y repensais, plus j'étais persuadé d'avoir enfin trouvé la loi naturelle si longtemps cherchée qui résolvait le problème de l'origine des espèces. »

Le soir même, Wallace se mit à écrire et, en deux jours, il avait rédigé un court exposé de l'essentiel de ses idées qu'il se hâta d'envoyer à Darwin, naturaliste alors bien connu pour son journal de voyage du *Beagle*, qui lui semblait la personne la plus adaptée pour exprimer un avis. Il lui demanda de lui donner une appréciation de son manuscrit et, si elle était positive, de le communiquer au géologue Charles Lyell, responsable du *Journal of Proceedings of the Linnean Society*.

Dans son *Autobiographie*, Darwin écrit à propos de cet épisode :

« Au début de 1856, Lyell me conseilla d'exposer mes idées de façon détaillée et je m'y attelai aussitôt, rédigeant une version trois ou quatre fois plus longue que la version définitive ; ce n'était toutefois qu'un résumé des informations que j'avais recueillies et, pendant presque la moitié de ce travail, je m'en tenais à ces proportions. Mais mes projets furent bouleversés car, au début de l'été 1858, M. Wallace, qui se trouvait alors sur l'archipel malais, m'envoya son article *Sur la tendance des variétés à s'écarter indéfiniment du type original*, où il exposait une théorie identique à la mienne. M. Wallace me priait de lire son article et de le donner en lecture à Lyell si mon opinion était favorable.

« Dans le *Journal of Proceedings of the Linnean Society* (1858, p. 45), j'ai expliqué les motifs qui me poussèrent à m'associer à la demande de Lyell et de Hooker de publier un résumé de mon manuscrit et une lettre que j'avais envoyée à Asa Gray le 5 septembre 1857, en même temps qu'était publié l'article de Wallace. J'étais d'abord très réticent, pensant que Wallace trouverait ma démarche injustifiée, mais je ne savais pas encore combien il était généreux et noble. Le résumé de mon manuscrit ainsi que la lettre à Asa Gray, n'étant pas destinés à la publication, étaient mal écrits. En revanche, le texte de Wallace était admirablement bien rédigé et très clair. Malgré tout, nos deux publications attirèrent très peu l'attention et le seul compte rendu dont je me souvienne fut celui du professeur Houghton de Dublin, lequel décréta que tout ce que nous apportions de nouveau était faux, et que ce qui était vrai était vieux. Ce qui prouve combien il est nécessaire de présenter les opinions nouvelles avec une certaine ampleur si l'on veut attirer l'attention du public. »

La dernière phrase résonne presque comme une tentative d'autojustification d'un Darwin plus tout jeune (en 1858, il avait quarante-neuf ans) qui, plus de vingt ans après son retour de son grand voyage, n'avait encore rien publié de sa théorie. Il est vrai que la première formulation non publiée, dans son cas aussi inspirée par la lecture d'un manuscrit de Malthus, remonte à 1842, quand Darwin écrit finalement un bref résumé de trente-cinq pages, qui fut ensuite étoffé pendant l'été 1844 en un texte de deux cent trente pages. Toutefois il ne fait pas de doute qu'aucun chercheur moderne n'adopterait jamais une attitude semblable de calme séraphique dans l'élaboration de nouvelles idées, même beaucoup moins importantes que la théorie de l'évolution. Si jamais il le faisait dans le contexte actuel, il serait fatalement condamné à une fin professionnelle peu glorieuse. L'histoire de Darwin et de Wallace montre clairement d'abord que les rythmes de la science se sont intensifiés ces cent cinquante dernières années, puis que la classe marchande à laquelle Wallace appartenait avait (et, ajouterai-je, a encore aujourd'hui) des rythmes de travail beaucoup plus rapides que la haute bourgeoisie.

Quoi qu'il en soit, la leçon est salutaire pour Darwin qui se met au travail pour ne plus jamais faire aussi piètre figure à ses propres yeux.

1

1. Portrait de Charles Lyell (1797-1875), le plus grand géologue anglais, fondateur de la théorie actualiste qui tend à interpréter les forces géologiques qui ont agi dans le passé comme étant analogues à celles qui agissent actuellement. Après une brève période où il exerça la profession d'avocat, Lyell obtint la chaire de géologie à Londres et, étonnamment, vécut des droits d'auteur de ses livres scientifiques parmi lesquels on peut rappeler Principles of Geology, Elements of Geology, Geological Evidences of the Antiquity of Man.

3

2

2. *Une illustration de l'ouvrage peu connu de Charles Darwin,* Explaining Geological Change in Britain, *de 1839. Inspiré par la lecture de l'œuvre de Lyell et par ses observations en Amérique du Sud, Darwin émit l'hypothèse d'une origine marine pour les mystérieuses terrasses qui creusent les pentes de certaines montagnes (glen) en Écosse. Un mois après la présentation de ce travail, à trente ans à peine, Darwin fut nommé membre de la Royal Society.*

3. *Vue panoramique du grand glacier d'Aletsch (Valais, Suisse), le plus important d'Europe. L'action des glaciers – qui érode les vallées en dessinant un profil typique en U et construit avec les alluvions, à l'avant et sur les côtés, d'imposantes collines morainiques – est une des grandes forces « actualistes » que Charles Lyell évoque dans ses traités.*

« J'élaguai le manuscrit commencé en 1856 et je complétai le volume selon les mêmes proportions en treize mois et dix jours de travail acharné. Le livre fut publié en novembre 1859 sous le titre *L'Origine des espèces*. »

ACTUALISME

Bien que réduit par rapport à ses intentions de départ, le volume est imposant (environ cinq cents pages) et sûrement pas d'un accès facile pour le grand public. Outre ce qu'il doit à son long voyage par mer et à l'inspiration décisive de Malthus, Darwin déclare sa dette intellectuelle à l'égard du géologue écossais Charles Lyell à qui il avait déjà dédié son *Voyage d'un naturaliste*, en reconnaissant que « la plus grande partie de la valeur scientifique que ce journal de voyage et d'autres œuvres que j'ai écrites peuvent avoir, provient de l'étude attentive de l'ouvrage célèbre et admirable que sont les *Principes de géologie* ».

Pourquoi Darwin admire-t-il tant Lyell et pourquoi fut-il tant influencé par son œuvre ? Parce qu'en effet Lyell fut le fondateur de la géologie moderne avec sa théorie révolutionnaire de l'actualisme qui soutenait que les formes actuelles de la terre sont dues à l'action des mêmes forces qui agissent aujourd'hui sous nos yeux sans que nous nous en apercevions. Les montagnes ne se soulèvent pas à la suite de cataclysmes subits mais sous l'action de forces progressives qui agissent en plissant la croûte terrestre peu à peu sous nos yeux, les vallées sont creusées par l'action des cours d'eau et des glaciers, les grandes plaines se forment grâce au dépôt progressif d'alluvions fluviaux. « L'esprit, écrit Darwin dans son *Voyage d'un naturaliste*, ne parvient pas à saisir, sinon peu à peu et difficilement, l'effet produit par une cause qui se répète si souvent que sa multiplication engendre une idée aussi vague que celle qu'exprime le sauvage quand il montre ses cheveux sur

1

sa tête. Chaque fois que j'ai vu des couches de boue, sable et gravier entassées sur de nombreuses centaines de mètres de profondeur, j'ai eu envie de m'écrier que les forces qui agissent actuellement dans les cours d'eau et le long des plages ne peuvent pas avoir concassé et produit des quantités aussi énormes. D'autre part, en écoutant le fracas assourdissant des torrents et en pensant à toutes les espèces d'animaux qui ont disparu et se sont succédé sur la surface de la terre pendant la période où, nuit et jour, ces pierres se sont entrechoquées dans leur lit, je me suis demandé : Quelles montagnes, quels continents peuvent résister à une telle érosion ? » En d'autres circonstances, dans son journal de voyage, Darwin fait encore l'éloge de la méthode de Lyell en proclamant explicitement sa supériorité pour ce qui est des exigences de relevé et d'interprétation des données sur le terrain auxquelles il était sans arrêt confronté dans les différentes étapes de son voyage.

Le *Voyage d'un naturaliste* est publié en 1839. Il faudra encore plusieurs années pour que Darwin passe enfin de la réflexion sur les causes actuelles en géologie à celle sur l'effet de la sélection naturelle sur les caractères des populations d'animaux et de plantes. Installé dans la campagne du Kent et éleveur de pigeons, Darwin ne pouvait manquer d'observer que l'homme a obtenu des races très différentes d'animaux domestiques grâce à la sélection artificielle. Il n'est pas difficile de penser qu'il puisse se passer la même chose dans la nature, parce que là, ce n'est plus l'action sélective de l'homme qui entre en jeu, mais une mortalité naturelle dramatique qui dans bien des cas réduit chaque année de 70-80 % les populations qui s'étaient reproduites quelques mois auparavant, se multipliant parfois par trois ou quatre. Le hasard favorisera, en moyenne, les mieux adaptés, c'est-à-dire les individus qui

2

3

1. *Lac glaciaire près du Petit-Saint-Bernard. Grâce à la méthode « actualiste » de Lyell, les grands bouleversements du paysage terrestre apparaissent aujourd'hui comme des modifications quotidiennes, imperceptibles à brève échéance, mais grandioses sur des périodes plus importantes, déterminées par des forces tectoniques ainsi que par l'action érosive de l'eau, du vent et des matières solides qu'ils transportent.*

2. *Cascade à l'Alpe Veglia (Alpes lépontines), Piémont. Ici l'eau, en coulant en voile relativement fin, a modelé la roche et l'a lissée au point qu'elle apparaît presque comme une superficie poncée artificiellement.*

3. *Groupe d'impalas* (Aepyceros melampus) *dans la savane boisée d'Afrique orientale. Les différents modes de vie des animaux et des plantes sont largement déterminés par la sélection naturelle, qui récompense les plus dotés en leur accordant une meilleure reproduction.*

présentent les caractéristiques les plus appropriées pour survivre dans le milieu et le style de vie qui sont déjà les leurs : la gazelle la plus rapide, le serpent le plus souple, l'oiseau aux ailes les mieux adaptées à son type de vol, qu'il soit haut et rapide ou bas et requérant des manœuvres. De cette façon, une espèce peu spécialisée en donne deux autres avec des spécialisations morphologiques et comportementales de plus en plus poussées. La somme graduelle de tous ces nouveaux changements et adaptations donne lieu, sur un temps assez long, à de nouveaux types d'organismes complètement différents par rapport à ceux qui ont vécu par le passé.

Il convient de remarquer que Darwin prit grand soin de séparer le fait historique de l'évolution (bien visible dans les fossiles ou dans le développement des espèces domestiques) de son explication, puisqu'il lui semblait presque inutile de démontrer avec des preuves indirectes que les espèces ont subi des modifications si ensuite il ne réussissait pas à élucider les causes qui déterminent ces modifications.

La date de publication de *L'Origine des espèces*, novembre 1859, revêt une énorme importance dans l'histoire de la biologie, mais elle fut également cruciale pour Darwin, qui écrit dans son *Autobiographie* :

« C'est sans aucun doute le livre le plus important de ma vie. Dès le début il eut un grand succès. Les mille deux cent cinquante exemplaires de la première édition furent tous vendus le jour de la sortie et les trois mille exemplaires de la réimpression furent rapidement épuisés eux aussi. Jusqu'à aujourd'hui (1876) en Angleterre, on en a vendu seize mille exemplaires, ce qui est beaucoup si l'on pense que c'est un livre très difficile. Il a été traduit dans presque toutes les langues européennes, même

1

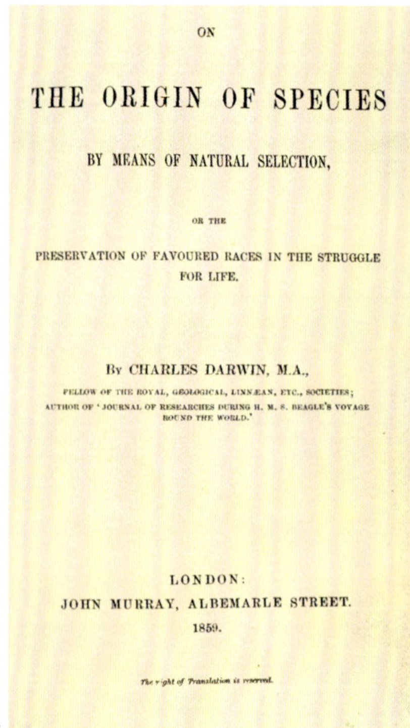

ON

THE ORIGIN OF SPECIES

BY MEANS OF NATURAL SELECTION,

OR THE

PRESERVATION OF FAVOURED RACES IN THE STRUGGLE FOR LIFE.

BY CHARLES DARWIN, M.A.,

FELLOW OF THE ROYAL, GEOLOGICAL, LINNÆAN, ETC., SOCIETIES;
AUTHOR OF 'JOURNAL OF RESEARCHES DURING H. M. S. BEAGLE'S VOYAGE ROUND THE WORLD.'

LONDON:
JOHN MURRAY, ALBEMARLE STREET.
1859.

The right of Translation is reserved.

2

en espagnol, tchèque, polonais et russe. D'après miss Bird, on l'a aussi traduit en japonais et il est très étudié chez ce peuple. On a même publié un article en hébreu où l'on prouve que ma théorie est contenue dans l'Ancien Testament !... Beaucoup d'articles et plusieurs livres ont été publiés à ce sujet et tous les deux ans environ, on publie en Allemagne un catalogue bibliographique sur le "darwinisme". »
Darwin mourut le 19 avril 1882 à un âge pas très avancé selon les canons actuels (il avait eu soixante-treize ans le 12 février), laissant derrière lui un héritage intellectuel comparable à ceux de Copernic et Galilée. Avant de continuer, il sera donc utile de résumer brièvement les « preuves » historiques de l'évolution qu'il avait lui-même réussi à rassembler et qu'il publia dans son œuvre principale, *L'Origine des espèces*.

1. Un portrait à l'huile célèbre de John Collier représentant Charles Darwin déjà âgé, conservé aujourd'hui à la National Portrait Gallery de Londres.

2. Le frontispice de la première édition de l'œuvre majeure de Darwin, On the Origin of Species, *imprimée à Londres par John Murray en 1859. Les longues controverses qui suivirent la publication du livre, sur la théorie même de l'évolution en premier lieu, puis sur le dur mécanisme de la sélection naturelle, apparaissent aujourd'hui comme des bavardages creux en face de la masse énorme de données qui confirment presque toutes les théories de Darwin, exception faite seulement de l'aspect héréditaire des caractères acquis.*

2. LES PREUVES HISTORIQUES

L'ÂGE DE LA TERRE

Aujourd'hui, l'évolution est un fait avéré, certain, ayant valeur de paradigme scientifique, comme les lois physiques fondamentales. Un grand nombre de disciplines différentes et indépendantes entre elles l'ont peu à peu confirmée et en même temps adoptée, apportant ainsi une contribution énorme au développement de la biologie : il suffit de citer la génétique moléculaire, la médecine, les sciences agraires et alimentaires. Aujourd'hui nous apprenons tous à l'école que la vie est apparue sur la Terre sous la forme la plus simple possible, qui s'est peu à peu compliquée à mesure que les milieux se différenciaient, offrant différentes options possibles pour les organismes existant à cette époque ; nous nous rendons tous compte qu'entre les différents organismes, il existe des affinités progressives qui les rapprochent entre eux de façon croissante.

Aujourd'hui quiconque a été scolarisé considère comme évident que la classification des organismes doit refléter la mesure de leur divergence génétique par rapport à leur premier ancêtre commun, mais les choses n'ont pas toujours été aussi claires. La splendeur de la nature, la perfection de ses formes et de ses fonctions ne pouvaient qu'enivrer l'observateur dépourvu de tout rudiment de chimie et de physique, ne pouvaient que lui donner l'impression d'une réalité impénétrable dont il aurait été à la fois futile et sacrilège de chercher l'origine quand il était parfaitement évident qu'elle devait nécessairement être miraculeuse. D'où les divers mythes des cultures humaines sur l'origine du monde et le mythe judéo-chrétien de la Création entendu, non dans sa signification métaphysique (qui ne nous occupe pas ici), mais bien comme création du monde entier tel qu'il se présente aujourd'hui à nos yeux, advenue du néant, pourquoi pas précisément à neuf heures du matin le 23 octobre 4004 av. J.-C., comme le soutenait vigoureusement au début du XIXe siècle, sur la base de ses études bibliques, le professeur John Lightfoot, recteur de l'université de Cambridge.

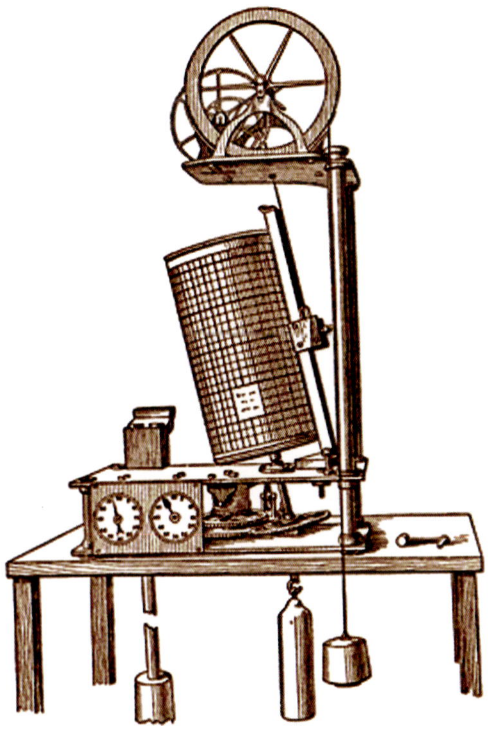

3

3. Un mesureur de marées inventé par lord Kelvin et décrit par lui au cours d'une réunion de la British Association le 25 août 1882 à Southampton. Kelvin inventa de nombreux appareils de mesure des grandeurs, y compris des températures dans le sous-sol, dont il aurait dû déduire l'âge de la Terre. Les résultats de ses calculs étaient peu compatibles avec les théories de Darwin, mais par la suite, ils se révélèrent faux parce qu'ils ne tenaient pas compte des effets de la radioactivité naturelle, inconnue à l'époque.

Il est très probable que Darwin ne se souciait guère des travaux, nettement hostiles à son égard, de l'éminent académicien qui, du reste, appartenaient déjà au passé, mais il devait certainement se soucier davantage des travaux de Lord Kelvin, un illustre physicien de son époque, qu'on rappelle aujourd'hui encore pour avoir découvert la deuxième loi de la thermodynamique. Kelvin estimait à juste titre que la croûte terrestre s'était refroidie à vitesse constante depuis son état primitif de roche en fusion jusqu'à la situation actuelle. Partant de là, il mesura les températures au fond des galeries de plusieurs mines et utilisa ensuite ces données pour extrapoler l'âge probable de la Terre. Le résultat initial fut de cent millions d'années, corrigé ensuite en vingt millions d'années, un délai résolument trop court pour justifier une floraison évolutive aussi riche et variée que celle que nous pouvons observer sur notre planète. Darwin fut déconcerté par ce résultat, qu'il ne savait comment expliquer, et mourut sans avoir jamais eu de réponse à ce sérieux dilemme qui se posait à sa théorie. Ce ne fut que longtemps après sa mort qu'on découvrit, dans la croûte terrestre, une présence importante d'éléments radioactifs qui provoquent une augmentation de température par rapport à celle qu'on devrait trouver sur la seule base des considérations de Kelvin concernant le refroidissement progressif et constant. L'illustre physicien avait été induit en erreur par un facteur impondérable qui avait faussé ses prémisses pourtant exactes. Aujourd'hui, l'âge de la Terre, recalculé en

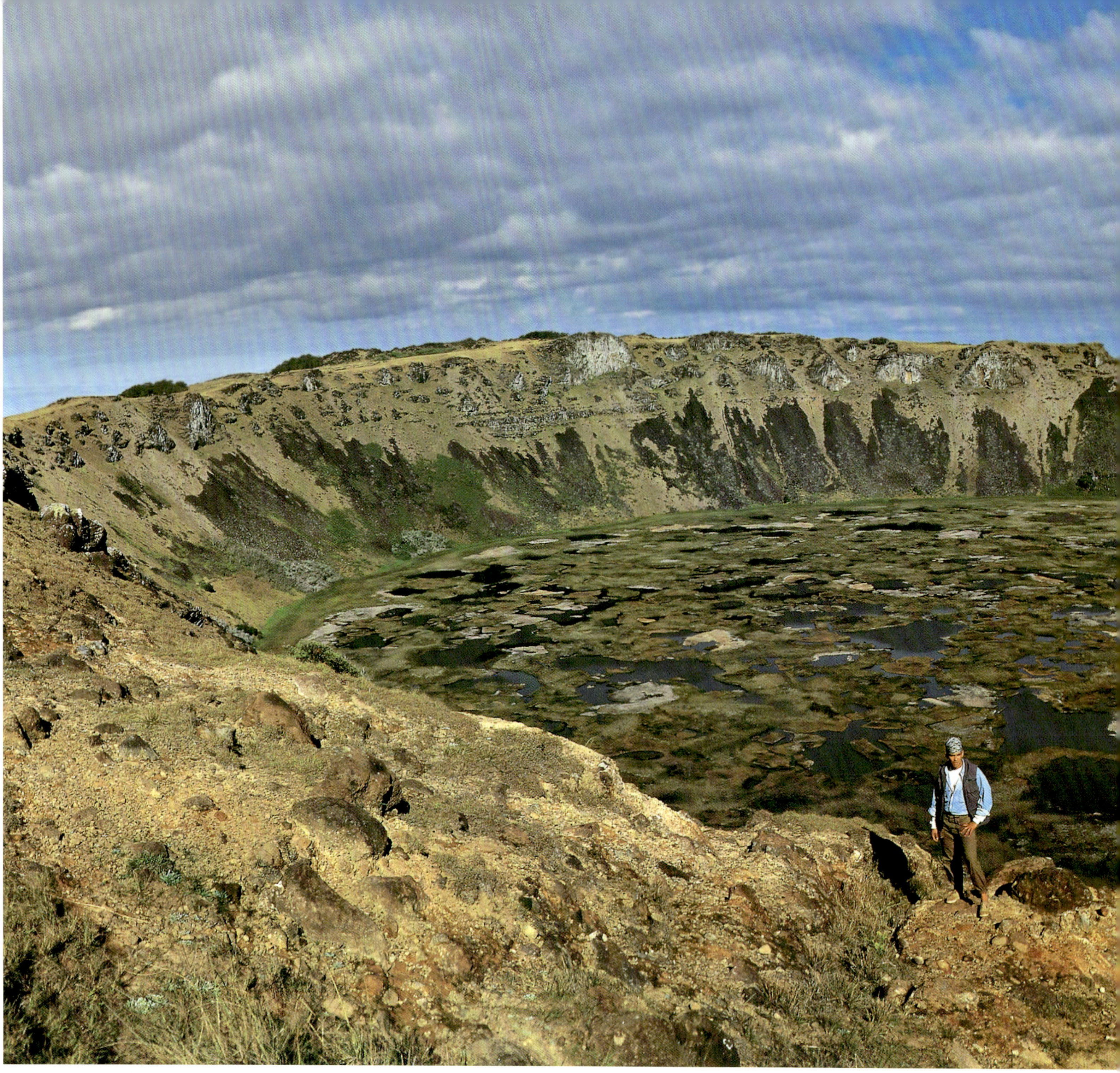

1

tenant compte de ce facteur, apparaît de 4,5 milliards d'années, une durée plus que suffisante pour justifier les différents produits de l'évolution par le biais de la sélection naturelle.

SÉLECTION ARTIFICIELLE

Une fois l'horizon dégagé de cette difficulté embarrassante, mais en réalité inexistante, on peut maintenant suivre Darwin dans ses réflexions en répertoriant la longue suite de faits qui le conduisirent à la formulation de sa théorie. L'observation la plus évidente – qui n'avait pas besoin du voyage du *Beagle* – est que la diversité des animaux et des plantes est largement prouvée, et de façon spectaculaire, chez les espèces domestiquées. Il suffit de penser au chien qui, dérivé du loup (lequel est déjà un animal à large diffusion

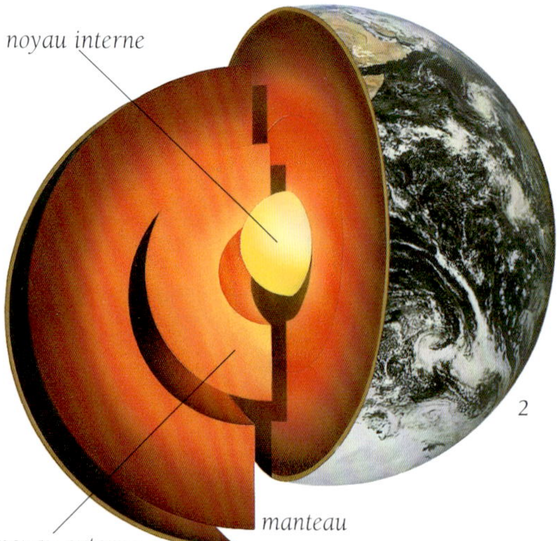

2

1. Le cratère grandiose de Rano Kau, dans l'île de Pâques. Des formes d'origine volcanique comme celle-ci ont toujours impressionné les cultures les plus diverses ; elles ont donné naissance à des mythologies puissantes riches en histoires concernant les origines et le destin de la Terre et des hommes.

2. Coupe idéale de la terre, avec la mince couche solide de la croûte (40 km d'épaisseur), puis le manteau semi-fluide à très haute température (3 000 km d'épaisseur) et le noyau (2 500 km de diamètre). La compréhension de la structure de la Terre et du caractère dynamique des continents a beaucoup facilité l'interprétation de la distribution actuelle des organismes vivants sur la planète.

et à l'aspect notablement variable), comporte aujourd'hui des races aussi différentes que les minuscules chihuahuas et pékinois, les gigantesques danois et mâtins, les féroces pitbulls, les laborieux chiens de berger et les divers chiens de chasse avec toutes leurs incroyables spécialisations, de l'arrêt au rabattage, les chiens de course et ainsi de suite. Comme Darwin l'avait déjà observé, et Lamarck avant lui, la différence morphologique s'accompagne d'une différence de comportement qui, parfois, est si manifeste qu'elle ne saurait échapper même à une observation superficielle. Un chien d'arrêt qui a flairé la présence d'une proie possible s'immobilise dans une pose de statue, poussant à l'extrême un comportement particulier qu'on trouve déjà chez le loup. Un coq de combat mâle non seulement affronte immédiatement tout adversaire présumé de son espèce et de son sexe, mais il en arrive à attaquer furieusement les jambes de l'éleveur qui à l'évidence évoquent pour lui quelque chose de peu rassurant. Chez les plantes, la différence morphologique apparaît aussi spectaculaire que chez les animaux, et peut-être même

1

plus. Quand on a eu le privilège d'observer le maïs sauvage des sierras mexicaines, où il pousse encore dans de petites zones isolées, on est stupéfait de la rapidité avec laquelle la civilisation aztèque d'abord, occidentale ensuite, a réussi à sélectionner les énormes épis actuels à partir d'un petit épi initial qui n'arrive pas à la taille de l'épi d'orge des rats. Que l'on pense aussi à des plantes comme le chou dont on a obtenu de très nombreuses variétés horticoles en sélectionnant respectivement la fleur ou les feuilles. Dans ce cas aussi, l'espèce dont toutes ces variétés dérivent ne pourrait pas être plus surprenante étant donné qu'il s'agit d'une simple herbe très éloignée de l'aspect soit du chou-fleur, soit du chou frisé, soit encore du chou de Bruxelles.

Pour comprendre combien l'observation des animaux et des plantes domestiques est importante aux fins de l'étude de l'évolution, il nous faut définir ce qu'est la domestication. Elle consiste dans le contrôle de la part des êtres humains de la reproduction des organismes considérés, abolissant par conséquent la sélection naturelle et la remplaçant par la sélection artificielle. Le résultat de ce procédé est la production de populations ou souches tout à fait particulières qui rapidement finissent par présenter des caractères très différents de ceux de leurs homologues sauvages, et souvent aussi des caractéristiques inhabituelles.

Prenons le cas récent d'un oiseau australien, la perruche ondulée, qui non seulement existe encore dans la nature mais pullule dans son milieu naturel, l'intérieur aride de l'Australie. Dans la nature, ce délicieux petit oiseau se présente vert avec la face jaune, la queue et les ailes bleu clair et des stries noires sur le dos. Sa longueur tourne autour des vingt centimètres et son poids ne dépasse pas les 25 à 30 g. Cette petite perruche fut importée pour la première fois en Europe par l'ornithologue et peintre John Gould dans la deuxième moitié du XIXe siècle. Elle eut immédiatement un énorme succès comme oiseau de cage et de volière et, à mesure que sa population domestique augmentait, on en sélectionna une grande variété de couleurs et aussi de formes. Les éleveurs anglais sélectionnèrent des individus de taille croissante,

2

*1. Épis de maïs (*Zea mays*), la graminée bien connue, exemple extrême de sélection artificielle : les anciens Aztèques furent les premiers à la domestiquer.*

2. Une jeune indigène montre un plant de maïs sauvage dans une réserve naturelle créée spécifiquement pour conserver cette ressource rare qui pourrait constituer la source de nouveaux gènes utiles pour les variétés domestiques.

3. Le câpre (Capparis spinosa), *une plante qu'on ne cultive peut-être que sur l'île de Pantelleria.*

4. La lavande (Lavandula spica), *autre plante cultivée seulement de façon locale, en Provence.*

5. Des lévriers, une des nombreuses races de chiens domestiques produites à partir du loup (Canis lupus) *en quarante mille ans.*

6. Des moutons (Ovis sp.), *herbivores originaires d'Asie, élevés depuis plus de cinq mille ans et aujourd'hui répandus dans le monde entier en de nombreuses races.*

7. La perruche ondulée (Melopsittacus undulatus) *australienne, ici sur une lithographie classique de John Gould, est aujourd'hui l'oiseau domestique le plus commun au monde.*

3

4

5

6

7

à la tête toujours plus grosse par rapport au reste du corps, jusqu'à obtenir un animal joufflu et gauche, complètement différent du délicieux petit oiseau qui avait remporté un tel succès à son arrivée d'Australie. On pourrait raconter des histoires parfaitement analogues pour le canari, arrivé en Europe des îles Canaries au XVIIe siècle, avec encore sa typique livrée ancestrale vert et jaune ; pour les pigeons et les poulets domestiques ; pour la dinde ; et, naturellement, pour les espèces domestiques les plus caractéristiques de notre civilisation : le chien, le chat, le mouton, la vache, le cheval, l'âne, le cochon, le lapin, etc. Toutes ces espèces non seulement se sont clairement différenciées de leurs ancêtres, mais présentent en général une taille supérieure, des réflexes plus lents, une couleur plus variable et sont souvent dotées de caractéristiques incompatibles avec la vie dans la nature. Par exemple, un cochon au pelage nettement moins fourni que celui d'un sanglier, ou bien un canari ébouriffé au plumage peu adhérent et donc inutile contre le froid, succomberaient certainement s'ils devaient passer la mauvaise saison en liberté dans les régions mêmes dont ils sont originaires. La situation ne serait guère meilleure pour un mutant

1

2

jaune comme le canari domestique qui serait immédiatement repéré par les prédateurs ailés qui pourraient le poursuivre et l'attraper sans grande difficulté.
Cependant tous ces animaux, tels qu'ils ont été modifiés, ont une probabilité de survie élevée dans les conditions domestiques particulières où ils sont destinés à vivre grâce à la protection dont ils jouissent de la part des humains qui entendent exploiter leurs œufs, leur lait, leur laine, leur viande ou, simplement jouir du plaisir esthétique que procure leur vue. En définitive, ces animaux et ces plantes présentent les caractéristiques qui favorisent le plus leur survie et leur reproduction dans un environnement dominé par l'homme. On peut aisément en déduire que, si la sélection de ces organismes devait avoir lieu dans un milieu non dominé par l'homme, elle aurait lieu sur la base des meilleurs caractères possibles pour échapper aux prédateurs, repérer la nourriture, se reproduire avec succès. Ce serait cette fois la sélection naturelle, différente de la sélection artificielle du point de vue du type de résultat auquel elle aboutit, mais pas du point de vue théorique et conceptuel.

1. La sélection artificielle a parfois été utilisée pour produire des animaux domestiques tout à fait particuliers comme par exemple ces canaris anglais Lizard *caractérisés par un plumage apparemment écailleux (d'où leur nom anglais) et par une calotte jaune qui ressemble à une couronne. L'origine de cette race est très ancienne et totalement mystérieuse.*

2. Parmi les nombreuses races de canaris domestiques obtenus à partir du type ancestral sauvage, une des plus intéressantes était le London, *représenté ici, qui dans l'idéal était jaune, avec des ailes et une queue noires. Aujourd'hui, cette race a complètement disparu des élevages, peut-être à cause de la difficulté à obtenir des individus correspondant au type idéal représenté sur cette illustration.*

NAISSANCE DE LA GÉNÉTIQUE

Un observateur superficiel pourrait en effet objecter que la sélection artificielle est une chose tandis que la vie dans la nature est très différente. En réalité, cet argument ne

3. *Portrait de Gregor Mendel sur une médaille frappée en 1965 par la Société génétique du Japon pour le centenaire de la publication de sa découverte des principes de l'hérédité.*

4. *Dessin de pois commun* (Pisum commune) *extrait du premier volume de l'œuvre botanique de Gaston Bonnier,* Flore complète illustrée en couleurs de France, Suisse et Belgique, *Paris, 1911-1935. Cette plante eut une place de choix dans les expériences de Mendel et elle lui permit de tirer des conclusions précises sur les modalités selon lesquelles les caractères sont hérités.*

5. *La première page du manuscrit original de Mendel en 1865,* Recherches sur divers hybrides végétaux, *œuvre qui devait révolutionner la biologie mais resta inconnue jusqu'en 1900, trente-cinq ans après sa publication et seize ans après la mort du génial moine augustinien de Brno.*

tient pas car les animaux domestiqués sont, à l'origine, des animaux sauvages à cent pour cent et ne peuvent évidemment apporter, et donc exprimer, dans leur nouvel état domestique, que les caractéristiques qu'ils avaient déjà à l'état naturel, y compris leur plasticité morphologique et comportementale.

Du reste, Darwin déjà avait répondu de façon définitive à cette objection supposée en observant que, dans la nature, les espèces ne se présentent aucunement comme des catégories d'individus tous identiques entre eux, mais plutôt comme des catégories dotées d'une diversité notable autour d'un plus petit dénominateur commun de caractères identiques. Aujourd'hui, nous savons que cette diversité plus ou moins large a des bases génétiques, information qui évidemment n'était pas accessible à Darwin non seulement parce que le concept de gène était encore inconnu, mais aussi parce que Darwin ne sut jamais rien des travaux de Gregor Johann Mendel (1822-1884), un humble moine de Brno (actuellement en République tchèque mais alors partie de l'empire d'Autriche-Hongrie) dont l'œuvre fondamentale sur les mécanismes de l'hérédité génétique resta ignorée des scientifiques de son époque. Et cela, malgré ses lettres aux botanistes les plus en vue, une présentation de ses travaux à la Bruun Natural Science Society et enfin la publication de ses expériences sur les petits pois dans une encyclopédie en langue allemande consacrée à la reproduction des plantes.

Darwin pouvait seulement observer, comme il le fit en effet, qu'il n'est pas aisé de distinguer les variétés des espèces car « on ne peut pas établir l'ensemble des différences exigées pour attribuer à deux formes le rang d'espèce ». Darwin remarqua également que dans les genres qui comprennent une grande quantité d'espèces, les variétés de chaque espèce sont elles aussi nombreuses. En outre, il releva que « les espèces étroitement semblables à d'autres ont, semble-t-il, une diffusion limitée ». Donc, les espèces qui appartiennent à de grands genres présentent de singulières analogies avec les variétés, analogies qui s'expliquent très bien « si nous supposons que les espèces ont à une époque existé comme variétés et, comme telles, ont eu leur origine ». Raisonnement sans faille auquel il ne faut plus ajouter maintenant que le concept de sélection naturelle pour comprendre de quelle façon, à partir de deux ou plusieurs variétés d'une même espèce encore peu différenciées entre elles, on peut

3

4

5
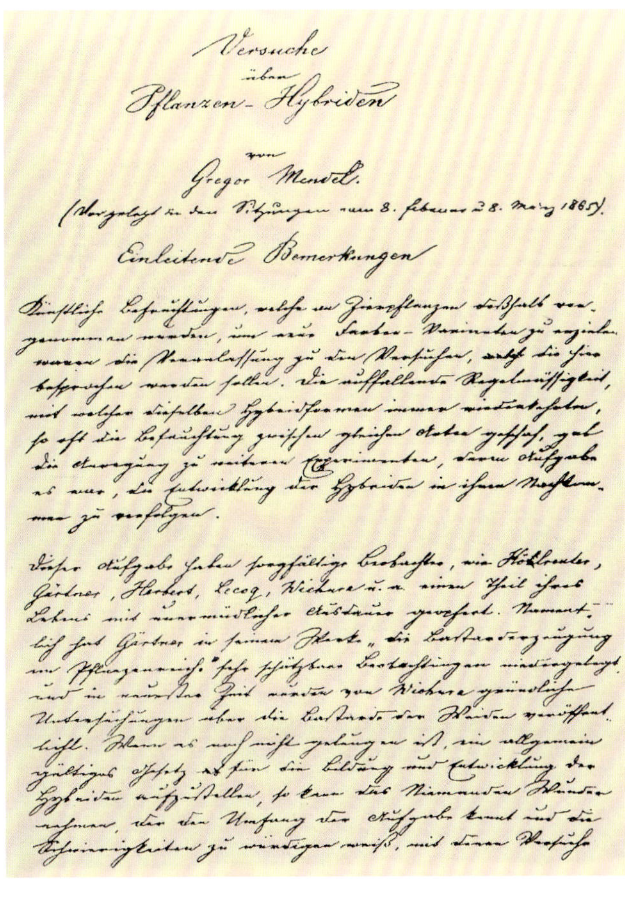
Versuche über Pflanzen-Hybriden

von Gregor Mendel.

(Vorgelegt in den Sitzungen vom 8. Februar u. 8. März 1865.)

Einleitende Bemerkungen

1

obtenir deux ou plusieurs espèces bien différenciées. La sélection advient sur la base de la « lutte pour la vie » qui a pour résultat, selon une expression de Herbert Spencer que Darwin lui-même appréciait, la « survie du plus adapté ».

SÉLECTION NATURELLE

« Rien de plus facile, écrit encore Darwin, que d'admettre en paroles la vérité de la lutte universelle pour la vie ; il est beaucoup plus difficile, et je parle d'expérience, de garder toujours ce principe à l'esprit... Nous contemplons la nature resplendissante de bonheur et nous remarquons souvent une surabondance de nourriture ; mais nous ne voyons pas, et nous oublions, que les oiseaux qui chantent oisivement autour de nous se nourrissent principalement d'insectes et de graines, détruisant la vie, ou nous oublions dans quelle mesure ces chanteurs et leurs œufs ou leurs petits sont détruits par des oiseaux ou des animaux prédateurs, et nous ne nous souvenons pas toujours que, même si parfois il y a surabondance de nourriture, cela n'est pas vrai à toutes les saisons de l'année. »
La sélection naturelle agit mieux quand le matériau de départ est abondant, mais normalement cette condition est parfaitement vérifiée vu que les organismes tendent à se multiplier selon une progression géométrique et qu'ils envahiraient rapidement la Terre entière (ou, pour mieux dire, l'espace disponible pour eux en tant qu'adapté à

1. Un mâle de fauvette à tête noire (Sylvia atricapilla) *apporte une sauterelle à manger à ses quatre petits encore au nid. Plus que la lutte pour la vie, les différences de réussite dans la reproduction sont à la base de la sélection naturelle.*

2. Deux hyènes tachetées (Crocuta crocuta) *tenant dans leur gueule les restes de la carcasse d'un jeune gnou dans la réserve de Masai Mara, au Kenya. L'efficacité de l'approvisionnement est évidemment un facteur de grande importance qui peut déterminer l'avenir d'une population.*

2

3

3. Un groupe d'impalas (Aepyceros melampus) *près d'un point d'eau dans le Kruger National Park, en Afrique du Sud. Les ressources critiques comme l'eau peuvent conditionner les comportements d'une population déterminée et, en dernière analyse, décider si elle prospérera, survivra tout juste ou disparaîtra.*

4. Lionnes (Panthera leo) *au repos dans la réserve de Masai Mara, au Kenya. La pression des prédateurs est un autre facteur important qui détermine la sélection naturelle et éventuellement l'extinction d'une population.*

4

leurs exigences) s'ils n'étaient pas limités par des prédateurs et par des rivaux. À propos de ces derniers, Darwin dénote une grande profondeur de pensée quand il observe, en donnant de nombreux exemples de variations démographiques de plusieurs espèces d'oiseaux, rongeurs et insectes, que la lutte pour la vie se déroule de façon plus acharnée entre espèces appartenant au même genre justement parce qu'elles ont des exigences semblables. La compétition sera évidemment encore plus acharnée entre les différents individus de la même espèce qui ont exactement les mêmes exigences.

En conclusion, puisque chaque espèce possède une diversité de caractères et puisque tous les individus vivant dans la nature sont sujets à la lutte pour la vie dans laquelle certains caractères sont indubitablement plus avantageux que d'autres pour survivre et se reproduire avec davantage de succès, « ce serait assez extraordinaire qu'aucune variation utile au bien-être de chaque individu n'ait eu lieu, de la même façon qu'ont eu lieu tant de variations utiles à l'homme ». Il est évident que ces variations utiles se sont conservées et répandues par le biais de l'hérédité des caractères et il est évident que la somme de toutes ces variations successives a pu produire de nouvelles espèces très différentes de l'espèce de départ.

Déjà à l'époque de Darwin, de nombreux faits objectifs permettaient de déduire que ces changements ne sont pas seulement possibles et probables, mais qu'ils ont effectivement eu lieu au cours de l'histoire de la vie sur la Terre : avant tout, les affinités réciproques des différentes espèces dont nous avons déjà parlé, puis la documentation paléontologique,

1

la répartition géographique et aussi l'étude du développement des embryons, l'anatomie comparée avec le corollaire des organes rudimentaires, l'étude du comportement. Plus récemment, la biologie moléculaire et la génétique ont complété le tableau en fournissant une admirable vision d'ensemble de l'unité et de la diversité de la vie. Aujourd'hui, les preuves de l'évolution sont assez nombreuses pour dessiner une vaste fresque générale qui en donne une image univoque et sans ambiguïté. Plus on étudie la biologie, plus on comprend l'évolution, plus on voit l'aspect unitaire de la biosphère tout entière dans l'espace et le temps, et plus il apparaît superflu d'énumérer une série de faits isolés pour prouver quelque chose qui est déjà prouvé par, comme l'affirmait Darwin, « *one long argument* », c'est-à-dire un unique, long argument global. Toutefois, dans les pages qui suivent, je résumerai brièvement les principaux arguments classiques qui seront ensuite partiellement repris dans les chapitres suivants.

1. Un front montagneux fendu par les mouvements géologiques constitue une sorte de livre ouvert dont les pages contiennent une partie de l'histoire de notre planète. On peut admirer sur la photo les couches affleurant dans l'Arches National Park, Utah, États-Unis.

2. Schéma d'une paroi rocheuse avec des strates révélant différents dépôts étalés dans le temps. En étudiant la succession de couches comme celles-ci, on peut reconstruire l'histoire au fil des ères géologiques.

ANATOMIE COMPARÉE

L'argument le plus évident, celui qui, de façon incroyable, échappa à Cuvier, est celui des fossiles qui se trouvent dans les couches successives des roches anciennes. Certes, à l'époque de Cuvier (et aussi à l'époque légèrement postérieure de Darwin), il n'existait pas de méthodes permettant de dater ces roches, même pas de façon approximative, mais il est tout aussi vrai que Darwin réussit quand même à exploiter ces documents naturels en utilisant savamment les enseignements actualistes de Lyell dans l'analyse séquentielle des couches. Aujourd'hui, en revanche, la datation est devenue non seulement possible, mais aisée grâce à la précision chronométrique de la radioactivité naturelle. Un isotope radioactif d'un élément chimique est tel parce qu'il est instable et qu'il se transforme en un autre isotope plus stable du même ou d'un autre élément, à une vitesse constante, caractéristique de chaque isotope particulier, en émettant de l'énergie sous forme de particules alfa ou bêta ou de rayons gamma. La vitesse de transformation d'un isotope radioactif est normalement désignée comme « demi-

2
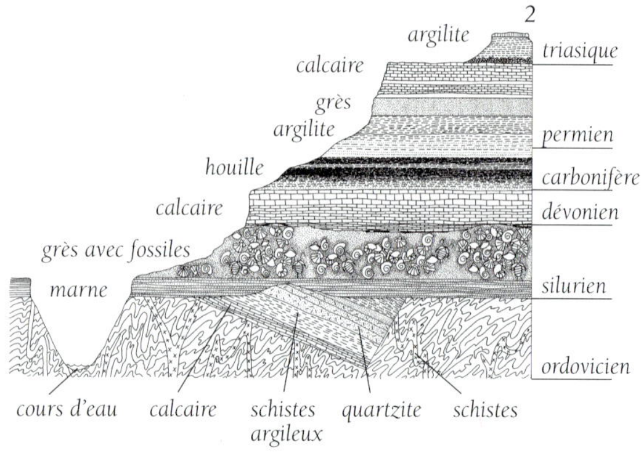

5. *Schéma des os homologues dans les membres antérieurs de la baleine, de la grenouille, du cheval, du lion, de l'homme, de la chauve-souris et de l'oiseau. La composition est toujours la même, mais les os varient en longueur, en forme et autre, en fonction des adaptations particulières.*

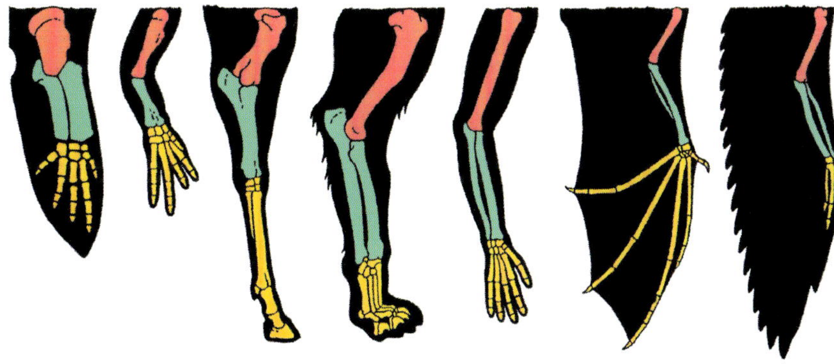

5

3

3. *Le seps strié* (Chalcides chalcides) *est un saurien à forme de serpent avec deux pattes minuscules encore mobiles mais peu fonctionnelles. Des organes rudimentaires comme ceux-ci seraient bien difficiles à expliquer en dehors de la logique de l'évolution.*

4. *Une autruche* (Struthio camelus) *mâle au repos. Le cas des oiseaux qui ne volent pas resterait lui aussi privé de sens si l'on n'admettait pas que ces espèces descendent d'authentiques oiseaux volants dont les ailes, à un certain moment de leur histoire, sont devenues superflues.*

4

vie », qui est le temps nécessaire pour que se transforme la moitié de l'isotope. Deux exemples d'isotopes radioactifs communément utilisés pour les datations sont l'uranium-235 qui se transforme en uranium-207 avec une demi-vie de 713 millions d'années, et le potassium-40 qui se transforme en argon-40 avec une demi-vie de 1 300 millions d'années. Incorporés dans la roche au moment de sa formation, ces éléments radioactifs suivent fatalement leur destin, donnant une excellente possibilité de dater la roche – et les fossiles qu'elle contient – sur la base du rapport entre les quantités produites dans la transformation radioactive et celles de l'isotope de départ. Ceci dit, nous pouvons ajouter maintenant que dans les différentes couches de roches datées avec cette méthode ou d'autres, on trouve des types de fossiles différents selon l'âge de la roche. Les plus anciens sont les fossiles de simples cellules dont les faibles traces remontent à un milliard d'années ou même plus ; puis arrivent les différents invertébrés marins, il y a 600 millions d'années, les vertébrés sous forme de poissons primitifs il y a un peu moins de 500 millions d'années et puis, dans l'ordre, les amphibiens (400 millions d'années), les premiers reptiles (350 millions d'années), les reptiles suivants précurseurs des mammifères, oiseaux et reptiles modernes (300 millions d'années), les thécodontes (250 millions d'années) précurseurs non seulement des dinosaures proprement dits mais aussi des crocodiles (250 millions d'années) et des oiseaux (peut-être 200 millions d'années), les reptiles théromorphes ancêtres des mammifères (250 millions d'années). Tout ceci pour ne parler, parmi les nombreux types d'animaux existants, que des vertébrés, un groupe de prédilection pour nous, les hommes, qui lui appartenons. Il est évident qu'une telle série ordonnée parle en faveur de l'évolution aussi parce que, grâce aux travaux d'anatomie comparée initiés précisément par Cuvier, il est devenu possible de suivre en détail les transformations de tous les os et les changements dans leurs rôles respectifs à partir des premiers poissons jusqu'aux mammifères actuels. Le résultat surprenant de ces travaux est que, exception faite de certains changements inévitables dans le passage de l'eau à la terre, ou encore d'une forme dotée de membres à une forme de serpent, les parties restent toujours celles d'origine et un squelette de grenouille est parfaitement comparable au squelette d'un oiseau ou à un squelette humain, sauf pour certains os qui, tout en restant présents, se sont réduits ou ont changé de fonction, donnant parfois lieu à des casse-tête ardus (mais aujourd'hui tous brillamment résolus). On en a un cas typique avec les arcs branchiaux des poissons les plus primitifs, dépourvus de mâchoires, dont deux iront constituer l'articulation des différentes classes des poissons suivants ; ou encore avec le changement de type d'articulation entre mâchoire et mandibule quand on passe des reptiles aux mammifères : l'articulation entre le carré et l'articulaire des reptiles est remplacée par celle entre le dentaire et le squamosal des mammifères, ce qui, en même temps que d'autres changements du squelette du crâne, contribue au résultat, évident à première vue, d'une profonde modification de l'aspect extérieur des animaux appartenant à chacune de ces deux classes.
La présence d'organes rudimentaires est particulièrement significative, par exemple des restes de bassin et de membres postérieurs dans le squelette des baleines et de certains serpents (pythons), traces évidentes d'une existence terrestre passée à quatre pattes, qui

a été abandonnée en faveur respectivement de la mer et d'un style de vie particulier, rampant, qui a sûrement ses avantages si quelqu'un l'adopte. Des serpents qui gardent des restes de ce genre sont évidemment considérés comme très « primitifs », mot qui dans le langage de la biologie évolutive signifie seulement qu'ils présentent encore certains caractères typiques de leurs ancêtres (lézards) et n'ont pas encore complètement développé les spécialisations de leur groupe. À propos d'organes rudimentaires, il existe plusieurs groupes de lézards qui présentent une réduction progressive des membres dans les différentes espèces de la même famille, suggérant une tendance évolutive générale qui s'est ensuite exprimée d'une façon plus ou moins marquée dans les différentes espèces dérivées d'un ancêtre commun engagé dans cette voie. Par exemple, chez les Anguidés, les espèces américaines connues comme lézards-alligators présentent des membres nettement développés bien que le corps soit très allongé, les espèces européennes (orvet et orvet des Balkans) sont complètement dépourvues de membres même si, pour le reste, elles présentent encore nettement des caractères de lézard et non de serpent. Chez les Scincidés, deux espèces européennes du même genre *Chalcides*, le scinque ocellé et le seps strié présentent, l'un des membres bien développés même s'ils sont inférieurs à ceux d'un lézard normal, et l'autre des membres réduits à des moignons et munis de trois doigts seulement. Un autre cas qui resterait tout à fait incompréhensible en dehors d'une logique évolutive est celui des oiseaux incapables de voler qui sont toutefois très nombreux et comptent tous les représentants de certaines familles (pingouins, autruches, nandous, émeus, casoars, kiwis) et en outre quelques espèces isolées d'autres familles (le dodo et l'alcidé inapte au vol, aujourd'hui disparus, le cormoran des Galápagos, le brassemer cendré, le râle wéka de Nouvelle-Zélande, etc.) tandis que dans de nombreuses autres familles, la tendance à voler est réduite et les habitudes sont nettement terrestres (on pense à tous les Gallinacés). Tous ces oiseaux, ou bien vivent dans des milieux dépourvus de prédateurs, ou bien ont opté pour un style de vie très particulier qui leur permet d'échapper aux prédateurs sans utiliser leurs ailes. Et puis la liste est longue d'animaux qui, vivant en permanence à l'intérieur de galeries ou de grottes, présentent des yeux atrophiés, recouverts de peau, ou bien absents : les différentes taupes, certains rongeurs spécialisés comme le rat-taupe, certains serpents comme les Typhlopidés et les Leptotyphlopidés, l'amphisbène, une sorte de lézard-serpent au corps segmenté comme un ver de terre, différents poissons de grotte et certains amphibiens comme le protée des grottes karstiques et les caecilia, apodes tropicaux qui, à première vue, ressemblent à de gros vers de terre. Un autre cas remarquable d'organes rudimentaires consiste en deux petits doigts supplémentaires qui, de temps en temps, apparaissent au-dessus du sabot d'un poulain nouveau-né. On interprétera mieux l'apparente difformité du pauvre petit cheval quand on sait que dans des couches géologiques de plusieurs dizaines de millions d'années (ère tertiaire), on a trouvé toute une série de squelettes de chevaux dont les plus anciens étaient très petits (taille d'un chien) et dotés de cinq doigts, par la suite de plus en plus gros et avec un nombre de doigts de plus en plus réduit : trois plus deux rudimentaires, un seul fonctionnel, deux autres rudimentaires et deux presque invisibles et enfin un seul fonctionnel (le sabot, le troisième doigt) et quatre invisibles. L'anomalie des poulains en question ne serait rien d'autre qu'une réminiscence du passé ou, pour le dire en langage moderne, l'expression d'un gène qui normalement est réprimé.

La liste de tous les cas d'organes vestiges pourrait être longue. Pour finir, je me limiterai à citer le cas du coccyx chez les êtres humains et les singes anthropoïdes (chimpanzé, gorille, orang-outan, gibbon) qui est évidemment un résidu replié des vertèbres de la queue, perdue par ce groupe de primates.

1. Squelette de la jambe d'un cheval normal (a) et de deux chevaux (b, c) qui présentent un doigt supplémentaire, plus ou moins grand. Pour comprendre ce phénomène singulier, il faut savoir que le cheval que nous connaissons est apparu au cours de l'ère tertiaire, à partir d'ongulés pas plus gros que des chiens qui vivaient dans les forêts. Initialement, ces animaux étaient dotés de quatre doigts qui, ensuite, se réduisirent à trois, et enfin à un seul : celui qui forme le sabot actuel.

2. Un cheval actuel muni de deux petits doigts supplémentaires au-dessus du sabot. Évidemment la réduction des doigts au cours de l'évolution est advenue par le biais de la répression de certains gènes qui, dans ce cas, pour des raisons que nous ignorons, ont quand même réussi à s'exprimer. La « malformation » n'est rien d'autre que le souvenir de la situation ancestrale.

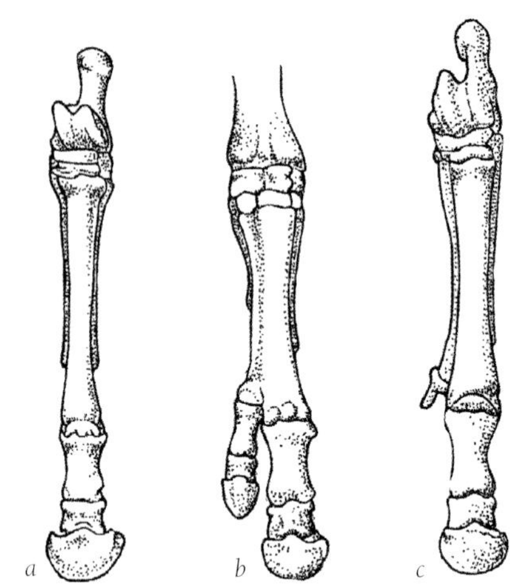

1

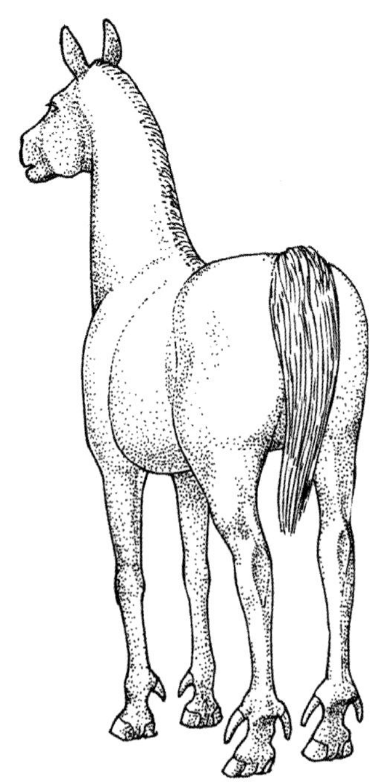
2

EMBRYOLOGIE COMPARÉE

Un autre domaine de recherches donne des résultats qui confortent la réalité de l'évolution : l'embryologie comparée, c'est-à-dire l'analyse comparée du développement

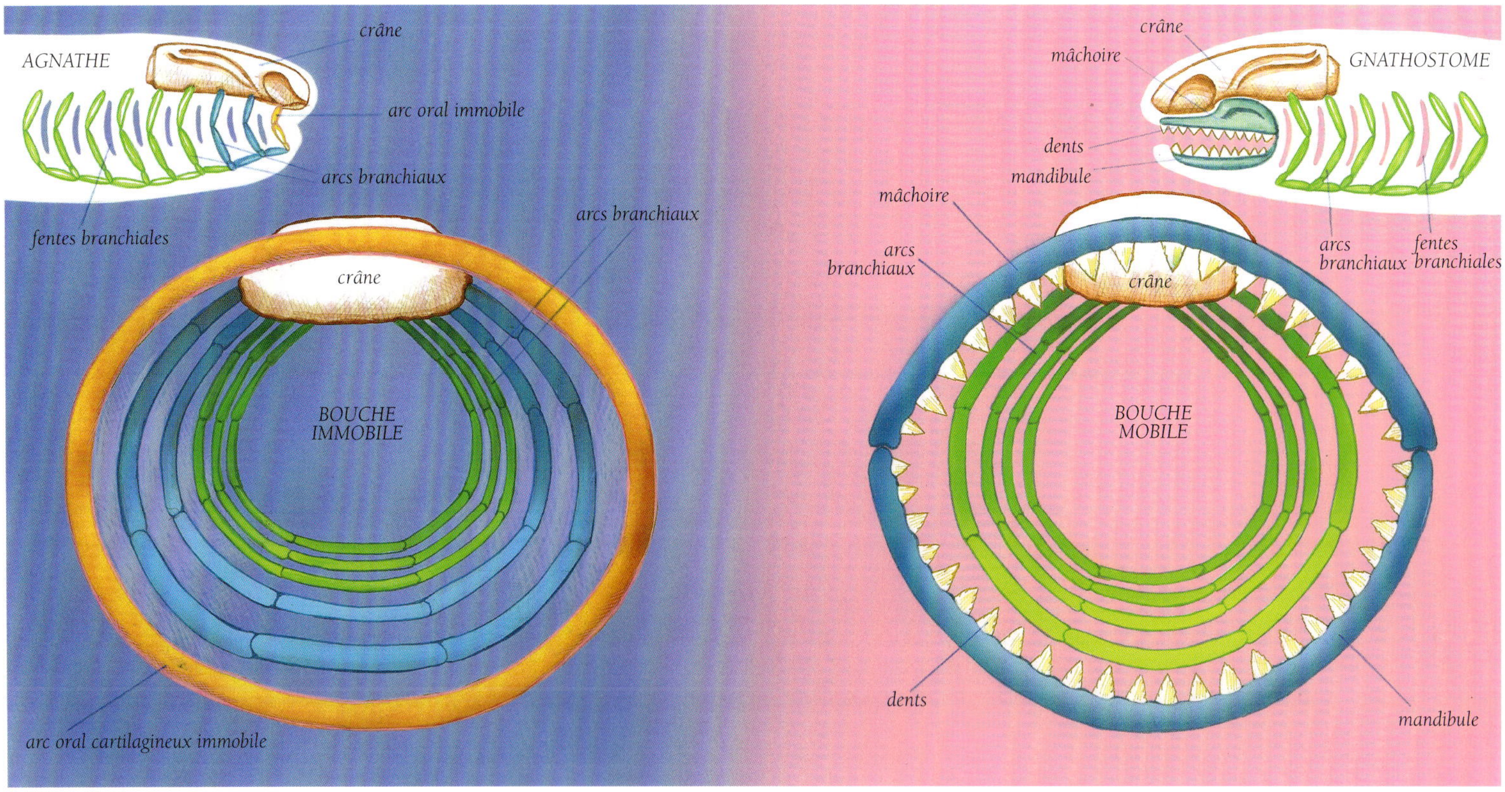

3

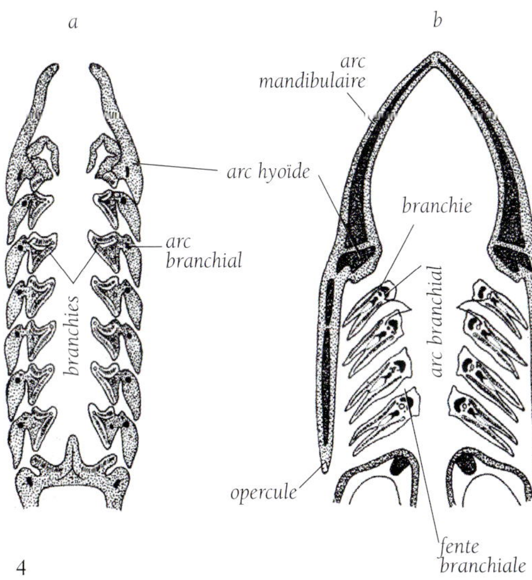

4

3. Schéma des arcs branchiaux (en haut) et de la bouche (en bas), respectivement d'un agnathe (à gauche) et d'un gnathostome primitif (à droite). Au cours de l'évolution, la deuxième paire d'arcs branchiaux s'est transformée, donnant naissance aux mâchoires. La bouche immobile des agnathes a ainsi évolué en une bouche mobile supportée par des éléments du squelette, chez les poissons et tous les autres vertébrés.

4. Schéma de la position des branchies et de leur support chez les agnathes (a) et les gnathostomes (b), poissons dotés de mâchoires. Comme ces structures diffèrent dans les deux groupes aussi bien par leur position que par leur schéma de développement, il est probable qu'elles aient évolué indépendamment chez les agnathes et chez les gnathostomes.

embryonnaire des différents vertébrés, depuis les poissons jusqu'aux mammifères. Si on observe l'aspect d'un embryon de truite, de salamandre, de tortue, de lapin, de cochon et d'homme aux premiers stades de son développement, on peut constater une ressemblance extraordinaire, bien embarrassante pour le biologiste le plus chevronné qui devrait identifier à vue l'espèce à laquelle appartient l'embryon. Mais le plus surprenant est que sur tous les embryons apparaissent les sillons des arcs branchiaux dont nous avons déjà parlé qui, chez les poissons, évolueront en ouvertures de branchies dont ces animaux se servent pour respirer dans l'eau ; chez les animaux terrestres, ils se résorberont au contraire, n'ayant plus aucune fonction depuis des centaines de millions d'années. Or cette apparition à l'état de vestige dans la période embryonnaire est pour nous aujourd'hui une trace encore visible de nos lointains ancêtres poissons. À ce sujet, le zoologiste allemand Ernst Haeckel, contemporain de Darwin, énonça sa « loi biogénétique fondamentale » en affirmant que l'embryogenèse résume la phylogenèse. Bien sûr, il ne voulait pas dire que l'embryon récapitulait l'histoire de l'évolution dans ses moindres détails – ce serait impossible car chaque embryon est aussi adapté aux exigences environnementales particulières de son espèce – mais simplement que dans le développement embryonnaire de chaque espèce, on peut observer l'apparition d'organes qui ne font plus partie de la dotation actuelle de cette espèce précise, mais qui devaient être fonctionnels dans un passé plus ou moins lointain.

ÉTHOLOGIE COMPARÉE

Outre l'anatomie comparée et l'embryologie comparée, un autre témoin en faveur de la théorie de l'évolution est l'éthologie comparée. L'éthologie est l'étude du comportement, et l'éthologie comparée l'étude comparée des comportements des différentes espèces. Or certains comportements sont instinctifs (c'est-à-dire innés, ce qui signifie qu'ils se transmettent par voie héréditaire, comme n'importe quel autre caractère), d'autres comportements sont acquis et leur seul trait héritable est la possibilité

1

et la capacité de les acquérir, d'autres encore sont constitués d'une part innée et d'une part acquise en étroite relation. Le domaine de prédilection de l'éthologie comparée est l'étude comparée des comportements instinctifs.
Darwin s'en occupa déjà en citant par exemple les comportements parasitaires analogues à ceux du coucou européen chez un genre d'oiseaux chanteurs américains, *Molothrus*. Écoutons Darwin :
« M. Hudson, excellent observateur, a constaté que les *Molothrus badius* des deux sexes vivent quelquefois en bandes dans la promiscuité la plus absolue, ou qu'ils s'accouplent quelquefois. Tantôt ils se construisent un nid particulier, tantôt ils s'emparent de celui d'un autre oiseau, ils en expulsent la couvée et y pondent leurs œufs, ou bien construisent bizarrement à son sommet un nid à leur usage. Ils couvent ordinairement leurs œufs et élèvent leurs petits ; mais M. Hudson dit qu'à l'occasion ils sont probablement parasites, car il a observé des jeunes de cette espèce accompagnant des oiseaux adultes d'une autre espèce et criant pour que ceux-ci leur donnent des aliments.
« Les habitudes parasites d'une autre espèce de *Molothrus*, le *Molothrus bonariensis*, sont beaucoup plus développées, sans être cependant parfaites. Celui-ci, autant qu'on peut le savoir, pond invariablement dans des nids étrangers. Fait curieux, plusieurs se réunissent quelquefois pour commencer la construction d'un nid irrégulier et mal conditionné, placé dans des situations singulièrement mal choisies, sur les feuilles d'un grand chardon par exemple. Toutefois, autant que M. Hudson a pu s'en assurer, ils n'achèvent jamais leur nid. Ils pondent souvent un si grand nombre d'œufs – de quinze à vingt – dans le même nid étranger qu'il n'en peut éclore qu'un petit nombre. Ils ont de plus l'habitude extraordinaire de crever à coups de bec les œufs qu'ils trouvent dans les nids étrangers sans épargner même ceux de leur propre espèce. Les femelles déposent aussi sur le sol beaucoup d'œufs qui sont perdus.
« Une troisième espèce, le *Molothrus pecoris* de l'Amérique du Nord, a acquis des instincts aussi parfaits que ceux du coucou, en ce qu'elle ne pond pas plus d'un œuf dans un nid étranger, ce qui assure l'élevage du jeune oiseau. »
Darwin cite ensuite d'autres exemples de ce type, dont les divers degrés de comportement des fourmis esclavagistes. Les espèces les plus primitives se limitent à attaquer les fourmilières d'autres espèces, volant les larves et les œufs qu'elles utilisent ensuite comme réserve alimentaire ; les espèces à mi-chemin peuvent encore

1. Molothrus bonariensis, *ou vacher luisant, espèce parasite américaine dont parle Darwin dans l'extrait cité sur cette page.*

2. Molothrus ater *ou vacher à tête brune, autre espèce de la même famille qu'on observe souvent aussi dans les villes américaines.*

3. *Schéma de la construction d'un cocon – à offrir à une femelle – par un mâle de* Hilara sartor, *une petite mouche au rituel amoureux complexe.*

4. *Histoire naturelle de* Hilara sartor, *depuis le moment où elle capture et tue un moucheron jusqu'à celui où elle l'offre à une femelle dans un vol en essaim.*

5. Formica rufa, *la fourmi rouge, est une espèce hautement sociale, comme tous les représentants de cette famille.*

2

3

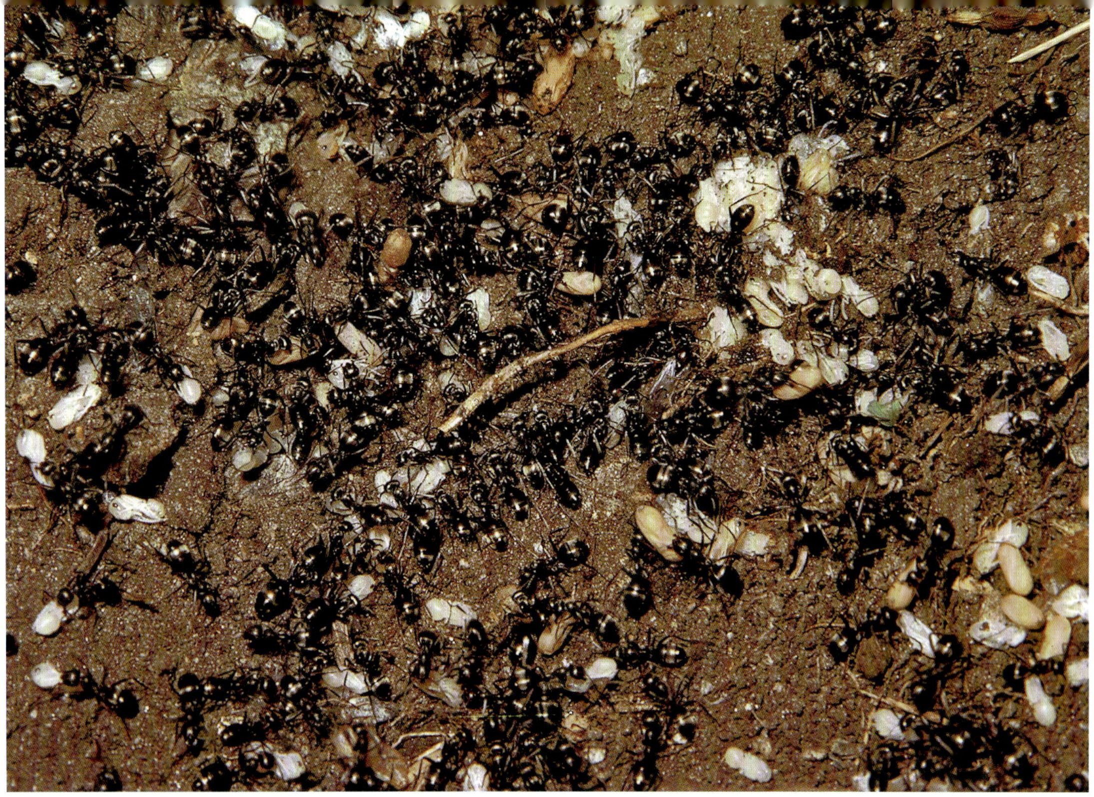

5

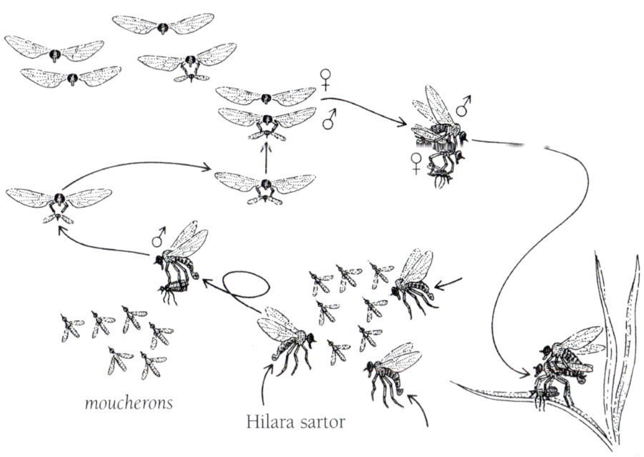

4

utiliser comme nourriture une partie de leur butin mais elles laissent venir à maturité le reste, exploitant ensuite le travail volontaire des ouvrières esclaves qui évidemment ne connaissent pas leur condition. Enfin, chez les espèces les plus évoluées, tous les œufs et toutes les larves volées viennent à maturité pour exploiter le travail des fourmis esclaves, évidemment plus avantageux que les calories qu'elles peuvent fournir comme aliment.

Aujourd'hui, les exemples disponibles dans cette branche de l'éthologie (ou, si l'on préfère, de la biologie évolutive) sont extrêmement nombreux et il s'en rajoute sans arrêt de nouveaux grâce aux travaux dans ce domaine qui sont particulièrement fournis. Je me limiterai à en citer un seul, mais très parlant, celui des mouches du genre *Hilara* dont les mâles courtisent leur compagne en lui offrant une proie qu'ils viennent de capturer et de tuer (Kessel, 1955). C'est du moins ce que font les espèces les plus primitives de ce genre car les espèces un peu plus évoluées, avant d'offrir la proie, l'enveloppent délicatement dans une sorte de cocon. Ce cocon se perfectionne encore chez d'autres espèces et c'est au cours d'un vol de parade en essaim qu'il est offert. Mais il se passe alors quelque chose d'inattendu : chez d'autres espèces plus avancées du genre *Hilara*, le mâle, avant d'envelopper la proie et de l'offrir à la femelle, en absorbe les sucs et par conséquent son cadeau consiste en une dépouille inutile puisque non nourrissante. D'autres espèces encore ne sont plus carnivores mais nectarivores, néanmoins elles préparent encore, pour faire leur cour, un cocon contenant un inutile morceau d'insecte. Enfin, *Hilara sartor*, ainsi qu'un petit groupe d'autres espèces nectarivores, constitue le cas limite de cette série passionnante : chez cette espèce, aboutissement de la chaîne évolutive, il n'y a plus de proie, elle n'a jamais été capturée et le cocon offert à la femelle est bel et bien vide. Évidemment, cette stratégie fonctionne parce que la femelle, comme toutes les dames de ce monde, attribue un poids prépondérant à la « délicate attention » en soi, plus qu'à la valeur du cadeau. Or il est clair que l'emballage, ici le cocon, compte beaucoup pour témoigner d'une « délicate attention » et c'est ce que la dame mouche prend en considération. La conséquence est que la sélection a lieu sur la base de la qualité du cocon et qu'à partir d'un certain moment, un emballage vide a pour sa destinataire tout autant de valeur qu'un cocon plein.

6. Lycaons (Lycaon pictus) *dans la savane de Masai Mara, au Kenya. La famille des Canidés à laquelle cette espèce appartient constitue une pointe avancée de la socialité chez les mammifères.*

6

3. BIOGÉOGRAPHIE

1

2

3

DE DUBLIN

Parmi les preuves les plus spectaculaires et monumentales de la réalité de l'évolution, à côté des affinités réciproques des organismes, nous avons sous les yeux leur distribution géographique. En effet, les espèces et les familles où elles sont regroupées ne se trouvent pas mélangées au hasard sur notre planète, mais sont localisées d'une façon logique et cohérente qui, en général, permet une reconstitution raisonnable de l'histoire des peuplements respectifs à partir de leurs lointaines origines communes. Raisonnable, en se basant naturellement sur la thèse selon laquelle, tandis que les espèces évoluent, elles subissent ce qu'on définit comme une répartition adaptative, l'occupation de zones géographiques et de niches écologiques différentes avec, par conséquent, une différenciation morphologique par rapport aux espèces ancestrales aussi. La branche de la biologie qui aujourd'hui s'occupe de ces études particulières, est appelée « biogéographie » et rentre dans les cursus de biologie, géologie et sciences naturelles.

Imaginons un instant que nous sommes en Irlande, disons à Dublin, puis que nous nous envolons pour Kampala, en Afrique, au sud du Sahara : nous pourrions constater que presque tout change dans toutes les classes d'animaux, de plantes ou de champignons que nous voudrions éventuellement étudier. Un observateur attentif des oiseaux trouverait le moineau gris au lieu du moineau européen qui nous est familier, l'étourneau brillant au lieu de l'étourneau commun, et puis il trouverait une grande quantité d'espèces inconnues en Europe : de splendides martins-pêcheurs, d'éclatants touracos à huppe, des perroquets de Meyer, d'énormes marabouts, de petits vautours chauves, des corbeaux blanc et noir, de bruyantes huppes arboricoles, les étonnants calaos bicornes. Il verrait aussi des nuées de milans noirs et il devrait constater que ces rapaces appartiennent à la même espèce qu'on peut observer en Europe, l'été, en vol sur les lacs alpins avec des densités de population bien plus basses. Il se demanderait alors s'il s'agit d'individus appartenant à la même population, et la même question pourrait se poser pour d'autres oiseaux migrateurs comme les cigognes ou les hirondelles.

1. La Custom House, à Dublin, construite à la fin du XVIII*e siècle par l'architecte James Gandon.*

2. Marmotte alpine (Marmota marmota)*, espèce de mammifère européen typique, répandue en haute montagne (Alpes).*

3. Macareux moine (Fratercula arctica)*, oiseau marin répandu dans le nord de l'Europe.*

4

5

6

7

4. *Éléphant d'Afrique* (Loxodonta africana) *dans le Tarangire National Park, en Tanzanie.*

5. *Centre-ville de Kampala, capitale de l'Ouganda, située près de l'équateur.*

6. *L'ombrette africaine* (Scopus umbretta) *est un des cas d'endémisme les plus caractéristiques en Afrique.*

7. *Le petit calao à bec jaune (Tockus flavirostris), autre espèce typiquement africaine.*

1

2

3

1. Washington Monument, à Washington, le gigantesque obélisque à la mémoire de George Washington.

2. Le chipmunk, petit écureuil typiquement américain, dont on voit ici l'espèce du Colorado (Eutamias quadrivittatus).

3. La tortue boîte (Terrapene carolina), *autre animal typiquement américain.*

4

5

Imaginons maintenant que nous partons, non plus vers le sud, au-delà de la Méditerranée et du Sahara, mais vers l'ouest, ou vers l'est, pour arriver respectivement à Washington et à Moscou, à des latitudes et sous des climats assez peu différents du point de départ. Ces deux destinations sont d'ailleurs situées à des distances assez semblables de l'Irlande : quelques milliers de kilomètres, environ cinq mille pour la capitale américaine, trois mille pour la capitale russe. Distances, somme toute, du même ordre de grandeur, et pourtant les deux expériences ne pourraient pas être plus différentes pour notre observateur d'oiseaux. À Washington, celui-ci s'enthousiasmerait en trouvant de nombreuses espèces qu'il n'a jamais vues dans son pays : geai bleu, cardinal rouge, grive migratrice à la poitrine orange, étourneau noir avec deux taches rouges sur les ailes, petite paruline jaune et noir ou noir et blanc au chant mélodieux, et ainsi de suite. À Moscou en revanche, voici les habituelles corneilles grises, les merles, les rouges-gorges, le faucon crécerelle, petit et bavard, les pouillots et, familiers, les geais européens avec leurs petites plumes bleu et noir uniquement sur une bande des ailes, les moineaux, les pinsons, les grives.

Bien sûr, dans le premier cas, notre observateur d'oiseaux aurait traversé un océan, dans le deuxième il se serait simplement déplacé sur terre. Donc, non seulement les espèces changent quand on va des zones tempérées aux zones tropicales, comme on pouvait s'y attendre, mais elles changent aussi à l'intérieur de climats tout à faits analogues dans les zones tempérées, au moins dans le cas où le point de départ et celui d'arrivée ne sont pas bien reliés par terre. Ce net changement d'espèces à l'intérieur de zones à climat comparable mais nettement séparées, avait déjà été relevé aussi bien par Darwin que par Wallace, qui en outre s'étaient aussi aperçus que les faunes des différentes îles océaniques qu'ils avaient visitées étaient clairement en relation avec celles du continent le plus proche : l'Afrique pour les Canaries, l'Amérique du Sud pour les Galápagos, l'Inde pour les Andaman, l'Indochine pour les Nicobar. Relation, avons-nous dit, mais pas identité car, en général, dans les îles bien détachées du continent, on trouve des espèces proches, mais non identiques

4. Le Kremlin, à Moscou, palais symbole de l'Europe orientale.

5. Comme symbole de la faune d'Europe orientale, nous avons choisi le moineau friquet (Passer montanus).

aux espèces de référence. On formule donc l'hypothèse que, voici un certain temps, des animaux et des plantes provenant du continent ont pu franchir le bras de mer entre l'île et le continent et par conséquent, étant restés longtemps isolés dans un environnement différent, ont connu une histoire évolutive différente, se transformant peu à peu en une ou plusieurs espèces différentes. On pense aux observations de Darwin sur les pinsons des Galápagos (sous-famille *Geospiza*), différenciés en nombreuses espèces, en particulier dans la forme du bec et dans le comportement. On va des espèces à bec fin principalement insectivores à celles à bec conique et menaçant qui se nourrissent de grosses graines difficiles à ouvrir. Dans l'ensemble, les *Geospiza* se sont fortement différenciés en se retrouvant à l'abri de la compétition avec les autres espèces dans ces îles lointaines et pourtant leur affinité avec les pinsons continentaux sud-américains dont ils sont indubitablement issus est encore bien reconnaissable.

Les grandes régions biogéographiques de la planète, symbolisées chacune par une espèce :
1. Pygargue à tête blanche (Haliæetus leucocephalus)
2. Tigre (Panthera tigris)
3. Quetzal (Pharomachrus mocinno)

RÉGIONS BIOGÉOGRAPHIQUES

Depuis l'époque de Darwin et de Wallace, la biogéographie a fait beaucoup de chemin et c'est aujourd'hui une science suffisamment élaborée pour donner matière à des ouvrages entiers. Les différences dont nous venons de parler ont été bien soulignées avec la répartition de toutes les terres émergées en *régions biogéographiques*. Il s'agit de la région *paléarctique* qui comprend l'Europe, l'Asie de l'Ouest et du Nord, et l'Afrique du Nord jusqu'aux limites méridionales du Sahara ; de la région *éthiopienne* qui comprend l'Afrique au sud du Sahara ; de la région *néarctique* qui comprend l'Amérique du Nord ; de la région *néotropicale*, avec l'Amérique du Sud ; *orientale*, avec l'Asie tropicale et *australo-asiatique* avec les îles les plus orientales d'Indonésie, la Nouvelle-Guinée, l'Australie, la Nouvelle-Zélande et les îles du Pacifique. La limite entre la région orientale et la région australienne est marquée par ce qu'on appelle la ligne de Wallace, qui est la limite indonésienne au-delà de

4. *Girafe* (Giraffa camelopardalis)
5. *Paon* (Pavo cristatus)
6. *Koala* (Phascolarctos cinereus).

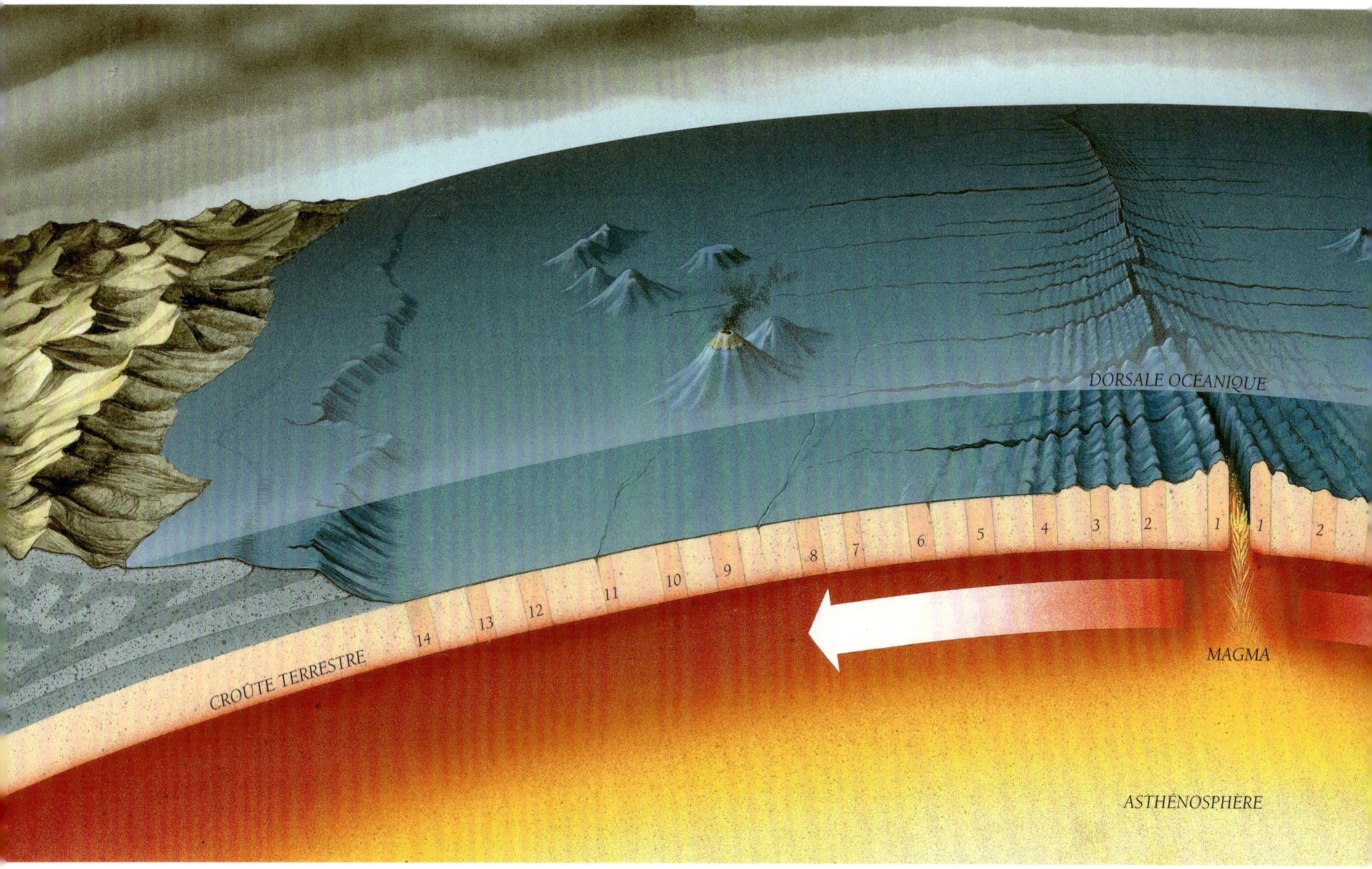

laquelle commence à apparaître la faune typiquement australienne, par exemple les cacatoès et les talégalles. Une place à part revient à Madagascar et aux îles Hawaï, restées très longtemps isolées, dont la faune n'a que de très faibles affinités avec celle des continents les plus proches (ou plutôt, les moins éloignés).
Un des problèmes les plus difficiles à résoudre à l'époque de Darwin et même plus tard, jusqu'à la première moitié du XXe siècle, consistait dans l'affinité évidente de certains groupes situés dans des zones géographiques très éloignées. Il s'agissait non seulement de comprendre comment les moqueurs (famille des *Mimidae*) ont pu passer d'Amérique du Sud aux Galápagos, mais aussi – fait encore plus problématique – comment certaines familles analogues de plantes et d'animaux pouvaient être présentes dans des régions aussi éloignées l'une de l'autre que l'Afrique subsaharienne et l'Amérique du Sud. Par exemple, pour rester au cas des oiseaux, on trouve sur les deux rives de l'Atlantique, certes avec des espèces différentes, des familles homogènes et bien reconnaissables comme celles des perroquets, des pigeons, des trogons, des pics, des martins-pêcheurs, des coucous, des engoulevents, des rapaces diurnes et nocturnes. D'autres familles sont en revanche caractéristiques de l'un ou de l'autre continent, tout en étant pour une large mesure vicariantes, c'est-à-dire représentant une sorte d'équivalent écologique l'une de l'autre, par exemple les toucans (Amérique) et les calaos (Afrique-Asie), les colibris (Amérique) et les souimangas (Afrique-Asie), les Cracidés (Amérique) et les Phasianidés (Afrique-Asie).
Pour essayer d'expliquer ces distributions géographiques mystérieuses, les biologistes de l'époque de Darwin ou légèrement postérieurs furent obligés de supposer des isthmes de terre qui reliaient des régions lointaines, de fortes baisses périodiques

1

1. Le colibri (Topaza pella) *est une des nombreuses espèces de la famille américaine* Trochilidae *qui se nourrissent de nectar de fleur.*

2. Un souimanga à ventre pourpre (Nectarinia purpureiventris) *d'Afrique de l'Est. En Afrique et en Asie, la niche écologique des oiseaux nectarivores est remplie par les souimangas qui sont une famille bien distincte mais convergente par rapport aux colibris.*

3. L'expansion des fonds océaniques, qui provoque le mouvement des plaques continentales sur une terre

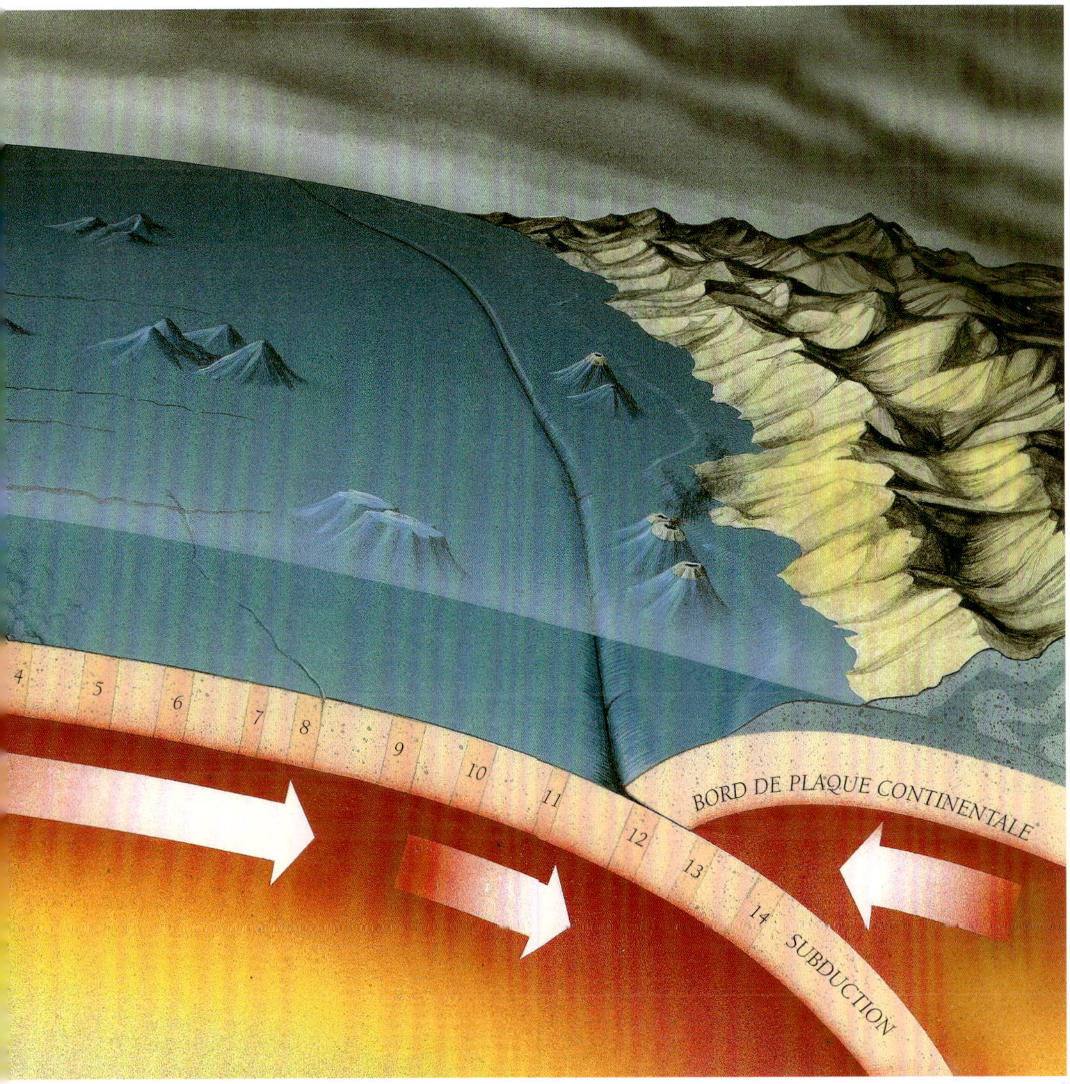

3

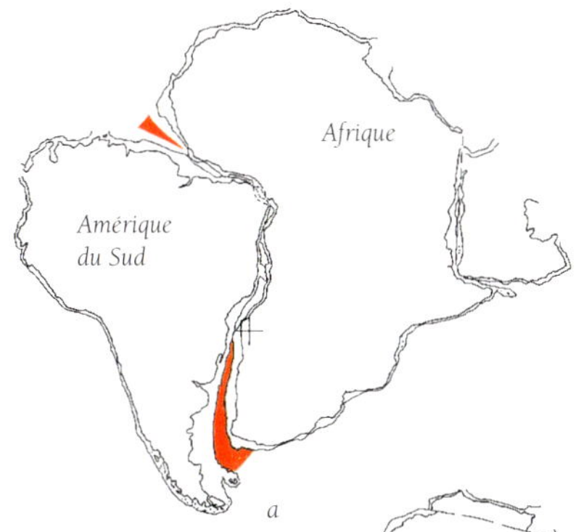

4

2

d'un diamètre et d'une superficie croissants, provient de l'éruption de magma par les failles du fond de l'océan.

4. Amérique du Sud et Afrique apparaissent d'abord comme deux énormes fragments d'un unique continent scindé. Elles ne s'encastrent toutefois pas parfaitement (a = simulation de l'encastrement actuel, en rouge les zones vides). Il s'améliore quand on réduit le diamètre du globe à 80 % du diamètre actuel (simulation b), circonstance considérée comme vraisemblable il y a 200 millions d'années quand tout le magma qui aujourd'hui est venu augmenter le diamètre du globe terrestre, n'était pas encore sorti des dorsales océaniques.

du niveau des océans ou encore une dispersion de graines par voie de mer, déposées sur des troncs flottants ou même emprisonnées dans des icebergs. Aujourd'hui, alors que toutes ces explications restent valables pour certains cas particuliers, l'ensemble de ces faits apparaît beaucoup plus aisé à comprendre à la lumière de la théorie de la tectonique des plaques.

En effet aujourd'hui, nous savons que la surface solide de la croûte terrestre « dérive » (même si ce verbe est assez impropre) sur un manteau qui en substance est fluide, encore que très visqueux. La croûte solide est divisée en une série de plaques qui se rencontrent le long de zones particulières de suture, qui peuvent se rapprocher, ou s'éloigner, ou monter l'une sur l'autre en des zones particulières de subduction. L'énergie qui alimente ces mouvements est essentiellement l'énorme chaleur du manteau et du noyau. Les déplacements sont imperceptibles à l'échelle temporelle humaine ; ce n'est que de temps en temps qu'on peut mesurer un mouvement de quelques centimètres à la suite d'un tremblement de terre. Tremblements de terre et éruptions volcaniques sont en effet en lien avec ces mouvements et sont particulièrement prévisibles près des zones de subduction. Dans l'ensemble, ces mouvements sont grandioses et, au cours des ères géologiques, ils ont causé un changement total de la géographie terrestre. Pour donner un exemple relié aux distributions géographiques étranges dont nous avons parlé plus haut, on sait aujourd'hui que, voilà une centaine de millions d'années, Afrique et Amérique du Sud étaient encore réunies dans ce qui était à l'époque le continent de Gondwana. Les familles d'oiseaux communes aux deux continents durent apparaître à cette époque tandis que les autres familles vicariantes commencèrent leur histoire indépendamment les unes des autres, après la séparation. Toucans et calaos sont en apparence si semblables qu'on les confond souvent mais ils représentent l'aboutissement de deux lignées évolutives indépendantes qui ont conduit à un résultat semblable à partir de deux espèces bien distinctes dont nous ne savons rien mais dont nous supposons qu'elles ne possédaient pas l'énorme bec typique de ces deux familles et qu'elles avaient assez peu de ressemblances.

Quand la même famille est présente dans des lieux aussi éloignés et aussi nettement séparés, elle est presque toujours représentée par des espèce différentes. Le cas des perroquets est typique : dans chaque cas, ils peuvent être définis comme africains, américains, asiatiques, australiens, car leur distribution est immanquablement liée à une zone plus ou moins étendue d'un unique continent. On a une exception évidente à cette règle avec certaines espèces typiques des forêts septentrionales de conifères qui présentent une distribution holarctique, c'est-à-dire comprenant aussi bien la région paléarctique que néarctique et donc étendue à tout l'hémisphère nord. La raison en est évidemment que l'ensemble de l'Europe du Nord, de l'Asie du Nord et de l'Amérique du Nord forme un environnement compact et homogène qui aujourd'hui n'est séparé que par le détroit de Béring mais qui, dans un passé récent, fut encore plus accessible pour les espèces résistantes au froid.

1

IDENTITÉS ETHNIQUES

Si une forte homogénéité de l'environnement peut permettre l'expansion de l'aire de distribution d'une espèce, une discontinuité soudaine peut être à l'origine de la formation d'une nouvelle espèce. Dans le cas d'animaux très mobiles, comme les oiseaux ou les gros mammifères, une barrière géographique sera normalement constituée par une mer, une haute chaîne de montagnes ou un grand désert ; pour les espèces de petite taille ou de moindre mobilité comme les insectes, les amphibiens et les petits reptiles, un fleuve ou un bras de mer large de quelques dizaines de mètres, ou encore une vaste zone urbanisée, peuvent déjà constituer une barrière efficace. Si une population d'une certaine espèce est divisée en deux sous-populations par une nouvelle barrière qui s'est ainsi formée, inévitablement les deux groupes subissent un destin évolutif différent aboutissant, après une certaine période de séparation, à un patrimoine génétique et aussi à un aspect extérieur bien distincts. Imaginons maintenant que la barrière disparaisse et que les deux populations soient remises en contact. Deux cas peuvent se produire : dans le premier, les différences étant encore relativement faibles, les deux populations se mélangent, se croisent librement et perdent leur identité respective ; dans le deuxième, les différences étant désormais suffisantes pour nourrir une identité « ethnique » bien précise, les deux populations ne se mélangent pas mais, au contraire, ayant des exigences écologiques très proches, elles entrent en compétition. Cette compétition peut se régler par la disparition de l'une des deux populations et la franche affirmation de l'autre, mais souvent elle se règle par un partage de l'espace sur la base de critères géographiques ou bien écologiques. C'est dans ce dernier cas que se trouvent la corneille noire et la corneille mantelée. Séparées dans des régions différentes au cours d'une glaciation quaternaire, ces deux corneilles ont occupé deux aires européennes bien distinctes : péninsule ibérique, France, Angleterre, Suisse, Italie du Nord et Allemagne, pour la corneille noire ; Irlande, Écosse, Italie, Scandinavie et Europe de l'Est, pour la corneille mantelée. Dans les « zones frontières » où l'on retrouve les deux formes, elles se partagent l'espace sur la base de critères écologiques. En Italie du Nord, où les deux formes sont présentes, la corneille noire se limite normalement aux régions alpines au-dessus de huit cents mètres, tandis que la mantelée reste dans les plaines et les collines. Parfois, on rencontre des couples mixtes, et dans ce cas, naissent des hybrides qui sont féconds à leur tour. Mais ces cas sont rares et il arrive plus souvent de voir un groupe de corneilles mantelées poursuivre une corneille noire isolée qui est descendue trop bas

1. La corneille noire (Corvus corone corone) *est un des corvidés les plus communs et les plus répandus en Europe occidentale. En Italie, elle est limitée à l'arc alpin, au-dessus de 800 mètres.*

2. La corneille mantelée (Corvus corone cornix), *la forme de corneille la plus répandue en Italie, est aussi la seule en Europe de l'Est. Cet oiseau est bien connu pour son extrême versatilité, pour son habitude de chasser les jeunes d'autres espèces plus petites et aussi pour les dommages qu'il cause aux agriculteurs. Ses rapports éthologiques avec la corneille noire sont source d'intérêt scientifique.*

3. Aires de distribution géographique de la corneille noire et de la corneille mantelée en Europe. On remarque que là où l'une est présente, l'autre est absente. Il subsiste toutefois quelques superpositions où les deux formes peuvent entrer en contact.

4. Le pic maçon (Sitta europaea), *espèce « avancée » capable de réduire le périmètre des trous dans les arbres au moyen d'un abondant apport de boue.*

2

3

4

plutôt que deux corneilles de couleur différente accouplées. Les deux formes sont normalement considérées comme des sous-espèces puisqu'elles sont fécondes entre elles, mais en réalité, comme elles restent largement séparées même quand elles vivent dans la même région et que les accouplements mixtes sont relativement rares, on devrait plus correctement les considérer comme des débuts d'espèces.

On compte davantage de cas de substitution par une nouvelle espèce à plus grand succès. C'est ce qui s'est passé par exemple dans l'arc alpin où l'actuel chamois, arrivé pendant une expansion glaciaire quaternaire, a remplacé le chamois des Pyrénées qui était arrivé précédemment en Europe et qui, par ailleurs, a réussi à survivre dans les Pyrénées et les Apennins où le chamois alpin ne l'a jamais rejoint. Quelque chose de semblable pourrait s'être passé pour le pic maçon, une espèce moderne de sa famille (*Sittidae*, Passériformes) comme on peut le déduire du type de nid qu'il construit dans un tronc creux, en ajoutant une protection de boue autour de l'entrée. Cet oiseau a envahi les forêts matures de toute l'Europe et de l'Atlas marocain, mais n'est jamais arrivé ni en Corse ni en Algérie et il est significatif que, dans ces deux régions, on trouve encore deux espèces « primitives » de pics maçons, le pic maçon corse et le pic maçon de Kabylie, tous deux incapables de construire une protection en boue à l'entrée de leur nid installé dans un tronc. On peut en déduire la disparition possible d'un ancien pic maçon européen semblable à ces espèces résiduelles quand l'espèce plus moderne entra en scène.

Un troisième exemple de substitution est celui, plutôt dramatique, de l'arrivée en Europe, il y a environ 30 000 ans, des hommes de Cro-Magnon venus de leur Afrique natale, ancêtres directs de toute l'humanité actuelle. Ils trouvèrent déjà installés en Europe les hommes de Neandertal, arrivés là presque 150 000 ans auparavant et qui possédaient une technologie plus primitive. Que se passa-t-il entre les deux groupes, on l'ignore ; mais le fait est que les infortunés néandertaliens disparurent en quelques milliers d'années, exactement comme les pics maçons incapables de murer avec la boue.

4. SPÉCIATION

1

2

1. Une planche du livre de Mayr et Diamond sur les oiseaux de Mélanésie septentrionale. Les espèces ici représentées sont les Passériformes nectarivores, communément appelés oiseaux à lunettes, et formant la famille des Zostéropidés.

2. La couverture du livre de Mayr et Diamond portant des martins-pêcheurs, des pigeons frugivores et des loriquets (perroquets nectarivores).

EN MÉLANÉSIE SEPTENTRIONALE

Le phénomène de la spéciation, c'est-à-dire l'origine de nouvelles espèces à partir de celles déjà existantes, est peut-être le chapitre le plus fascinant et, pour les novices, le plus difficile aussi à digérer, de l'évolution biologique. Je me souviens d'un camarade de lycée, qui n'excellait pas en biologie et qui, niant avec insistance la réalité de l'évolution, ne cessait de me répéter que celle-ci, à son avis, pouvait être possible « entre espèce et sous-espèce », mais pas jusqu'au niveau de l'espèce. Une telle objection, qui dérive de la diffusion y compris implicite du concept typologique d'espèce (se rajoutant à la formation excessivement humaniste des lycées classiques de cette époque), devait être très commune aussi à l'époque de Darwin si celui-ci estime nécessaire de souligner, dans un chapitre entier de son plus célèbre ouvrage, la difficulté de distinguer avec certitude les formes que nous appelons sous-espèces de celles que nous appelons espèces. Dans tous les cas, non seulement Darwin ne résolut pas le problème de la spéciation, c'est-à-dire de la formation de nouvelles espèces, mais il ne l'aborda même pas de façon globale en dépit du titre de son livre. Et par la suite, ce problème n'a été pris en considération que par le biais d'exemples isolés et il a fallu attendre les premières années du XXIe siècle pour voir enfin une étude d'ensemble sur la spéciation d'une classe entière dans une aire géographique complète, encore que limitée. Je pense au livre d'Ernst Mayr et Jared Diamond, *The Birds of Northern Melanesia* (2001), qui représente, selon ses auteurs, « une étude complète et détaillée de la spéciation pour toutes les espèces d'oiseaux terrestres et d'eau douce de Mélanésie septentrionale ». Puisque la zone étudiée comprend environ deux cents îles petites et grandes (archipels des Bismarck et des Salomon, à l'est de la Nouvelle-Guinée) et compte cent quatre-vingt-quinze espèces d'oiseaux, l'entreprise de Mayr et Diamond s'annonçait de grande envergure même pour deux chercheurs chevronnés de leur calibre et en effet, elle requit plusieurs décennies. Il me semble utile d'en retracer ici un très bref résumé pour illustrer les différentes phases, observables dans la nature, d'un processus qui en réalité est continu.

Nos deux auteurs expliquent que les oiseaux sont particulièrement adaptés aux recherches en biologie générale simplement parce qu'ils sont faciles à observer et qu'ils permettent de recueillir facilement de nombreuses données. Affirmation tout à fait exacte à laquelle on peut ajouter celle, encore plus évidente, que les îles sont des aires idéales pour étudier la faune simplement parce que leurs limites sont nettes et aussi relativement fermées, et qu'en pratique ce sont des régions géographiques objectives et indiscutables. De temps en temps cependant, des individus parviennent à franchir un bras de mer et pénètrent dans la nouvelle aire où il pourra leur arriver de mourir sans laisser de descendants, ou bien de connaître un destin bien différent, à savoir devenir le fondateur d'une nouvelle espèce. D'autres points en faveur de la Mélanésie septentrionale sont la variété de surface des différentes îles, de 0,002 jusqu'à 35 742 km^2, la variété de leur relief (plat ou montagneux culminant à 2 591 m, volcanique, corallien ou autre) et la distance modérée entre une île et une autre qui crée une sorte de long pont de terres, interrompu par des détroits plus ou moins importants. Cette situation a pour conséquence qu'il n'existe que trois voies potentielles de colonisation en provenance de directions distinctes (ouest, sud-ouest et est), ce qui permet d'identifier facilement la provenance de la plupart des espèces. Enfin, la faune avicole de cette partie du globe est bien étudiée aussi bien du point de vue taxonomique que du point de vue écologique et biogéographique. On connaît bien la distribution des 195 espèces dont la plus petite île ne possède que trois, tandis que la plus grande (Nouvelle-Bretagne) en compte plus de cent.

3

3. Une autre planche du livre de Mayr et Diamond montre un groupe d'oiseaux passériformes, colombiformes et psittaciformes qui, à première vue, ont bien peu en commun. Tous ces oiseaux en effet représentent des endémismes des îles mélanésiennes septentrionales.

4. Répartition géographique des archipels de Mélanésie septentrionale.

4

Avant de parler des différents stades de la spéciation chez les oiseaux de Mélanésie septentrionale, il sera opportun de définir de façon rigoureuse le concept d'espèce ou, plutôt, le concept biologique d'espèce (BSC) qui, historiquement, a été développé précisément par Ernst Mayr, il y a une cinquantaine d'années : *les espèces sont des groupes de populations naturelles qui s'accouplent en constituant une unité reproductrice et qui, pour la reproduction, sont isolées des autres groupes proches.*

Cet isolement reproducteur a des bases génétiques et, dans la pratique, consiste en des caractéristiques qui rendent difficile ou impossible le croisement entre individus d'espèces différentes. Les mécanismes d'isolement sont très souvent comportementaux et sont le résultat d'un choix délibéré des individus et non d'une impossibilité objective de croisement, ni même d'une stérilité présumée, souvent citée comme preuve définitive. La stérilité des hybrides peut parfois subsister, comme dans le cas du mulet, et parfois pas ; deux espèces différentes, dans des conditions de captivité, peuvent s'accoupler (chose qui en général n'aurait pas lieu dans la nature si des partenaires de la même espèce étaient disponibles) et peuvent même engendrer une progéniture féconde, mais ce n'est pas pour autant qu'elles cessent d'être deux espèces différentes car leur progéniture aura un génotype qui ne sera bien adapté à aucune niche écologique et serait vouée dans la nature à un déclin rapide. Les populations de chaque espèce possèdent en effet un phénotype bien équilibré, sélectionné par des milliers de générations de façon à répondre à des exigences environnementales particulières. Quand les génotypes de deux espèces se combinent, chacun pour moitié, le résultat concret, à de rares exceptions près, sera nécessairement grossier. On en a un bel exemple avec la façon de construire son nid de l'hybride de deux perroquets inséparables africains différents, l'inséparable masqué et l'inséparable rosegorge. La première des deux espèces transporte au nid des bouts de tissu ou des brins d'herbe en les tenant dans son bec, tandis que la seconde, de façon assez insolite,

1. Deux inséparables de Fischer (Agapornis fischeri). *Cette espèce très proche de l'inséparable masqué* (Agapornis personatus) *a pour habitude de transporter dans son bec les matériaux dont elle tapisse son nid.*

2. Une lithographie classique de John Gould, de 1862, représentant un couple de mésanges noires (Parus ater) *dans les attitudes acrobatiques qui leur sont coutumières. L'espèce comporte en Europe différentes populations, adaptées à des milieux très différents.*

3. L'aigrette sacrée (Egretta sacra) *avec son typique plumage couleur de plomb. Il existe de cette même espèce une « phase » blanche qui n'est qu'une variation dans le cadre de la même population déterminée par un seul gène.*

4. Couple d'ombrettes africaines (Scopus umbretta) *sur le lac Victoria, en Ouganda. Cette espèce appartient à une famille bien distincte et a dû se différencier des autres oiseaux aquatiques à longues pattes il y a très longtemps.*

1

2

3

4

glisse ses matériaux entre les plumes de son dos, peut-être pour en transporter davantage en un seul vol. Or leur hybride se trouve à l'évidence dans une situation de conflit et ne parvient pas à décider comment procéder : il enfile les tiges entre ses plumes dorsales, puis les enlève, puis les remet et ainsi de suite. Il est très vraisemblable que ce dysfonctionnement comportemental évident constitue une espèce de partie émergée de l'iceberg et que beaucoup d'autres caractères moins manifestes chez cet hybride et chez d'autres soient combinés de façon incompatible.

À la vérité, même les espèces ne sont pas rigoureusement des unités adaptées puisqu'elles sont presque toujours constituées de populations qui peuvent avoir des exigences écologiques bien différentes les unes des autres. Les mésanges noires qui fréquentent les buissons de genévriers de la côte sarde ont certainement des exigences différentes que celles qui vivent sur les sapins des Alpes. Il est bien connu que, en accouplant des populations très différentes de la même espèce, on obtient souvent des métis qui ne sont bien adaptés à aucun milieu. La véritable unité adaptée est la population qui est l'authentique unité correspondant à une niche écologique bien précise. Toutefois, comme dans la nature les couples provenant de populations différentes sont relativement rares, les problèmes que cela crée ont aussi peu d'importance. Ces métis ont néanmoins une grande importance en soi car ils assurent le flux génique à l'intérieur d'un groupe de populations en le maintenant compact et en permettant de le considérer comme une bonne espèce, malgré tout.

Puisque les mutations intéressent tous les organismes vivants avec une fréquence basse mais significative, aucune espèce ne reste égale à elle-même dans le temps, mais elle évolue clairement en des formes différentes, comme le savent bien les paléontologues qui parlent à ce sujet de « chrono-espèces » avec des formes différentes au fil des strates géologiques qu'ils étudient. Comme une espèce actuelle ne pourra jamais entrer en contact avec une autre datant d'un million d'années, il est impossible de savoir si les individus des deux formes sont ou ne sont pas potentiellement en mesure de s'accoupler. Pour autant, l'évolution phylétique d'une espèce ancienne en une autre plus moderne n'est pas considérée comme spéciation ; par ce terme, on désigne exclusivement la dérivation de différentes espèces, filles d'une unique espèce ancestrale.

La spéciation peut survenir selon divers mécanismes, par exemple a) en augmentant la divergence génétique dans des organismes se reproduisant par bouture, b) de façon instantanée par mutation chromosomique, c) par hybridation obtenant un succès particulier (et insolite), d) par spéciation sympatrique (dans la même aire géographique) à travers des sélections particulières de partenaires et de niche écologique,

e) par spéciation allopatrique en isolant une petite partie de la population d'origine dans une nouvelle aire géographique. Ce dernier mécanisme semble être le seul chez les mammifères et les oiseaux et sera donc celui que nous aborderons plus particulièrement dans les pages suivantes.

STADES DE LA SPÉCIATION ALLOPATRIQUE

Quand une population d'une espèce déterminée reste géographiquement isolée d'autres populations d'espèces semblables, une fois interrompu le flux génique qui l'intégrait dans les autres populations, elle est progressivement sujette à une divergence génétique causée par la perte d'allèles, par de nouvelles mutations, par la production de nouveaux génotypes et par un nouveau type de sélection naturelle sous l'effet de nouvelles pressions sélectives. Comme résultat pratique de ce processus, se forme d'abord une sous-espèce distincte, puis une bonne espèce qui ne s'hybride plus avec l'espèce d'origine. Dans ce processus, Mayr et Diamond reconnaissent cinq phases bien distinctes, chacune représentée effectivement par des formes réelles dans les îles de Mélanésie septentrionale :

1. Aucune variation géographique dans toute la région.
2. Variation géographique à un niveau de sous-espèce.
3. Variation géographique à un niveau d'espèces allopatriques naissantes. Les sous-espèces sont devenues des espèces naissantes ; elles présentent encore une distribution différente et complémentaire (allopatrique avec formation d'une super-espèce), mais on admet qu'elles sont désormais isolées du point de vue de la reproduction.
4. Spéciation achevée à une époque récente, confirmée par des situations de cohabitation dans la même aire géographique (sympatrie) de deux espèces distinctes mais encore très semblables.
5. Spéciation achevée depuis déjà longtemps, et dont témoigne la présence de deux ou plusieurs espèces bien distinctes, vivant désormais dans la même aire géographique.

Le premier cas peut s'observer pour différentes espèces d'oiseaux à mobilité élevée ; par exemple le mégapode de Freycinet *Megapodius freycinet*, l'ardéidé *Egretta sacra* et le colombidé *Caloenas nicobarica* sont distribués respectivement sur soixante-neuf, soixante-sept et soixante-quatre îles sans jamais présenter aucune variation géographique. On peut s'attendre à ce que les espèces qui montrent ce type de distribution soient caractérisées par une mobilité élevée ou bien qu'elles n'aient colonisé que récemment les zones qu'elles habitent. Les deuxième et troisième cas sont ceux qui ont beaucoup fait citer les oiseaux de

1-2. Il existe deux populations de gorgebleue européen (Luscinia svecica) *bien distinctes, la scandinave (1) qui au milieu de la poitrine bleue porte une tache rouge brique et la méridionale (2) chez qui cette tache est blanche. Dans ce cas – à la différence de l'aigrette sacrée vue à la page précédente – la différence de couleur indique des populations différentes et elle est probablement associée à une différence de patrimoine génétique global et à un processus de spéciation non encore achevé. Les deux sous-espèces sont ici bien représentées dans deux lithographies de John Gould, respectivement de 1865 et de 1873.*

1

2

3

3. L'écureuil de Kaibab (Sciurus aberti kaibabensis), *photographié ici sur fond de Grand Canyon, a dû se séparer récemment de l'écureuil d'Abert* (Sciurus aberti aberti) *qu'on trouve sur l'autre versant du canyon dans un environnement analogue. Les deux populations, géographiquement isolées, sont considérées comme des sous-espèces mais il n'existe plus de flux génique entre elles et leur destin est de devenir deux espèces différentes.*

Mélanésie septentrionale dans les textes de biogéographie. Ces oiseaux sont caractérisés, en général par une mobilité moyenne ainsi que par l'abondance numérique. En effet, une mobilité trop faible n'aurait pas permis leur passage d'une île à l'autre et une mobilité trop grande ne permettrait pas le degré d'isolement nécessaire afin que se produise une sous-espèce ou une espèce allopatrique. Quant à l'abondance, Mayr et Diamond observent qu'elle constitue une garantie contre l'extinction et qu'il est évident que, pour donner lieu à un processus de spéciation, il est nécessaire avant tout d'éviter l'extinction. Les trente et une espèces d'oiseaux qui ont connu un fort processus de spéciation en Mélanésie septentrionale, donnant naissance à sept ou plus sous-espèces ou espèces allopatriques naissantes, sont plutôt communes dans les îles où elles se trouvent. Parmi celles-ci, l'épervier *Accipiter novaehollandiae* a dix sous-espèces distribuées sur trente-cinq îles, le pigeon *Ptilinopus rivoli* deux espèces allopatriques naissantes et huit sous-espèces sur cinquante-deux îles, le martin-pêcheur *Halcyon chloris* douze sous-espèces distribuées sur cinquante-six îles.

Entre sous-espèces et espèces allopatriques naissantes, Mayr et Diamond inventent une nouvelle unité de systématique, la méga-sous-espèce. Ils observent que toute classification constitue une simplification du monde où l'on peut rarement observer des délimitations nettes. En effet quiconque a un peu de pratique dans l'observation des oiseaux sait bien que ce qu'on appelle les sous-espèces peuvent être dotées de caractéristiques très faibles et qu'il est parfois presque impossible de les distinguer les unes des autres, ou bien qu'elles peuvent être dotées de caractéristiques si nettes qu'elles approchent de beaucoup les espèces naissantes allopatriques. Dans ce cas, selon Mayr et Diamond, on doit justement parler de méga-sous-espèces, une nouvelle catégorie, certes artificielle, mais utile pour souligner le passage entre la présence et l'interruption totale du flux génique. Pour donner un exemple familier, en Europe, la définition de méga-sous-espèce conviendrait bien à la corneille noire et à la corneille mantelée. Ces deux oiseaux présentent une distribution géographique différente et normalement ne s'accouplent pas entre eux ; néanmoins, elles forment des couples mixtes et des hybrides fertiles dans les zones marginales où la distribution de ces deux (méga-)sous-espèces se recoupe. Malgré cela, on a aussi démontré récemment que la reproduction des hybrides est inférieure à celle des deux taxons purs et que, pour cette raison, les deux formes sont destinées à diverger de plus en plus.

Un exemple de méga-sous-espèce en Mélanésie septentrionale est constitué par le coucou éclatant *Chrysococcyx lucidus* qui, dans la région étudiée par Mayr et Diamond, n'est présent que dans les îles de Rennell et de Bellona (Salomon sud-orientales) tandis qu'ailleurs il est répandu en Australie, Nouvelle-Zélande, Nouvelle-Calédonie et Nouvelles-Hébrides. Cependant, la population de Rennell/Bellona de cet oiseau diffère nettement de toutes les autres en ce qu'elle présente un net dimorphisme sexuel qui en revanche est absent des autres populations. Il s'agit d'une adaptation importante qui justifie qu'on place cet oiseau dans une sous-espèce « forte » (*C. lucidus harterti*), une méga-sous-espèce, précisément.

Au-delà de ce stade, le flux génique s'interrompt complètement et on parle d'espèce allopatrique naissante, ou bien de bonne espèce tout court. La différence entre le premier et le deuxième cas consiste dans le fait que les espèces allopatriques naissantes sont répandues dans des aires différentes (allopatriques) tandis que les espèces « consolidées » vivent dans la même aire sans jamais s'hybrider.

Le premier cas peut être illustré par les chouettes du genre *Ninox* qui, en Mélanésie septentrionale, se sont différenciées jusqu'à former six espèces allopatriques naissantes auxquelles s'en rajoutent diverses autres présentes en Nouvelle-Guinée, Australie, Sulawesi, etc. Outre ces espèces allopatriques naissantes proprement dites, les chouettes *Ninox* ont aussi formé différentes méga-sous-espèces à la limite de l'espèce allopatrique naissante, et aussi quelques sous-espèces « faibles ». Quelque chose de très semblable s'est aussi produit pour les mangeurs de miel *Myzomela* et pour les gobeurs de mouches *Monarcha*.

Hors de Mélanésie septentrionale aussi, les cas d'espèces allopatriques naissantes sont bien connus. Un cas que j'ai eu l'occasion d'étudier personnellement est celui des perroquets de savane du genre *Poicephalus* d'Afrique subtropicale. Dans le groupe de sept espèces très proches de la super-espèce (*meyeri*), on observe une distribution de type nettement parapatrique. Cela signifie que les différentes espèces allopatriques naissantes dont se compose la super-espèce forment sur le continent africain une mosaïque de distributions en contact étroit, avec très peu de superpositions. L'ensemble de ces aires de distribution couvre presque toute la zone subsaharienne de savanes et de steppes plus ou moins boisées, sauf le bassin du Congo avec ses forêts tropicales. En effet, toutes les espèces du groupe, à la seule et notable exception du perroquet à face jaune *P. flavifrons*, sont des oiseaux qui vivent très bien dans les savanes arides pourvu qu'ils puissent disposer de quelques grands arbres pour nidifier et d'autres arbres, même petits, comme source de nourriture. Le face jaune, à la différence des autres, fréquente les forêts de montagne des hauts plateaux éthiopiens où toutefois il a des modes de vie assez semblables à ceux des autres espèces dans les savanes. On a décrit des cas d'hybridation dans les petites zones de superposition de leurs aires de répartition respectives, mais il s'agit de phénomènes assez rares, aussi parce que les différentes espèces, même quand elles se trouvent dans la même aire, choisissent des milieux différents. Par exemple, dans le parc national du Tarangire, le perroquet à ventre orange se trouve dans les zones les plus arides tandis que le per-

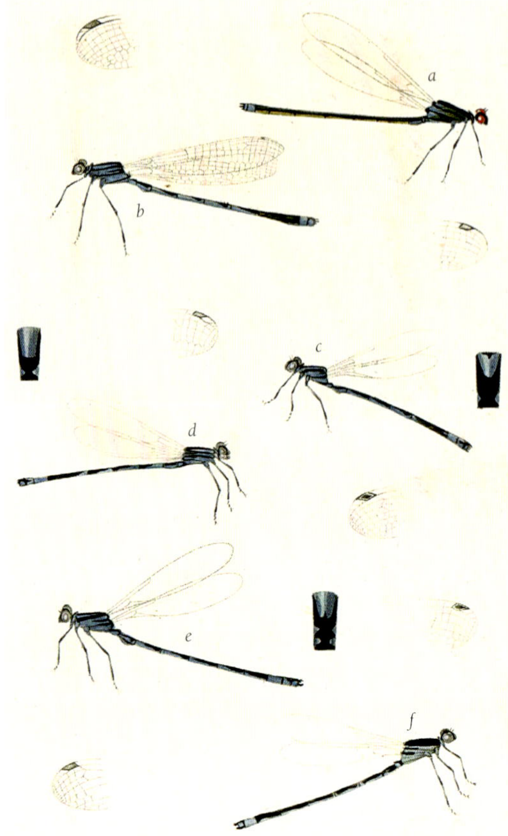

1

1 . De délicates libellules (a. Agrion najas, *b.* Agrion lindeni, *c.* Agrion aquisextanum, *d.* Agrion Scitulum, *e.* Agrion *fonscolombii, f.* Agrion bremii) *illustrées dans le volume de J.-P. Rambur,* Histoire naturelle des insectes Neuroptères, *publié à Paris en 1842 par la Librairie encyclopédique de Roret. Pour de nombreux insectes, des analyses approfondies d'organes particuliers sont souvent nécessaires pour distinguer les espèces.*

2. Un perroquet à tête brune (Poicephalus cryptoxanthus) *se nourrissant du nectar des fleurs d'une* Erythrina *dans le Kruger National Park, en Afrique du Sud.*

3. La répartition géographique parapatrique (aires distinctes qui forment une mosaïque et ne se superposent quasiment pas) de sept espèces de perroquets du genre Poicephalus *en Afrique. La spéciation est achevée mais les espèces sont encore interfécondes et leur séparation est surtout assurée par le fait qu'elles ne se trouvent pas ensemble au même endroit.*

2

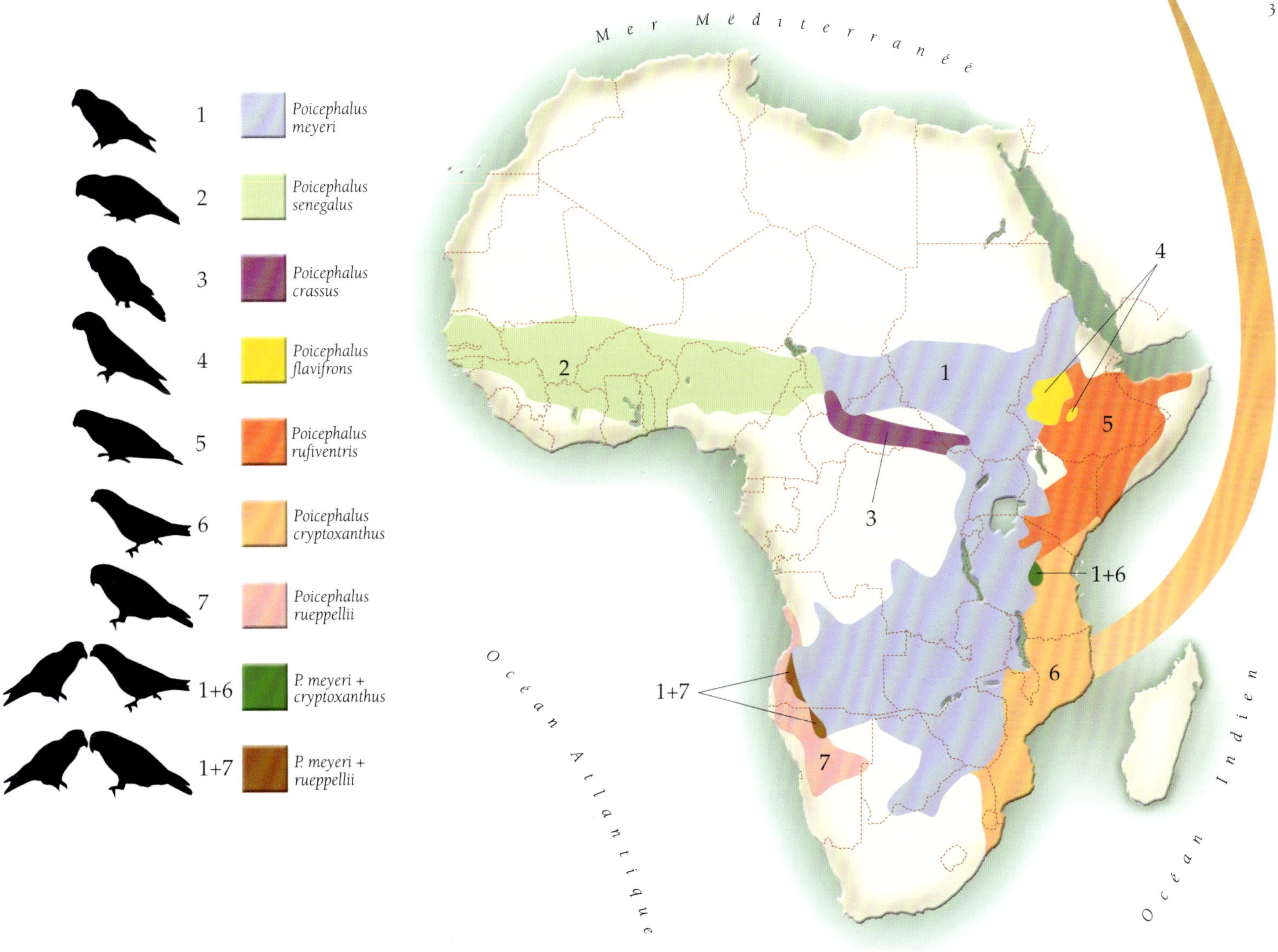

Mer Méditerranée
Océan Atlantique
Océan Indien
1 Poicephalus meyeri
2 Poicephalus senegalus
3 Poicephalus crassus
4 Poicephalus flavifrons
5 Poicephalus rufiventris
6 Poicephalus cryptoxanthus
7 Poicephalus rueppellii
1+6 P. meyeri + cryptoxanthus
1+7 P. meyeri + rueppellii
1
2
3
4
5
6
7
1+6
1+7

3

1

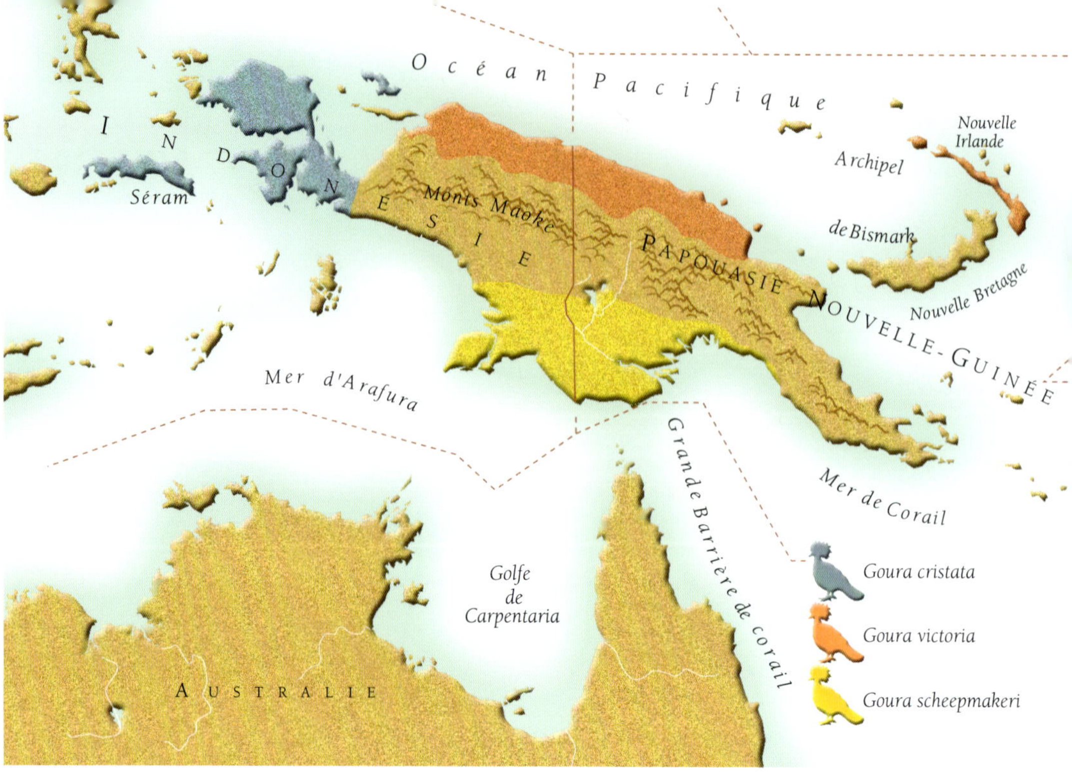

2

roquet de Meyer tend à occuper les forêts-galeries le long des cours d'eau. En plusieurs semaines d'observation, il ne m'est jamais arrivé de voir des groupes mixtes des deux espèces et cela, alors que leurs exigences alimentaires sont tout à fait semblables. Les espèces allopatriques naissantes représentent en un certain sens un point d'arrivée et aussi un point de départ dans le phénomène de la spéciation. Dans le cas en question, le flux génique aurait dû s'interrompre complètement, mais le motif de cette interruption est pourtant toujours banal car les espèces allopatriques naissantes, par définition, vivent dans des aires géographiques distinctes.

On a la preuve « authentique » qu'un processus de spéciation a bien eu lieu, seulement quand deux aires de deux espèces différentes se superposent à nouveau et que le flux génique ne se rétablit pas. Dans ce cas, en général, les deux espèces qui sont revenues en sympatrie (c'est-à-dire dans la même patrie) se différencient encore plus, non seulement du point de vue morphologique mais aussi du point de vue écologique, pour occuper effectivement des niches différentes et réduire par conséquent leur compétition pour cohabiter sans problèmes. Ce processus éloignera encore davantage les deux espèces l'une de l'autre mais, d'un autre côté, il permettra qu'elles puissent exister ensemble dans une aire où, précédemment, il n'en existait peut-être qu'une seule. Les exemples de ces différenciations de niche sont très nombreux et pas seulement en Mélanésie septentrionale. Un de ceux cités par Mayr et Diamond est celui de deux belles espèces de loriquets, des perroquets aux belles couleurs rouge, vert et bleu qui se nourrissent de nectar. Dans les îles Bismarck cohabitent les deux espèces *Lorius albidinuchus* et *Lorius hypoinochrous* qui se différencient à première vue parce que la première est plus petite en taille et porte une tache blanche sur la nuque. L'analyse de la distribution globale des deux espèces laisse penser que *L. albidinuchus* est un habitant ancien des Bismarck tandis que *L. hypoinochrous* est un immigré relativement récent. Or dans l'île de la Nouvelle-Irlande (la deuxième des Bismarck en superficie), les deux espèces se répartissent à des altitudes différentes, jusqu'à 750 m pour *L. hypoinochrous*, et *L. albidinuchus*, au-delà. En outre, là où *L. hypoinochrous* vit encore tout seul, sans son encombrant voisin (par exemple en Nouvelle-Bretagne et à Umboi), il monte tranquillement jusqu'à 1 200 mètres d'altitude dans les forêts de montagne. C'est donc un des nombreux cas où la niche écologique d'une espèce potentiellement capable d'occuper des milieux différents est limitée par une autre espèce très semblable qui réclame son propre espace.

1-2. Le goura couronné (Goura cristata) *vit dans la partie la plus occidentale de la Nouvelle-Guinée. Deux autres espèces, le goura de Scheepmaker* (Goura scheepmakeri) *et le goura de Victoria* (Goura victoria) *occupent respectivement le sud-est et le nord-est de l'île.*

3. Une tortue bordée (Testudo marginata) *dans un jardin. La distribution géographique des tortues méditerranéennes est tout à fait étrange et ne s'explique qu'en admettant qu'elles ont été transportées par des êtres humains. L'espèce ici représentée a deux populations séparées, en Sardaigne et dans le Péloponnèse, à plusieurs milliers de kilomètres de distance.*

3

5. ADAPTATION

L'ADAPTATION COMME PROJET

Donc, l'évolution est un événement quotidien : chaque jour naissent de nouveaux organismes et d'autres meurent, et la distribution de ces naissances et de ces morts n'est pas le fruit du pur hasard, mais obéit à la dure logique de la sélection naturelle. Le hasard joue son rôle à travers les mutations, fortuites par excellence, à travers la dérive génétique et le flux génique. Et en coulisses, l'environnement détermine les pressions sélectives qui décideront quels caractères seront avantageux et lesquels ne le seront pas. Sans arrêt, le milieu où l'organisme est plongé influence dans la mesure où il élimine les phénotypes (et par conséquent les gènes) mal adaptés à ce milieu

4. À gauche du poisson porc-épic (Diodon hystrix), *on a dessiné un cube hypothétique muni d'yeux et d'une bouche, qui n'existe pas sur la Terre et n'existe peut-être nulle part ailleurs, à cause de propriétés « inhérentes » à la matière qui rendent possibles certaines formes et pas d'autres.*

4

particulier et pousse vers une plus grande adaptation aux conditions existantes. Les mécanismes de ce processus, en premier lieu la sélection naturelle avec l'élimination des moins adaptés, sont désormais clairs. La nature modèle selon des exigences qui se succèdent et elle utilise pour cela le matériau qu'elle a chaque fois à sa disposition. Il n'y a là rien de délibérément finaliste, mais le résultat de ce processus est tellement spectaculaire qu'il apparaît non seulement finalisé à un certain but mais carrément construit de façon si parfaite qu'il laisse d'abord penser à un projet délibéré et puis, cette hypothèse écartée, il suscite une profonde admiration pour la structure de la matière qui est capable de réaliser tout cela. Le plus extraordinaire est que certaines solutions, qui paraissent extrêmement improbables, sont mises au point de nombreuses fois, indépendamment les unes des autres, avec la plus grande facilité. La conclusion qui en découle, de mon point de vue, n'est pas que la nature ne poursuit aucune fin, mais plutôt que sa logique finaliste est complètement différente de la nôtre. Quand nous construisons un objet, nous le projetons selon un finalisme *délibéré et statique* tandis que la nature, contrairement à nous, projette selon des critères *objectifs et dynamiques*.
Contrairement à ce qu'on pourrait croire à première vue, le manque apparent d'une volonté délibérée de type anthropomorphe n'est pas une limite mais plutôt un point de force de l'évolution et, à mon avis, n'implique pas du tout l'inexistence de fins et de desseins dans l'univers. En effet, un but délibéré et exprimé une fois pour toutes ne pourrait que congeler et momifier un projet qui finirait par naître déjà vieux et par devoir être tout de suite remplacé par un nouveau projet. En réalité, une telle façon de procéder est une conséquence des limites humaines et non pas l'expression d'une clairvoyance humaine comme on l'estime communément. Au contraire, l'évolution est un projet continu, à l'œuvre jour après jour pour augmenter l'*adaptation* des individus à leur environnement *de façon automatique* sans jamais prononcer le mot fin. Richard Lewontin (1990) a écrit à ce sujet : « L'évolution peut être considérée comme contingente seulement de façon superficielle et peu intéressante. Les formes exactes qui ont laissé des descendants visibles dans les restes fossiles peuvent effectivement représenter des variantes accidentelles d'un processus historique accidentel. Toutefois, elles pourraient simplement représenter des distinctions sans réelle différence, des variantes orthographiques superficielles d'une structure profonde dont les règles sont encore à découvrir… Nous ne connaîtrons pas la réponse tant que nous n'aurons pas une théorie des formes biologiques déductible de quelques principes généraux de l'organisation biologique plutôt que déduite de la collection de simples objets. Ou bien il se peut que ces principes hypothétiques n'existent pas et que par conséquent, dans son sens le plus vaste, la vie n'ait aucun sens. »

1

HYPOTHÈSES SUR LE PASSÉ

L'adaptation se limite chaque fois à de petites corrections mais ses effets cumulés peuvent être spectaculaires. Tant qu'elle se maintient dans le cadre d'un même patrimoine génétique (c'est-à-dire d'une espèce), on parle de micro-évolution ; quand elle donne lieu à une nouvelle espèce, on parle de macro-évolution et de spéciation. Il est clair que la spéciation est un phénomène qui fait partie de la macro-évolution, mais il est vrai aussi que la macro-évolution ne s'arrête pas au niveau de l'espèce : elle crée à la fin de nouvelles familles, de nouvelles classes et même de nouveaux phylums si elle trouve dans le milieu les conditions pour le faire. Le résultat est l'exploitation approfondie des ressources environnementales, en fragmentant et en différenciant au maximum les exigences des différents organismes qui en dépendent.
Parfois une situation actuelle, à la lumière de ce que nous savons sur la spéciation et sur l'adaptation, nous permet de formuler des hypothèses sur les conditions qui ont dû exister dans le passé dans une aire géographique déterminée. Prenons par exemple la distribution actuelle du perroquet du Cap (*Poicephalus robustus*), une espèce sud-

1. Richard Lewontin.

2. Les montagnes de Drakensberg, en Afrique du Sud, une aire aujourd'hui faiblement couverte de forêts. Les forêts indigènes sont relativement petites et correspondent presque toujours avec les talwegs. Mais dans le passé, il n'a pas dû en être toujours ainsi, comme en témoigne l'existence d'espèces endémiques qui, selon toute probabilité, suivirent leur évolution dans un milieu forestier nettement plus étendu.

2

3

africaine menacée d'extinction, qui aujourd'hui est représentée au maximum par un millier d'individus dans les forêts montagneuses de podocarpus qui, aujourd'hui encore, recouvrent les talwegs d'une aire sud-orientale de la province du Cap. Le perroquet du Cap semble dériver d'une espèce proche, le *Poicephalus fuscicollis suahelicus*, qui habite une aire africaine plus vaste et plus septentrionale, et qui, non seulement diffère par certains détails, mais fréquente un autre type d'habitat, à savoir la brousse ouverte. Toutefois, le trop faible nombre d'individus par lesquels le perroquet du Cap est actuellement représenté, nombre lié à l'extension limitée de son habitat d'élection, fait penser que, dans le passé, la forêt montagneuse africaine devait être beaucoup plus étendue, de meilleure qualité (avec un plus grand nombre d'arbres creux où ces oiseaux pouvaient nicher) et que la population originaire du perroquet du Cap, pour différentes raisons que nous ne connaissons pas en détail mais qui comprennent certainement la dégradation et la réduction de la forêt où son espèce avait pris origine et à laquelle elle était parfaitement adaptée, a considérablement diminué, se retrouvant très probablement divisée par dix (d'au moins 10 000 à 1 000 individus).

3. *Le perroquet du Cap* (Poicephalus robustus), *aujourd'hui menacé d'extinction et réduit à une population totale d'un millier d'individus à peine, dut connaître, quand les forêts indigènes étaient étendues, sa période la plus faste.*

4. *Un caméléon nain du Drakensberg* (Bradypodion dracomontanum). *En Afrique du Sud, beaucoup d'espèces de caméléons sont de très petite taille (12-14 cm) et de distribution très limitée. On ne comprend pas bien pourquoi.*

4

Un des aspects les plus évidents de l'adaptation est le phénomène universel de la coévolution qui se déroule sous nos yeux à chaque niveau. Tous les organismes interfèrent les uns sur les autres. Beaucoup d'animaux en mangent d'autres, d'autres mangent des plantes et les plantes elles-mêmes ont besoin d'eau, de sels minéraux et de lumière, toutes ressources qui ne se trouvent pas en quantité illimitée. Pour qu'un animal carnivore puisse avoir un avenir, il faut que continuent à exister en quantité suffisante des proies qui lui sont adaptées. Par exemple pour un guépard, il faudra des gazelles ou éventuellement, en l'absence de gazelles, des lapins ou autre animal de ce genre. Cela signifie que : a) les guépards ne peuvent pas devenir assez nombreux pour consommer toutes leurs proies sous peine de disparaître, b) les guépards doivent être assez rapides pour réussir à capturer une gazelle ou un lièvre à la course, c) les guépards devraient aussi espérer que les gazelles et les lièvres soient trop difficiles à capturer par les autres carnivores et donc, vu leur taille modérée, ils doivent se spécialiser sur un type de proie très rapide et de taille modérée.
Quant aux gazelles et aux lièvres, ils doivent a) courir assez vite pour échapper à la capture assez souvent pour avoir le temps de laisser une descendance, b) se reproduire suffisamment pour compenser les pertes éventuelles, mais pas au point de manger toute l'herbe disponible.
L'ensemble de ces conditions, et de beaucoup d'autres qu'il n'est pas facile de prévoir dans une analyse sommaire, détermine la *coévolution* des espèces. Les guépards courront assez vite pour réussir à capturer quelques-unes des gazelles les moins rapides, les gazelles se reproduiront assez vite pour compenser les pertes mais pas au point de manger, avec tous les autres herbivores, toute l'herbe disponible, l'herbe repoussera suffisamment vite pour réussir à accomplir son cycle végétatif malgré les morsures des herbivores et le retour de la saison sèche. Les rapports réciproques qui s'instaurent entre les différentes espèces à l'intérieur d'une communauté écologique détermineront les caractères morphologiques et comportementaux des différentes espèces et aussi l'organisation et même l'aspect final des écosystèmes et des paysages où elles s'insèrent.

La coévolution est un phénomène tellement omniprésent que les exemples foisonnent. Nous nous limiterons à quelques-uns de portée diverse : le cas des plantes à fleurs et des insectes, qui est d'une portée énorme et qui a littéralement permis l'apparition de millions d'espèces ; le cas de la loutre de mer, qui est un exemple d'un système relativement petit mais bien intégré ; et enfin le cas singulier du robinier.

1. Un guépard (Acinonyx jubatus) *dans le parc national de Nairobi, au Kenya. La pression des prédateurs est un facteur important qui détermine en premier lieu la survie d'une population et en second lieu, les modalités de vie qu'elle devra choisir pour survivre. L'extraordinaire rapidité que le guépard peut atteindre oblige ses proies potentielles à des prestations équivalentes sous peine d'y laisser la vie.*

2. Le cobe à croissant (Kobus ellipsiprymnus) *est une des nombreuses antilopes qui doivent supporter la pression des grands prédateurs africains. La solution choisie par cette espèce consiste en substance à fréquenter des milieux humides peu fréquentés par les lions. Pour le léopard en effet, un cobe adulte est une proie peu adaptée car trop grosse pour être transportée sur un arbre, à l'abri des lions et des hyènes.*

1

2

3

5

Quelques exemples de fleurs, organes reproducteurs développés pour la symbiose avec les insectes :

3. Gentiane de Koch (Gentiana kochiana), *fleur typique des Alpes.*

4. Lis de Saint-Bruno (Paradisia liliastrum), *belle liliacée des grasses prairies de montagne.*

5. Adonis du printemps (Adonis vernalis), *espèce caractéristique d'Europe de l'Est.*

4

Les plantes à fleurs commencèrent à apparaître au Jurassique avec les conifères et augmentèrent considérablement en nombre au Crétacé quand les derniers dinosaures vécurent en même temps que les premiers saules et autres arbres semblables. Les insectes existaient certainement depuis longtemps déjà mais leur grand succès est dû évidemment à la nouvelle ressource que constituaient ces plantes. Beaucoup d'insectes découvrent que le pollen est une riche réserve d'énergie et les plantes découvrent que les insectes peuvent servir à transporter le pollen d'un individu à l'autre, en assurant la fécondation et la production de semences qui autrement seraient dépendantes du vent et obligeraient à un énorme gaspillage pour garantir un résultat. Les phénomènes d'allergie aux pollens sont matériellement possibles parce qu'au printemps, les plantes anémophiles (c'est-à-dire qui s'en remettent au vent pour leur fécondation) doivent produire d'énormes quantités de pollen pour s'assurer qu'au moins une petite partie atteigne l'objectif visé, c'est-à-dire l'ovaire d'une autre plante de la même espèce. Si au contraire ce processus est délégué à un insecte spécialisé pour s'alimenter avec des plantes précises, la fécondation aura lieu avec une extrême précision et sans gaspillage. Beaucoup de plantes ont développé des fleurs particulières qui emprisonnent les insectes quelque temps et les obligent à s'enduire entièrement de pollen avant de réussir à repartir. La précision de ces relations est tout à fait remarquable, même s'il existe des plantes qui fondent leur fécondation sur l'activité de certains oiseaux (souimangas, colibris, méliphages) ou même de chauves-souris frugivores. Dans l'ensemble, les ordres d'insectes concernés par cette immense relation mutualiste sont ceux des papillons (Lépidoptères), des abeilles et des guêpes (Hyménoptères), des mouches (Diptères), des scarabées et des coccinelles (Coléoptères) et bien d'autres moins connus, pour un total de centaines de milliers d'espèces, en réalité probablement des millions. Ces millions d'espèces ont contribué au succès des plantes à fleurs qui, grâce à cette symbiose, ont nettement supplanté les vieilles fougères et les autres plantes qui avaient dominé la scène de l'ère primaire au début du secondaire. Aujourd'hui, ces plantes représentent la majorité de celles connues et comptent à leur tour des centaines de milliers d'espèces.

1

2

3

Le deuxième exemple, beaucoup plus circonscrit mais extrêmement instructif vu les circonstances qui ont contribué à le mettre en lumière, est celui de la loutre de mer, le plus gros de tous les Mustélidés, un animal extraordinaire adapté pour vivre dans les prairies d'algues géantes dites *kelp* en se nourrissant d'oursins (que, soit dit en passant, ils réussissent à ouvrir et à manger en utilisant deux pierres pour les casser, mais ceci est une autre histoire).

À une certaine période du siècle dernier, les loutres de mer furent beaucoup chassées pour leur fourrure, et leur population vivant au large des côtes californiennes diminua considérablement. Bien vite, les oursins se multiplièrent dans une mesure telle qu'ils consommèrent toute la population d'algues, détruisant ainsi l'habitat de toute une communauté riche de mollusques, crustacés, poissons et même mammifères marins. On remarqua que les jeunes de certaines espèces de phoques, qui normalement trouvaient un abri dans les algues pour se protéger de la menace des orques, n'avaient plus d'endroit où aller et étaient victimes de leurs prédateurs bien plus souvent que par le passé. On comprit de cette façon que la loutre de mer était une *espèce clé* d'un écosystème particulier, c'est-à-dire une espèce particulièrement importante pour la conservation d'un équilibre écologique déterminé pendant un certain temps, puisqu'elle avait évolué en présence de nombreuses populations d'oursins et d'algues et qu'elle avait joué un rôle de modérateur et d'intermédiaire entre ces organismes. Malgré la prédation exercée par la loutre de mer à l'encontre des oursins, il est indéniable que leur population est avantagée par l'action de la loutre car, en son absence, on assiste à une forte baisse des algues, suivie d'une forte baisse des oursins.

Passons enfin au cas de *Robinia*, une légumineuse d'origine américaine qui, voilà deux siècles environ, a été introduite en Europe avec un succès tel qu'on peut le qualifier de désastreux. En Italie, les robiniers se sont répandus partout, ils ont pénétré dans beaucoup de forêts des Apennins ou des Préalpes en prenant la place des plantes indigènes, ils ont gagné du terrain en se propageant soit grâce à leurs nombreuses graines, soit grâce aux stolons (ramifications, souterraines ou non, qui se développent à la base du tronc) qu'ils produisent pour aller ressortir à plusieurs mètres de distance. Si on les coupe, ils reprennent vigoureusement en produisant, soit directement de terre,

1. Une chauve-souris frugivore (Epomophorus wahlbergi) *recueille du nectar dans une grosse fleur, contribuant ainsi à la pollinisation de la plante.*

2. Les agents pollinisateurs les plus communs et les plus répandus sont les insectes. Ici un coléoptère dans un coquelicot.

3. Fleurs de robinier (Robinia pseudacacia) *en grappes abondantes et très odorantes, attirantes pour tous les pollinisateurs potentiels.*

4

soit de la souche originelle, des dizaines de nouvelles tiges ligneuses qui poussent jusqu'à deux-trois mètres en l'espace d'une seule saison. La virulence de cette invasion est aggravée par les épines pointues dont les tiges sont armées dès les premières semaines. Les seuls facteurs limitatifs sont l'ombre profonde, où cette plante pousse mal, et le gel en hiver, qui arrête toutes ses activités pendant environ six mois de l'année. Mais au printemps, elle reprend avec une immense énergie : je me souviens d'un pré nettoyé en avril dans l'Apennin toscan qui, à peine trois mois plus tard, était à nouveau envahi par une broussaille épineuse, plus haute qu'un homme. Ayant dû combattre le robinier, j'ai souvent éprouvé une profonde admiration pour ce formidable adversaire et authentique monstre végétal et je me suis souvent demandé quelles extraordinaires pressions sélectives pouvaient avoir déterminé cette évolution si nette vers des formes extrêmes de défense et d'expansion contre tout et tout le monde. Et j'ai formulé une hypothèse : en Amérique du Nord, à l'ère tertiaire, vécurent de grands herbivores comme le mammouth, les mastodontes, les bradypes géants de terre et les énormes baluchitères. Ces animaux gigantesques devaient dévaster la végétation. Si on imagine que leur impact devait être semblable à celui des éléphants actuels, il faut penser que les feuillages, les branches et même les troncs qui disparaissaient dans l'estomac de ces animaux devaient représenter des quantités énormes. Il n'y aurait pas lieu de s'étonner alors si les robiniers avaient développé aussi bien des moyens de défense (épines) que des moyens de reprise rapide pour faire face à de semblables machines broyeuses. Jusqu'à leurs fleurs abondantes et odorantes où l'on pourrait voir, outre bien sûr la production de graines, l'offre faite à ces herbivores d'une gourmandise riche en glucose pouvant peut-être les dissuader de porter davantage préjudice à cette plante, une fois le meilleur consommé.

4. Il est difficile d'interpréter les conditions d'adaptation qui rendent favorable ou au moins neutre la couleur presque noire de ce spectaculaire papillon exotique. Peut-être une vie qui se déroule dans l'ombre profonde des forêts tropicales ?

ÉVOLUTIONS PAR SAUTS

Parfois l'adaptation est littéralement mesurable, sur le court terme. Après un hiver rigoureux, la taille moyenne des taupes survivantes est supérieure à celle de l'année précédente. On a constaté un phénomène analogue aux îles Galápagos, concernant les dimensions moyennes du bec d'une des espèces de pinsons du genre Geospiza (*Geospiza fortis*) qui se sont révélées supérieures chez les rares survivants d'une grande sécheresse au cours de laquelle les oiseaux avaient été obligés de se nourrir de graines plus grosses et plus dures que d'habitude (Grant 1999). Dans ce cas, avaient survécu les individus avec un bec assez robuste pour réaliser la prestation demandée ; comme dans le cas des taupes, les survivants avaient été les individus assez gros pour garder les réserves de graisse suffisantes pour résister au gel.

1. Rapports phylogénétiques (déduits des analyses d'ADN) entre les différentes espèces de pinsons de Darwin, des îles Galápagos.

2. Tête et bec du pinson Geospiza magnirostris.

1

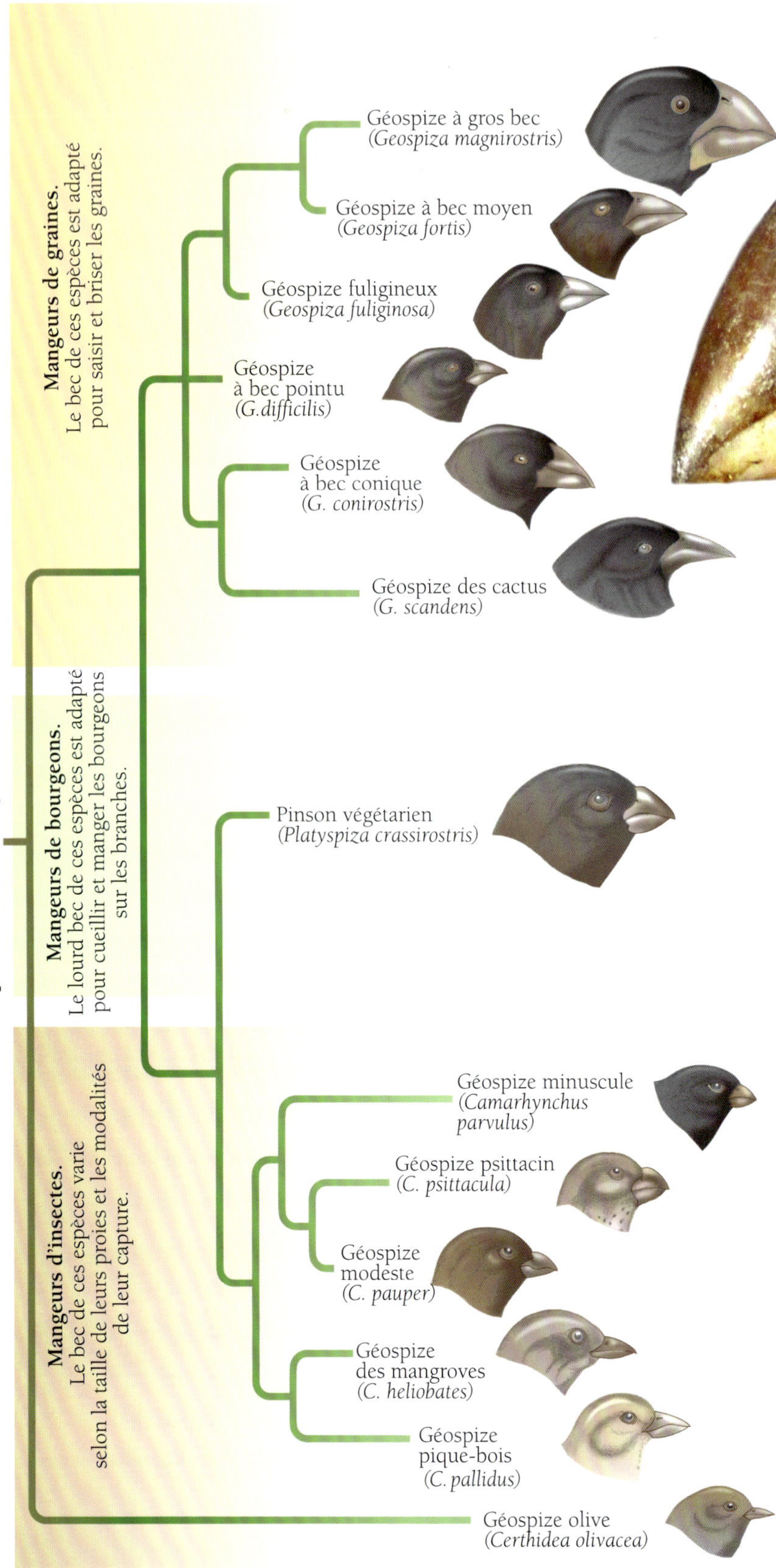

2

3. *Arbre phylogénétique des pinsons de Darwin (sept dernières espèces) dans un échantillon de différentes espèces de Fringillidés sud-américains. Il est évident que la classification traditionnelle basée sur la morphologie n'a pas toujours permis de repérer les parentés réelles et la teneur des différences existantes.*

3

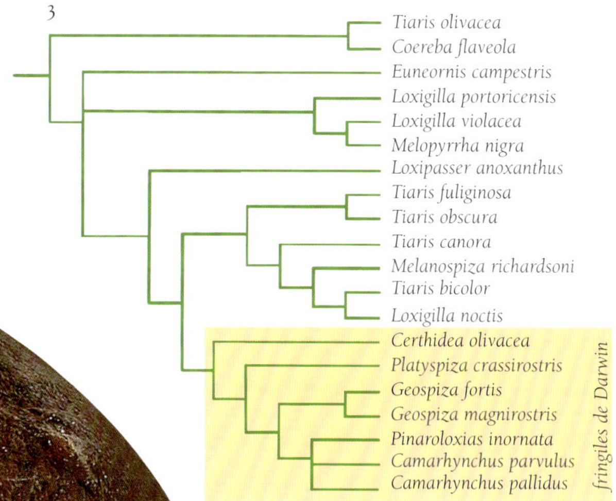

4

4. *Limule* (Limulus polyphemus)*, un singulier fossile vivant dont l'aspect a très peu changé en plusieurs centaines de millions d'années.*

5. *Scinque des sables* (Scincus scincus)*, une des différentes espèces de scincidés dotées de très courtes pattes.*

5

Ce type d'observation semble confirmer au moins en partie l'idée de Gould (1982) et d'Eldredge (1985) selon laquelle l'évolution peut avoir lieu, non pas tant dans un continuum de petits changements, mais plutôt par le biais de crises soudaines où le changement est rapide et brusque. Plus probablement toutefois, il est vrai aussi qu'une stabilité totale est tout à fait impensable et que les changements pourraient être lents et progressifs pendant de longues périodes et devenir rapides et tumultueux pendant certaines périodes de crise. Cela n'empêche pas que l'évolution se déroule dans l'ensemble par tout petits pas progressifs, comme Darwin en avait eu l'intuition quand il formula ce concept dans son œuvre fondatrice. On partage plus difficilement l'autre idée exprimée par Gould dans ses nombreux écrits, à savoir que le hasard prévaut pour presque toutes les caractéristiques des organismes vivants. Le phénomène de la convergence évolutive semble en effet indiquer exactement le contraire, en suggérant que les propriétés de la matière jouent un rôle important dans ce processus. Récemment, Conway Morris a rassemblé une documentation importante qui suggère nettement la tendance de la nature à produire de nombreuses fois des modèles déterminés plutôt que d'autres. Ce sujet, de grande importance aussi au plan théorique, est abordé dans le chapitre suivant qui tend à considérer que les événements fortuits n'ont somme toute pas une importance décisive à moins qu'ils n'orientent l'organisme dans la direction préférée, non seulement par les pressions sélectives du milieu, mais aussi – ajouterais-je moi aussi avec Conway Morris – par les forces « inhérentes » de la matière vivante, forces en définitive de nature moléculaire qui produisent facilement par exemple des organes de la vue, mais qui n'ont jamais produit des organes de locomotion en forme de roue.

Pour conclure ce chapitre, je voudrais traiter brièvement un sujet qui a été très en vogue depuis l'époque de Darwin, mais qui à mon avis demande encore d'être soigneusement revu, celui de la sélection sexuelle, c'est-à-dire du choix par la femelle d'un mâle sur la base de caractéristiques extérieures (pour elle) très agréables ou bien de qualité génétique très élevée, ou bien des deux à la fois. À première vue en effet, il existe quelques difficultés à accorder l'idée de l'adaptation avec celle, fort capricieuse, de goût. Nous pourrions penser, comme le fait par exemple Moller, que les femelles sont en mesure de distinguer un mâle de qualité génétique élevée d'un autre de qualité médiocre et que leur choix est de nature purement et simplement adaptative. Ou bien nous pourrions penser comme, R. A. Fisher (1930), que les femelles se contentent de choisir le mâle qu'elles préfèrent et que ce choix, du point de vue de l'adaptation, peut se révéler acceptable dans certaines limites, malgré les problèmes qu'il pourrait entraîner dans certains cas.

L'exemple classique est celui du paon qui parade en montrant à la femelle sa splendide queue et qu'elle choisit sur la base de cette exhibition. Selon la théorie de Moller (1992), la qualité de la queue et de l'exhibition devrait être l'indice d'une qualité génétique objectivement élevée du mâle (les recherches de Moller portent sur l'hirondelle et non sur le paon, mais le concept est analogue et la tendance est forte chez les éthologues à le généraliser). Au contraire, Fisher considérait que l'éventuelle qualité génétique du mâle n'était garantie que par la sélection naturelle et que la sélection par les femelles (sélection sexuelle) pouvait même aller dans le sens contraire de la sélection naturelle, mais seulement jusqu'à un certain point car la sélection naturelle ne pouvait pas permettre d'aller au-delà, sous peine d'inadaptation. Avec sa théorie du handicap, Amotz Zahavi (1975) a porté ce sujet jusqu'à un

1

1. La perruche ondulée (Melopsittacus undulatus) *est un petit perroquet gracieux très commun en Australie et aussi aujourd'hui dans les cages et les volières du monde entier dans différentes variations de couleur. C'est la protagoniste de l'expérience décrite p. 69.*

2. L'hirondelle rustique (Hirundo rustica), *ici sur une lithographie classique, est le petit oiseau migrateur que tout le monde connaît mais qui a été étudié de façon approfondie par le Danois Anders Pape Moller. La longueur de la queue chez les mâles semble être un élément important de leur charme.*

2

3

4

3. Encore un acteur des expériences décrites dans ces pages, le coq de Sonnerat (Gallus sonneratii), *oiseau asiatique de forêt semblable au coq bankiva* (Gallus gallus) *et peut-être lui aussi ancêtre des poulets domestiques. On ne connaît souvent de la vie des animaux que quelques aspects superficiels qui ne permettent pas d'évaluer l'extraordinaire croisement d'adaptations avec des phénomènes de coévolution qui est la règle dans la nature.*

4. Une parade collective de mâles de tétras-lyre (Tetrao tetrix) *dans la clairière d'une forêt alpine de conifères. Sur les côtés de la scène, on remarque quelques femelles, bien reconnaissables à leur modeste plumage brun strié, qui observent attentivement les exhibitions et les affrontements ritualisés des coqs pour choisir le mâle avec lequel s'accoupler. Dans le système socio-sexuel de ces oiseaux, parfois défini comme système des arènes ou des* lek *(du mot suédois), la parade collective des mâles a pour but de faciliter le choix des femelles. Celles-ci, très souvent, s'accouplent l'une après l'autre avec quelques mâles seulement, considérés comme « excellents », en ignorant tous les autres. On estime qu'elles reçoivent ainsi de « bons gènes » mais assurément pas la collaboration du père de leurs enfants qui s'éclipse après l'accouplement.*

paradoxe apparent : une caractéristique exagérée montrerait l'habileté de celui qui la possède à survivre *malgré celle-ci*. Un paon qui déploie une queue spectaculaire et encombrante communiquerait à la femelle le même genre de message que le cycliste qui roule sans les mains : je suis si fort que je peux survivre malgré cette élégance qui n'a rien de pratique, je peux me le permettre.

Je ne peux éviter d'exprimer sur ce sujet une opinion personnelle, qui découle d'une petite expérience avec la perruche ondulée (*Melopsittacus undulatus*, Massa *et al.*, 1996) ainsi que de l'expérience analogue de Zuk et de son équipe (1990) avec le coq bankiva (*Gallus gallus*). Notre expérience consista à permettre à un groupe de perruches de choisir librement son partenaire à l'intérieur d'un groupe et au contraire d'attribuer d'office le partenaire dans l'autre groupe. La différence de réussite dans la reproduction à la première couvée fut vraiment spectaculaire mais aussi totalement dépendante du plus petit nombre d'œufs fécondés dans le deuxième groupe. Mais dans les couvées suivantes, cette différence disparut complètement, laissant penser qu'elle était due à la mauvaise humeur initiale des femelles à l'égard de leurs partenaires forcés plus qu'à une mauvaise qualité objective de ces malheureux. Dans l'expérience de Zuk *et al.*, les chercheurs trouvèrent que les poules bankiva préféraient les mâles dotés de crêtes plus développées mais que cette préférence n'était exprimée que dans le cas où elles pouvaient s'accoupler rapidement. Les femelles plus lentes à se décider finirent par prendre simplement les mâles disponibles, sans plus prendre leurs crêtes en considération. Tous ces éléments semblent démontrer que la sélection sexuelle est peut-être importante pour la réussite de la reproduction, mais que le facteur *temps* pourrait être encore plus important. Pour avoir une progéniture plus nombreuse, je ne crois pas qu'il soit décisif pour une femelle de choisir le mâle de meilleure qualité. C'est une opération qui me semble ardue, au résultat incertain et aux critères de choix discutables. Ce qui me paraît de première importance est de

2

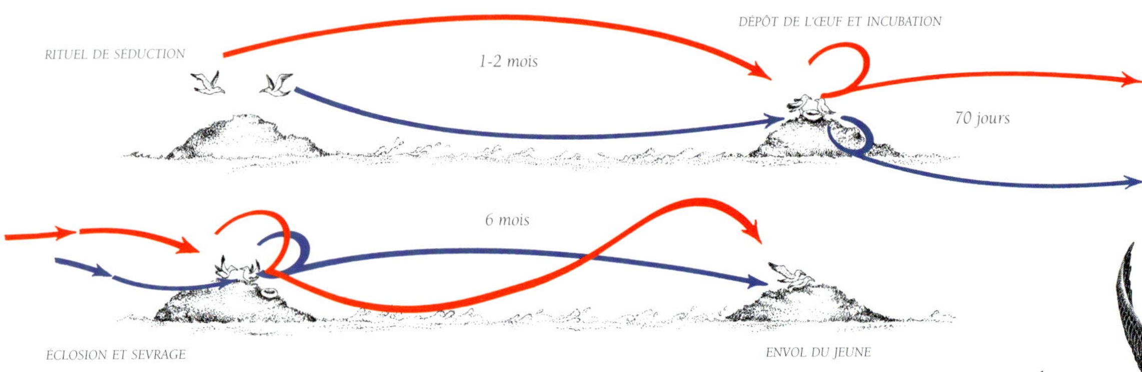

1

3

faire vite, choisir rapidement un mâle passable, chercher un endroit pour nidifier avant que tous les bons soient pris, s'accoupler et nourrir les petits en utilisant les premiers fruits de la saison, qu'il s'agisse d'insectes, de fruits ou autre. Toutes les données disponibles sur les espèces qui nidifient plus d'une fois au cours de la saison indiquent que la réussite de la reproduction du même couple diminue pour les couvées commencées plus tard. Plus tard peut signifier *trop* tard et donc le meilleur mâle possible est celui qui réussit à convaincre une femelle de céder et de s'accoupler. Je crois franchement que si une qualité génétique peut être attribuée à un mâle, elle doit consister en la capacité de bien remplir son rôle, c'est-à-dire porter l'initiative à son terme dans des délais courts. Au bout du compte, c'est là le maximum de la capacité d'adaptation et cela correspond aussi davantage à notre expérience quotidienne du monde humain. Enfin, je dois ajouter que cette idée du facteur temps comme élément central, d'une façon globale, me semble plus compatible avec les vieilles idées de Fisher et Zahavi plutôt qu'avec celles plus récentes de Moller.

1. Les albatros ont un système socio-sexuel inhabituel dans le règne animal. Bien que rigoureusement monogames, ils ne passent ensemble que quelques jours par an, quand ils se retrouvent sur la petite île océane où ils dansent, s'accouplent, construisent leur nid et commencent à couver chacun à leur tour pendant des semaines tandis que leur partenaire reste en pleine mer à la recherche de nourriture. Après la naissance de l'unique poussin, tous deux vont et viennent entre la terre et la mer pour nourrir leur progéniture, se rencontrant au nid rarement et par pur hasard. Enfin, quand le poussin est sevré, ils retournent en pleine mer, chacun de son côté jusqu'à la prochaine couvée.

6. SOCIOBIOLOGIE

LA NOUVELLE SYNTHÈSE

Nous savons déjà que le comportement est aussi un caractère comme un autre, sujet à évolution puisqu'il est au moins en partie héréditaire. Bien entendu, on n'hérite pas la façon d'être et de faire telle quelle, mais des prédispositions basées sur les gènes, assurément. Cette assertion à elle toute seule serait déjà en mesure de troubler les nuits et d'agiter les jours des humanistes les plus obstinés, alors imaginez ce qui se passa quand, en 1975, Edward O. Wilson publia son fameux ouvrage *Sociobiologie, la nouvelle synthèse*, une étude vaste et documentée sur l'évolution du comportement social dans l'échelle zoologique, homme compris. La réaction des sociologues fut une réprobation unanime. Rien d'étonnant vu que leur domaine traditionnel avait été envahi par quelqu'un qui parlait une langue complètement différente. Et pourtant, en relisant ces six cents pages riches d'une immense quantité d'exemples, aujourd'hui on se prend à penser que la synthèse de Wilson était modérée et assez prudente : le comportement social est sujet à évolution, comme n'importe quel autre type de comportement, les stratégies utilisées sont triées par la sélection naturelle, l'agressivité est une caractéristique génétique indispensable à la survie, qui varie au cours des générations en réponse aux pressions sélectives, les stratégies socio-sexuelles dépendent elles aussi des circonstances, comme tout type de stratégie.

4

STRATÉGIES ALTERNATIVES

Pour illustrer ces affirmations inquiétantes mais véridiques, et aujourd'hui bien vérifiées, partons d'un exemple de stratégies socio-sexuelles alternatives que j'avais coutume de citer il y a quinze ans, quand je tenais un cours d'éthologie à Milan. Considérons une espèce animale hypothétique où mâles et femelles ont la possibilité

2. Danse nuptiale d'albatros (Diomedea irrorata) *à Punta Suarez, dans l'île d'Española, Galápagos.*

3. Quatre phases de la complexe danse nuptiale des albatros. Par cette cérémonie, les partenaires du couple expriment entente et solidarité et atteignent peut-être un état psychologique particulier qui permet d'affronter seuls le dur travail de l'élevage des poussins, en sachant pouvoir compter sans réserves sur l'autre.

4. Edward O. Wilson, le père de la sociobiologie.

5. Otaries des Galápagos (Zalophus vollebaeki), *Pinnipèdes abondant dans les fameuses îles du Pacifique (on en a dénombré environ cinquante mille). Tous les Pinnipèdes, phoques, otaries et morses, sont des animaux à la vie sociale complexe qui, dans les nombreuses études qui leur ont été consacrées, ont toujours fait preuve d'une intelligence surprenante.*

5

de recourir seulement à deux stratégies alternatives possibles. Imaginons que les mâles puissent être *fidèles* ou *infidèles*, les femelles *timides* ou *rapides*.
Un mâle fidèle courtise longuement la femelle qui l'intéresse et, si celle-ci accepte ses attentions, il reste lié à elle et coopère à l'élevage de leur progéniture. Un mâle infidèle en revanche ne courtise que brièvement presque toutes les femelles qu'il rencontre et, quand il réussit à en convaincre une de s'accoupler, il l'abandonne tout de suite après. Une femelle timide ne s'accouple qu'après un long rituel de séduction tandis qu'une femelle rapide accepte de s'accoupler avec un rituel court.
Partons d'une population constituée uniquement de mâles fidèles et de femelles timides. Les mâles courtisent longuement les femelles qui, à la fin, acceptent leurs attentions et s'accouplent. Les mâles assistent leurs compagnes dans l'élevage des petits et tout va pour le mieux.
Imaginons maintenant que dans cette population entrent quelques femelles rapides. Celles-ci acceptent les attentions des mâles plus rapidement que les autres et sont donc aussi plus rapides à créer une famille, en général elles trouvent les meilleurs mâles, les meilleurs emplacements pour le nid et elles réussissent aussi à se procurer une nourriture de premier choix. La conséquence est qu'elles réussissent mieux dans la reproduction que les femelles timides, leur progéniture est plus nombreuse à chaque génération et le pourcentage de femelles rapides augmente dans la population. À la fin, les femelles timides deviennent rares.
Cependant le succès des femelles rapides est étroitement lié à la présence exclusive de mâles fidèles. Si maintenant dans cette population arrivent quelques mâles infidèles, les choses changent du tout au tout.
Quand un mâle infidèle courtise une femelle rapide, il a la satisfaction de la voir consentir sans délai. Il s'accouple et tout de suite après s'éloigne tandis que la pauvre femelle rapide a maintenant le problème d'élever sa progéniture sans l'aide du mâle. La tâche est lourde et beaucoup de petits ne survivent pas, la reproduction est beaucoup moins efficace.
Avec la femelle timide en revanche, le mâle infidèle n'arrive jamais à rien car il se lasse de la courtiser bien avant que celle-ci puisse accepter ses attentions. Par conséquent les femelles timides attendront pour s'accoupler de trouver un mâle fidèle. Dans ces conditions, elles commencent lentement à remonter par rapport aux femelles rapides et leur pourcentage dans la population augmente.
Il est donc compréhensible qu'à un certain moment, on atteigne une sorte d'équilibre où on trouve dans la population des pourcentages caractéristiques de mâles fidèles et infidèles, de femelles timides et rapides. Ces pourcentages sont influencés par le milieu, c'est-à-dire par les circonstances particulières qui peuvent récompenser ou pénaliser un comportement déterminé. Par exemple, une femelle rapide peut se trouver avantagée par une grande abondance de nourriture au début de la saison de la reproduction, et sa pénalisation par rapport à un mâle infidèle sera moindre si le milieu est suffisamment riche en ressources pour permettre une bonne récolte aussi à un parent resté « célibataire ». En général, les climats rigoureux et les conditions difficiles favoriseront la fidélité et la monogamie tandis que l'abondance de ressources typique des tropiques peut favoriser des comportements extrêmes comme la polygamie de domination de la part du mâle. Cependant, comme les climats varient continuellement dans le temps, les pressions sélectives aussi varient et, avec elles, les systèmes socio-sexuels et les comportements en général.

COMMUNICATION

Dans toute cette dynamique complexe, un rôle particulièrement important revient à la communication qui en effet évolue de façon spectaculaire en assurant la possibilité d'échanger des informations entre deux ou plusieurs individus et de former des groupes plus ou moins complexes. La communication peut passer par différents

1. Barrière de corail dans la mer Rouge – à Hurghada, en Égypte – avec au premier plan un brillant poisson papillon demi-masqué (Chaetodon semilarvatus) *et de nombreux poissons fusiliers de Suez* (Caesio suevicus) *sur le fond. Les couleurs jouent un rôle important dans la communication entre les poissons. La simple vue d'un mâle dominant très coloré peut inhiber les velléités d'« avancement social » des individus plus jeunes qui ont une livrée peu brillante et éventuellement aussi un sexe féminin (l'hermaphroditisme, avec changement de sexe à un moment donné de l'existence, est commun chez les poissons). La libération soudaine de cette véritable intimidation chromatique provoque une décharge hormonale et la rapide transformation physiologique et chromatique d'une des femelles, qui se transforme en nouveau mâle dominant.*

2. Un crapaud mâle (Bufo bufo) *avec ses sacs vocaux dilatés au maximum. Les stimulations acoustiques aussi, comme celles visuelles ou olfactives, peuvent se révéler déterminantes dans la réussite sociale et sexuelle de nombreuses espèces. Du point de vue de l'adaptation, on peut remarquer qu'un coassement puissant chez un amphibien est probablement associé à une bonne santé et cette dernière à de bons gènes.*

1

2

canaux (visuel, tactile, olfactif, acoustique, etc.) et permettre de signaler le rang particulier d'un individu, la reconnaissance individuelle, la reconnaissance des individus appartenant à un groupe déterminé et en outre, dans le cadre de ce groupe, elle peut permettre de signaler des états psychologiques particuliers, lancer des alertes, synchroniser certaines activités, et même abuser ses congénères ou les membres d'une autre espèce. Tout ceci se passe dans l'ensemble des espèces animales et pas seulement chez les mammifères, les oiseaux et les insectes sociaux qui sont normalement les groupes qu'on cite le plus de ce point de vue. Beaucoup de parades de poissons sont spectaculaires, leurs bancs sont compacts et extraordinairement synchronisés dans leurs mouvements et leurs activités, la communication acoustique des Amphibiens anoures (grenouilles et crapauds) est particulièrement évidente et sert en général à trouver une compagne (ce sont les mâles qui sont dotés de sacs vocaux). On pourrait dire la même chose de nombreux insectes comme les cigales, les sauterelles, les grillons et même les lucioles, avec la variante qu'il s'agit ici de communication lumineuse et non acoustique. Les lucioles disposent d'un appareil capable d'émettre de l'énergie lumineuse, et mâles et femelles l'utilisent pour se communiquer leur présence. Chaque espèce a un code propre, une sorte d'alphabet morse lumineux qui la distingue de toutes les autres, un peu comme le chant pour les oiseaux, même dans le cas d'espèces très proches. Mais les lucioles sont aussi de féroces prédateurs, capables de considérer comme proies même les espèces qui sont très semblables à elles. Les chercheurs ont découvert que certaines espèces, non seulement émettent les signaux lumineux typiques de leur espèce, mais sont devenues capables d'utiliser des stratagèmes diaboliques, à savoir imiter d'autres espèces pour attirer les mâles dans un piège mortel où, au lieu de copuler, les malheureux seront dévorés. Tout ceci est déjà bien surprenant mais la réponse des mâles de l'espèce prédatrice devant le désintérêt de leurs femelles qui, au lieu de penser à copuler, pensent à manger, l'est encore plus. En effet, leur réaction est vraiment inattendue et téméraire : vu que leurs femelles cherchent de la nourriture, ils se déguisent en nourriture en répondant à leurs faux signaux avec de faux signaux de mâles de l'espèce chassée. De cette façon, ils peuvent approcher les femelles convoitées et cruelles et quand ils se trouvent presque à leur contact, peuvent changer brusquement de type de signal pour dire : « Note que je ne suis pas la proie que tu croyais, je suis un mâle de ton espèce et maintenant je voudrais faire l'amour avec toi. » Jeu téméraire en vérité car il n'est pas du tout certain que la femelle qui s'apprêtait à consommer un aussi bon repas, se résigne sur-le-champ à changer le programme de sa soirée. En effet, les chercheurs américains qui ont étudié ce cas ont trouvé que la réaction de la femelle peut être violente et cannibale. Nous pouvons imaginer qu'elle répond virtuellement : « Espèce d'imbécile, si tu aimes tant jouer le rôle de proie, joue maintenant aussi celui de nourriture. » À ce stade, il ne reste au mâle sidéré que quelques instants pour essayer de déguerpir et éviter une issue fatale. Mystères de la communication et des supercheries organisées autour d'elle qui, à l'évidence, ne sont pas réservés à notre espèce. La publicité mensongère n'a pas été inventée par *Homo sapiens*, nous le savons aujourd'hui avec une certitude absolue. Cependant il est probablement vrai que, alors que les tricheries de notre espèce sont conscientes et soigneusement étudiées, celles des lucioles sont le résultat complexe de la sélection naturelle qui n'a rien à voir avec le libre arbitre. Ceci dit, il faut quand même souligner que le résultat est analogue dans les deux cas et que, à bien y regarder, le reste n'a pas d'importance.

En plus d'être organisés en codes spécifiques des différentes espèces, les signaux peuvent aussi être gradués selon différentes intensités et sont souvent faciles à lire dans la mesure où ils peuvent être structurés selon un langage « universel ». Par exemple, une vocalisation de stress est immédiatement reconnaissable comme telle, qu'il s'agisse du hurlement de terreur d'un homme, du cri rauque d'un poulet ou d'un porc immobilisés qui craignent pour leur vie, d'un canard sauvage qui s'envole pour échapper à son poursuivant et ainsi de suite. Dans ce cas, on peut se demander quel avantage subsiste pour une espèce déterminée à être capable de communiquer une situation de danger, non seulement à ses congénères, mais aussi à tous les autres animaux. Il n'est pas aisé de répondre à une question posée en ces termes, mais il est en revanche assez facile d'avancer que toute espèce a avantage à pouvoir reconnaître les signaux de stress et d'alarme des différentes espèces. Dans ce cas, un service réciproque est créé par l'avantage objectif que la communication entre espèces différentes offre à tous sans distinction. C'est un exemple simple mais

2

1. Lézard vert (Lacerta viridis) *au repos sur une branche. Les lézards ne sont pas en mesure d'émettre des vocalisations, mais ils menacent l'ennemi en ouvrant une gueule béante et en s'aplatissant jusqu'à prendre une posture indiscutablement inquiétante.*

2. Perroquet de Meyer (Poicephalus meyeri) *dans le feuillage d'un arbre à Kampala, en Ouganda. La communication acoustique des perroquets se révèle intéressante et encore très peu étudiée.*

1

3

3. *Trois singes verts* (Cercopithecus æthiops) *dans le Kruger National Park, en Afrique du Sud. Malgré la complexité de leur vie sociale, les primates ne brillent pas par la variété et la richesse de leur communication acoustique.*

4. *Le cas des cétacés est bien différent (ici une baleine bleue,* Balænoptera musculus, *longue de 25 mètres, comparée à une baleine plus petite,* Balænoptera acutorostrata, *de 8 seulement), qui émettent une riche série de sons encore objet d'étude.*

4

efficace de communication entre espèces qui devient aussi une élémentaire situation de symbiose.

La facilité avec laquelle on réussit à lire les différentes intensités de certains types de communication est surprenante, par exemple la menace. En général, un animal qui veut impressionner un adversaire essaie d'apparaître plus gros et plus dangereux en ébouriffant son poil ou ses plumes et en montrant les dents, le bec, les pinces ou autres armes à sa disposition. Certains lézards s'aplatissent et se montrent de profil en ouvrant grand la gueule, certains rapaces se jettent sur le dos et se barricadent derrière leurs serres dirigées vers le haut ; les primates (singes), avant d'arriver aux menaces explicites, montrent les canines en faisant semblant de bâiller et éventuellement fixent droit dans les yeux l'individu qui les inquiète. Ce type de comportement est commun aussi chez les êtres humains : on le trouve par exemple dans une salle de classe quand l'enseignant veut montrer qu'il réprouve un élève. Dans certains cas, le regard fixe est accompagné par une courte phrase qui le souligne : « Je t'ai à l'œil. »

Les spécialistes qui s'occupent de communication acoustique aujourd'hui commencent à douter du dogme de l'absolue unicité du langage humain. Selon les psychologues classiques, il ne consisterait pas seulement en un nombre considérable de mots qu'on ne retrouve pas chez d'autres espèces (fait indéniable), mais il serait aussi caractérisé par une syntaxe unique. Ce point de vue est certainement majoritaire parmi ceux qui étudient le langage de l'homme mais pas celui des animaux ; toutefois cela n'empêche pas que certains chercheurs qui ont travaillé sur les vocalisations des cétacés ou des perroquets ont rencontré une variété considérable de sons utilisés dans des circonstances différentes. D'autre part, ceux qui ont analysé objectivement et à fond le langage humain ont constaté qu'il se compose d'un total de soixante phonèmes maximum, c'est-à-dire pas plus que ce qu'on rencontre chez

1

2

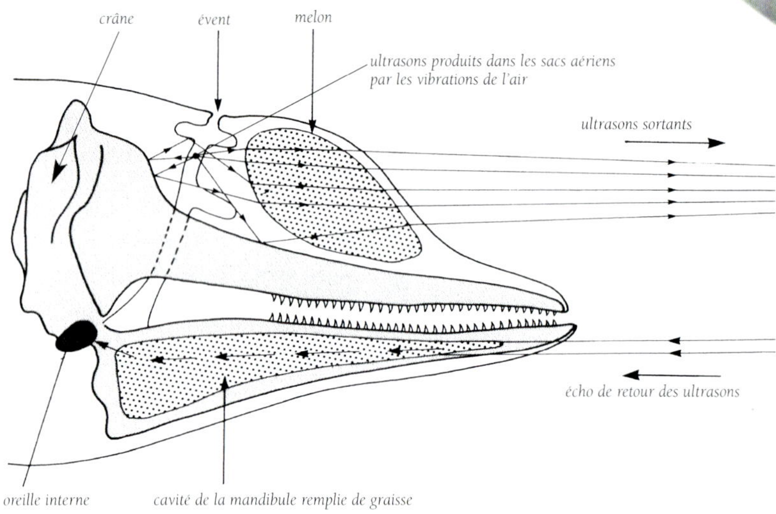

beaucoup d'animaux nettement vocaux. Quant à la syntaxe, elle consiste en dernière analyse en des règles d'assemblage particulières des différents phonèmes pour signifier des choses différentes. Or, si l'on analyse attentivement les vocalisations de certains perroquets, on trouve que les syllabes sont souvent organisées selon un ordre bien précis qui laisse présumer des sens particuliers. Certains sont relativement faciles à interpréter, par exemple un bref son âpre chez le perroquet gris semble signifier « j'y vais », aussi bien au sens physique qu'au sens figuré puisqu'il est émis immédiatement avant de s'envoler ou bien au début d'une vocalisation complexe en duo. Aujourd'hui, la tendance de nombreux chercheurs en communication avancée chez les animaux non humains est qu'il n'existe pas d'hiatus infranchissable entre le langage humain et celui, disons, des dauphins ou des perroquets, mais une sorte de continuum où l'indéniable suprématie humaine est surtout liée à l'utilisation de la technologie. Cette hypothèse laisse ouvert le problème de la production de la technologie de la part de l'homme et aussi le thème du développement du langage pour communiquer des expériences culturelles et spirituelles extra-technologiques. En effet, la préhistoire humaine a été étudiée, et continue de l'être, sur la base du niveau technologique des outils produits aux différentes époques, et il est très vraisemblable que le langage de nos ancêtres directs s'est enrichi surtout en relation avec l'exigence de préciser des instructions pour le montage et pour l'utilisation correcte des outillages produits. Les perroquets et/ou les dauphins n'ont jamais eu cette exigence, ils n'ont

*1. La silhouette à la fois familière et singulière d'un dauphin (*Tursiops truncatus*), mammifère doté, comme l'homme, d'un néocortex cérébral particulièrement développé, peut-être précisément en relation avec la complexité des vocalisations qu'il est capable d'émettre.*

2. Schéma du système sonar utilisé par les dauphins pour s'orienter dans la mer. Ce système utilise les ultrasons et il est analogue à celui des chauves-souris. En relation avec leurs extraordinaires capacités d'orientation, les dauphins sont aussi dotés d'un cerveau particulièrement bien développé.

3. Une colonne de fourmis guerrières sur un sentier en Ouganda. La communication des fourmis s'effectue surtout par des canaux de type chimique. Certaines espèces d'insectes parasites, capables d'imiter l'odeur d'une espèce déterminée de fourmis, réussissent en effet à s'introduire dans les fourmilières sans être agressées et à utiliser impunément les riches ressources de la communauté.

3

guère d'outillage et il est logique que leurs exigences de communication soient plus limitées. Il ne faut pas oublier que les langages de ces espèces se sont développés de façon complètement indépendante du nôtre et qu'il est déjà surprenant qu'existent tant d'analogies. En principe, il faut aussi reconnaître que les oiseaux et les cétacés sont bien mieux équipés que nous, humains, pour émettre des sons complexes et diversifiés. Chez les primates, les possibilités vocales sont franchement plus limitées et, à l'intérieur de ce groupe, nous, êtres humains, représentons à l'évidence une exception. Du point de vue de l'évolution en général, il serait vraiment surprenant que le seul véritable cas de langage ait été développé par une espèce aberrante, dans un groupe peu doué du point de vue vocal et par aucune des nombreuses espèces des groupes mieux dotés. Personnellement, je considère que, jusqu'à présent, nous n'avons pas réussi à interpréter les langages des animaux les plus doués, comme les perroquets et les dauphins.

ÉVOLUTION DE LA SOCIALITÉ

Dans tous les cas, la communication doit devenir plus complexe avec l'évolution de la socialité qui, de façon très évidente, a eu lieu de nombreuses fois indépendamment de celle-ci dans les différents groupes d'animaux et même dans les différentes espèces de chaque groupe. En effet la vie sociale n'est pas une exclusive des mammifères ou des oiseaux mais on la rencontre chez beaucoup d'autres animaux, en particulier chez les poissons et chez certains insectes chez qui elle revêt des formes étonnamment avancées. Dans la classe des insectes, la socialité est maximale chez les Hyménoptères (abeilles, guêpes, fourmis) et elle est apparue de façon indépendante chez les termites qui ne sont pas très éloignées des Hyménoptères du point de vue phylogénétique. Indubitablement, la socialité des fourmis et des abeilles est beaucoup plus poussée que celle des êtres humains et l'organisation de ces sociétés d'insectes peut nous apparaître très dure et privée de toute considération et respect pour l'individu. Chez les abeilles, par exemple, non seulement la société est divisée en castes avec des reines reproductrices, des mâles fécondateurs à la vie brève et des ouvrières vouées au travail toute leur vie, mais la reproduction elle-même est centralisée et déléguée à la reine puisque les ouvrières sont des femelles stériles. Le bon fonctionnement de ce système singulier est lié au système particulier de production des gamètes qui a lieu par méiose chez la reine qui est diploïde, par mitose chez le faux bourdon (le mâle) qui est haploïde et qui, par conséquent, produit des gamètes tous semblables et égaux au bagage chromosomique de ses cellules. Ce qui signifie que les ouvrières ont toutes en commun cent pour cent des caractères génétiques du père et cinquante pour cent de ceux de la mère, en moyenne soixante-quinze pour cent, c'est-à-dire beaucoup plus que les caractères normalement communs à une mère et une fille, qui sont de cinquante pour cent. La théorie du « gène égoïste » de Richard Dawkins prévoit comme conséquence de cette situation que les ouvrières devraient tendre à s'employer au bien de leurs super-sœurs à soixante-quinze pour cent des gènes communs, même au prix du renoncement à des filles à cinquante pour cent. C'est justement ce qui se passe et qui représente aussi une des confirmations les plus éclatantes de la théorie du « gène égoïste » de Dawkins et de la sélection de parenté de Maynard-Smith (1974). Ceci signifie que la socialité peut surgir aussi comme exigence de conservation des gènes d'un groupe en opposition à ceux d'un autre groupe, une exigence « naturelle » à tenir strictement sous contrôle à un niveau social humain parce qu'elle constitue la base biologique du comportement raciste. La seule autre exigence qui peut justifier du point de vue évolutif un comportement social en dehors de la sélection de parenté est la coopération mutualiste qui peut fonctionner y compris entre membres d'espèces différentes. Dans cette logique, je ne me soucie pas seulement de défendre mes gènes, mais je cherche à servir l'intérêt de toute la communauté qui contribue à sauvegarder mes intérêts, indépendamment des gènes. Au niveau minimum de ce processus social, il y a défense réciproque, même si elle n'est que passive. Si je traverse une forêt infestée de tigres avec un groupe conséquent d'autres personnes, je peux espérer beaucoup de choses différentes : a) le tigre pourrait être intimidé par la taille de notre groupe et par conséquent pourrait décider de ne pas nous attaquer ; b) si au contraire le tigre décidait de nous attaquer de toute façon, il est probable qu'il ne prélèverait qu'un individu et donc, en présence un groupe de n individus, ma probabilité de finir dévoré se réduirait de 1 à 1/n ; c) si le groupe était constitué de personnes organisées qui s'entendent bien, il pourrait tenter de réagir en tuant ou en faisant fuir le tigre et dans ce cas, on passerait à la défense active. Chez les vertébrés, à la différence de ce qui se passe chez les insectes, une bonne partie de la socialité est basée sur des comportements de type coopératif et mutualiste et pas seulement sur des critères de sélection de parenté. Cette dernière, cependant, n'est jamais absente et elle s'exprime soit par des soins parentaux, soit par des alliances particulières entre frères ou sœurs qu'on peut observer chez différentes espèces de mammifères. En situation de danger, il est évident, pour nous humains également, qu'un parent essaie de sauver son enfant avant quiconque.

Il ne faut toutefois pas croire que la socialité ne présente que des avantages et n'impose pas de coût à ceux qui la choisissent. En premier lieu, il est bien rare que les différents individus d'un groupe puissent offrir une contribution exactement analogue à la cause commune. Plus, certains pourront tenter de tricher et de ne dépenser aucune énergie pour le groupe, en particulier pour les rivaux potentiels, lesquels, dans un groupe, ne manquent jamais. Quand un rapace survole un poulailler, un coq émet aussitôt des vocalisations d'alarme, avertissant les poules de se mettre à l'abri. Mais si au lieu des poules, ne sont en vue que d'autres mâles, on a constaté que le coq se met à l'abri en silence sans se soucier aucunement du destin de ses rivaux potentiels ou peut-être même en « espérant » que certains d'entre eux puissent être éliminés. Un tel comportement donne beaucoup à penser, à différents

1

1. Une grosse termitière en Afrique. La socialité est apparue plusieurs fois indépendamment chez les insectes. En effet, les termites sont lointainement apparentées avec les cafards mais pas avec les Hyménoptères (abeilles, guêpes, fourmis) qui sont les insectes sociaux les plus connus, appartenant à un unique ordre.

2. Portrait du biologiste évolutif Richard Dawkins. La socialité poussée jusqu'au sacrifice des insectes sociaux représente une des confirmations les plus éclatantes des mécanismes de comportement supposés par ce chercheur éminemment théorique, dans sa théorie du « gène égoïste ».

2

3

5

3. Groupe d'abeilles ouvrières (Apis mellifica), *dans une ruche, qui s'entassent pour accomplir une tâche qui leur a été assignée.*

4. Chacal à chabraque (Canis mesomelas) *photographié à l'Etosha National Park, en Namibie. À la différence du loup* (Canis lupus), *dont il est très proche, cette espèce n'est quasiment pas sociale.*

5. Lycaons (Lycaon pictus) *dans la savane de Masai Mara, au Kenya. Bien que ces Canidés ressemblent moins au loup que le chacal, leur comportement est hautement social et leurs modalités de chasse pratiquement en écho avec celles du célèbre prédateur des fables et des légendes européennes.*

4

niveaux. La première pensée est que le degré le plus élevé possible de socialité est évidemment celui qui consiste à tolérer ses adversaires non seulement en évitant de les agresser, mais aussi en les acceptant et en contribuant à leur sécurité. Il s'agit d'un enseignement moralement supérieur mais difficile à appliquer car l'adversaire pourrait se révéler indifférent à l'aide reçue et, dans l'avenir, nuire de toute façon. Trahison, ingratitude, infamie sont des mots qui expriment le malaise d'une communauté pour les inévitables défauts d'un système mutualiste où certains membres poursuivent des avantages, en évitant de toutes les façons possibles d'en payer le coût. J'ai eu un collaborateur qui aurait pu constituer un exemple parfait de ce genre de comportement qu'on pourrait résumer ainsi : « Ce qui est à toi est à moi, et ce qui est à moi est à moi. »
Évidemment un système social de type mutualiste ne peut être complètement exempt de ces problèmes mais il ne peut pas davantage se permettre qu'ils deviennent trop fréquents car le résultat serait une ruine totale. Pour ces raisons et d'autres plus banales (par exemple les épidémies, qui augmentent considérablement en fréquence et en importance dans les situations de groupement), la socialité n'a jamais évolué de façon à devenir générale chez aucun groupe. Par exemple chez les Canidés, il existe des espèces sociales comme le loup ou le lycaon et d'autres, peu ou pas du tout sociales comme le renard, le coyote et les chacals ; chez les Félidés, la socialité est limitée au lion, même chez les Primates anthropoïdes, il existe des espèces non sociales comme l'orang-outan.
Un moyen terme possible entre la socialité absolue et son refus absolu consiste dans la réglementation des rapports à l'intérieur du groupe, et aussi à l'extérieur. Le premier objectif est atteint en établissant des *rôles* et des *hiérarchies* qui, une fois fixés de gré ou de force, sont rigoureusement respectés par tous les membres d'un groupe. Si l'on installe une petite baignoire dans un endroit fréquenté par les moineaux, on pourra constater que ces petits oiseaux se mettent à la queue pour accéder au bain. Parfois, la hiérarchie peut devenir si oppressante que les membres les moins influents sont pour ainsi dire contraints d'éviter les plus influents. À la fin de l'été par exemple, on peut observer des groupes de moineaux constitués uniquement de jeunes de l'année.
Les limites de la zone de chaque groupe ou de chaque couple sont déterminées par le *territoire* qui est défendu contre les étrangers de la même espèce, généralement pas contre les autres espèces, car on estime que celles-ci auront des exigences différentes et qu'en principe elles ne devraient pas empiéter de façon importante. La défense du territoire absorbe beaucoup d'énergie chez toutes les espèces qui adoptent ce type de stratégie. En général, le territoire contient toutes les ressources nécessaires pour la survie, un endroit adéquat pour s'abriter des intempéries et des prédateurs, de la

nourriture en quantité suffisante et pas trop difficile à se procurer, de l'eau, du soleil, etc. Notre espèce est clairement territoriale à un niveau extrême et délimite ses territoires sous forme d'habitations, copropriétés, quartiers, communes, provinces, régions, États et unions entre États. Chacune de ces institutions devient bien vite très jalouse de ses prérogatives par rapport aux échelons inférieurs, et de sa marge d'autonomie par rapport aux échelons supérieurs.

DARWINISME SOCIAL ?

On ne peut assurément pas épuiser un sujet aussi vaste que celui de la sociobiologie en quelques pages comme celles-ci qui ne peuvent pas résumer la totalité de la problématique mais simplement en choisir certains aspects, les plus significatifs selon l'auteur. Inévitablement, certains se préoccuperont de l'invasion possible par la biologie du champ sociologique et politique, un mal qui, à une autre époque, a reçu le nom de *darwinisme social*, une idéologie qui a remporté les sympathies du nazisme. Il conviendra de répondre à ceux qui se soucient d'une telle éventualité, et encore plus à ceux qui la souhaitent, en citant ce que Richard Dawkins écrivait, il y a maintenant presque trente ans, dans le premier chapitre de son classique *Selfish Gene* : « Je veux tout de suite préciser ce que ce livre n'est pas. Je ne défends pas un type de moralité basé sur l'évolution, je dis comment les choses ont évolué. Je n'affirme pas les modalités souhaitables de la conduite morale des êtres humains que nous sommes. Je le dis clairement car je crains d'être détourné par ceux, trop nombreux, qui ne parviennent pas à distinguer une affirmation sur la façon dont les choses se passent, d'un souhait quant à la façon dont elles devraient se passer. Mon point de vue est qu'une société humaine basée uniquement sur les lois du gène, de l'égoïsme dur et universel, serait une société terrible à vivre. Mais malheureusement, on a beau déplorer une chose, elle ne cesse pas pour autant d'être vraie. Ce livre est écrit surtout pour intéresser mais si vous tenez absolument à en extraire une morale, alors lisez-le comme un avertissement. Soyez conscients, comme je le suis, que si vous voulez construire une société où les individus coopèrent avec altruisme et générosité pour un bien commun, alors vous ne pouvez guère vous appuyer sur la nature biologique. Essayons d'enseigner l'altruisme et la générosité puisque nous sommes nés égoïstes. »

Et toujours le grand biologiste évolutionniste Ernst Meyr dans son ouvrage *What Evolution Is* (2001) : « La prédisposition à un comportement altruiste à l'égard des autres membres d'un groupe social est une composante très importante dans l'évolution d'une éthique naturelle. Cependant, pour passer dans les actes, elle a besoin d'un facteur culturel, de l'exhortation d'un leader religieux ou d'un philosophe. Elle n'est pas produite automatiquement par l'évolution. L'éthique authentique est le résultat de la pensée de leaders culturels. Nous ne sommes pas nés avec un sentiment d'altruisme envers les étrangers mais nous devons l'apprendre par le biais de l'apprentissage culturel. Il nous faut pour cela réorienter notre altruisme naturel à l'égard de nos proches parents en direction d'un nouveau groupe, les étrangers. »

J'exprime ici le vif espoir de ne plus jamais devoir prononcer l'expression *darwinisme social*. Elle est trop offensante à l'égard de Charles Darwin qui fut un grand scientifique, mais qui fut aussi et surtout une personne généreuse et attentive au bien commun.

1. Le biologiste Ernst Mayr à la fin de sa vie. L'apport de Mayr à la biologie moderne a été absolument exceptionnel tout au cours de sa longue existence. Dans sa jeunesse, il a été un des premiers à explorer la Nouvelle-Guinée, en affrontant de graves dangers et avec des résultats remarquables. Dans sa maturité, il théorisa le concept biologique d'espèce qu'il continua à perfectionner et à défendre contre d'autres théories à première vue plus séduisantes mais en réalité plus superficielles. Il publia son dernier livre sur l'unicité de la biologie comme science à l'âge de cent ans, laissant un témoignage impressionnant de la rigueur intellectuelle qui l'accompagna jusqu'à sa mort.

1

7. CONVERGENCE

2

2. *Un superbe cristal de quartz de roche, chimiquement parlant oxyde de silicium (SiO_2). Les propriétés de la matière permettent à des composés chimiques relativement simples comme celui-ci de cristalliser en d'élégantes formes géométriques qui semblent sculptées par un artiste. La base commune entre ce phénomène simple et celui extrêmement plus complexe de la formation d'un organisme vivant réside dans le rôle que jouent les liens chimiques forts et faibles, qui permettent la formation de certains composés et pas d'autres. En y réfléchissant bien, on doit admettre que l'« horloger aveugle » de Dawkins travaille néanmoins avec des pièces d'assemblage déjà bien préparées et soigneusement numérotées.*

POURQUOI UN POISSON NAGE-T-IL ?

Donc, à la base de l'évolution de toute population vivante, on trouve : 1) un système d'information qui assure la stabilité fondamentale de tout organisme, 2) une série de mécanismes déstabilisateurs qui d'autre part garantissent de petites innovations progressives venant s'ajouter peu à peu : a) mutations génétiques fortuites, b) sélection naturelle, c) flux génique (migration), d) dérive génétique. Le résultat de cette dynamique de conservation et d'innovation est la modification progressive des populations dans le sens de l'adaptation et de la naissance de nouvelles espèces.

Ceci posé, on peut se demander maintenant dans quelles directions et vers quelles destinations peuvent conduire les changements évolutifs. De nombreux biologistes contemporains pensent (non sans quelques hésitations) que ce peut être dans n'importe laquelle. C'est en substance le message de Richard Dawkins, qui intitule un de ses nombreux ouvrages *L'Horloger aveugle*, et c'est aussi le message de Stephen Jay

1

3

Gould qui ne perd pas une occasion de souligner le rôle du hasard, en particulier de ce qu'il appelle « accident historique » dans le jeu de l'évolution de la vie. Ces concepts ont eu un tel succès en biologie évolutive qu'ils ont convaincu la majorité des biologistes et des naturalistes que la croyance en l'inexistence d'un projet du monde vivant doit nécessairement constituer une sorte de corollaire de la théorie de l'évolution biologique au moyen de la sélection naturelle.

La fascination qu'exerce cette argumentation est, à première vue, galiléenne. Tout comme la Terre en effet tourne autour du Soleil alors qu'apparemment on dirait le contraire, de même l'adaptation spectaculaire des différentes formes vivantes à leur milieu ne serait aucunement la réalisation d'un programme mais seulement l'effet final d'une longue addition d'événements historiques réussis (car si ce n'était pas le cas, le résultat n'existerait pas). En réalité, il n'y aurait aucun dessein dans un poisson, un oiseau, une libellule, un cactus, seulement une somme algébrique de réponses à des pressions environnementales qui, au cours de l'histoire, ont mis à l'épreuve un organisme qui avait choisi de vivre selon un certain style. Les apparences nous tromperaient encore une fois. Et donc il serait erroné de dire qu'un poisson est fait pour nager et un oiseau pour voler ; la réalité serait que le poisson nage parce que, par un accident de l'histoire évolutive, il lui a poussé des nageoires, l'oiseau vole parce que, par un accident de l'histoire évolutive, il lui a poussé des ailes ; il n'y a aucun but dans le monde, tout ce qui paraît servir un projet ne sert en réalité que la survie d'un organisme qu'un accident historique avait par hasard doté d'un certain type de prestations et qui autrement ne serait pas ici.

2

1. La matière vivante sait répondre de façon spectaculaire aux pressions du milieu comme en témoigne l'admirable aérodynamisme de ce requin.

2. Scolopendra cingulata *de Sicile, arthropode aux couleursinquiétantes virant au rouge et au bleu. L'avertissement de danger à l'intention des prédateurs potentiels au moyen de couleurs intenses est une caractéristique très répandue chez les animaux vénéneux, qu'il s'agisse d'Arthropodes, d'Amphibiens ou de Reptiles.*

3. Héron pourpré (Ardea purpurea) *couvant, lithographie de John Gould, 1873. Dans le passé, tous les oiseaux aquatiques à longues pattes étaient rassemblés dans l'ordre des échassiers. Puis on s'aperçut que ce groupe était un entassement hétérogène d'oiseaux qui n'ont en commun que leur habitat aquatique : Ciconiiformes, Gruiformes, etc. Dans ce cas, la convergence évolutive est assez modeste et limitée aux formes générales du corps.*

4. Notocactus leninghausii *du Brésil. Les Cactées sont une famille de plantes grasses typiquement américaine qui a son pendant avec les Euphorbiacées asiatiques et africaines, elles aussi succulentes, colonnaires et épineuses, mais d'origine complètement différente comme le montrent entre autres les sucs toxiques dont les euphorbes, succulentes ou non, sont imprégnées, et pas les cactus.*

4▷

1

PROPRIÉTÉS ADMIRABLES

Existe-t-il des preuves sérieuses en faveur d'une telle interprétation ? Existe-t-il seulement la possibilité de prouver une telle thèse en restant sur le terrain de la science ? Personnellement, je pense que non. La sélection naturelle nous explique parfaitement d'un point de vue mécaniste les extraordinaires adaptations que nous trouvons dans la biosphère. Il n'est pas nécessaire d'invoquer des projets *délibérés* dans ce processus, il est clair que les choses vont ainsi que les grands maîtres de l'évolution nous l'enseignent. Cependant, si le hasard pur et simple conjugué avec la sélection naturelle, nous suffit pour expliquer de façon rationnelle les merveilles de la vie, cela advient parce que la merveille authentique de l'univers est constituée par les propriétés de la matière. Ce sont les propriétés de la matière, ses façons particulières de s'agréger de façon stable qui rendent possibles et aussi relativement probables des événements qui autrement ne pourraient pas avoir lieu même dans un délai beaucoup plus long que celui qui a été nécessaire dans l'histoire de la vie. Nous n'avons pas besoin d'un dessein conscient de construction et d'assemblage car, avec un matériau comme celui qui est disponible, c'est presque un jeu d'enfants d'assembler polymères, cellules, organismes, grenouilles, oiseaux du paradis, guépards et autres, il suffit de l'action conjuguée des quatre mécanismes évolutifs en l'espace de quelques millions d'années.

Les propriétés de la matière, vivante et non vivante sont également admirables parce qu'elles sont totalement imprévisibles (et en effet, elles sont restées totalement imprévues jusqu'au développement récent de la physique et de la chimie). Si, en s'organisant comme il convient, elle peut donner lieu à la vie végétale et animale, à l'intelligence cognitive, pourquoi donc devrions-nous hésiter à affirmer qu'il s'agit là de ses attributs implicites, tout comme l'eau est un attribut implicite de l'oxygène et de l'hydrogène combinés dans la molécule H_2O ? Bref, si les atomes sont les pièces de base pour construire les molécules, certaines molécules particulières sont évidemment les pièces de base pour construire les êtres vivants avec leur photosynthèse, la respiration, la perception du monde extérieur, l'intelligence, la peur, la souffrance, etc. Les objets merveilleux qui possèdent ces extraordinaires propriétés émergentes peuvent bien être assemblés par un aveugle car leurs pièces sont comme

2

3

1-3. L'eau est un composé simple mais essentiel pour toute forme de vie. Elle est liquide (une vague sur une côte rocheuse, photo 1) de 0 à 100 °C, solide cristalline en dessous de zéro (un névé, photo 2), elle forme les océans, les fleuves, les lacs (un lac glaciaire, photo 3), les flaques, les étangs, les ruisseaux, les glaciers, les permafrosts et ainsi de suite. Dans l'eau, la vie apparut pour la première fois il y a peut-être 4,2 milliards d'années et elle y resta très longtemps, plus de 90 % du temps de notre histoire. Notre planète a été appelée Terre, Gê ou Gaia, mais elle mériterait le nom d'Eau.

4. *Simon Conway Morris. Dans son ouvrage* Life's Solution, *publié en 2003, cet auteur soutient avec force l'existence de « formes inhérentes » que la matière vivante tend à revêtir dans les cas où les conditions appropriées existent. En définitive, les hasards de la vie ne seraient aucunement fortuits et disponibles pour suivre n'importe quelle direction, mais plutôt orientés vers des directions et des formes déterminées, de façon vaguement analogue à ce que sont les cristaux dans le monde minéral.*

5. *Un célèbre tableau de Rembrandt, au Metropolitan Museum of Art de New York, montre Aristote caressant un buste d'Homère. On peut voir aujourd'hui les idées de Simon Conway Morris sur les formes inhérentes comme une relecture moderne des idées aristotéliciennes sur les choses qui existent d'abord en puissance, puis en acte. Il est cependant vrai également qu'elles se prêteraient tout aussi bien à une relance dans les règles du monde des idées de Platon, auquel les objets réels qui apparaissent au fur et à mesure dans le monde réel doivent nécessairement se conformer.*

5

préparées pour former un puzzle qui n'était pas visible avant d'être assemblé, mais dont personne ne peut honnêtement nier l'existence implicite une fois le montage réalisé. Les êtres vivants, tout comme les cristaux, montrent dans les faits les propriétés que la matière possède en puissance. Il ne s'agit pas de propriétés banales car, pour qu'elles puissent finalement émerger, il faut l'assemblage de molécules particulières dans des conditions particulières. L'inévitable et évident hasard du mécanisme d'assemblage a fait perdre de vue les caractéristiques admirables du matériau de construction, y compris à des personnes de grande intelligence. C'est le matériau même de départ qui est doté de propriétés émergentes qui *intrinsèquement* sont porteuses de projet. Si le résultat d'un processus déterminé *semble* un projet, on ne voit pas pourquoi on devrait nier qu'il l'est. Un projet est tel, non pas parce que quelqu'un s'est assis devant un bureau pour résoudre délibérément un problème donné, mais uniquement pour des raisons objectives, parce qu'il répond à un but déterminé au moyen d'une certaine technologie.

4

SOLUTIONS DE LA VIE

Mais tout ceci n'est qu'argumentation strictement philosophique et même, dira-t-on, avec une pointe de mépris, aristotélicienne. Nous avons besoin de faits scientifiques comme soutien au moins moral de ces idées (un soutien plus conséquent en effet est impossible puisqu'il s'agirait de passer du champ de la science à celui de la philosophie). Ces données existent-elles ? Et si elles existent, de quel type sont-elles, de quelle façon peuvent-elles nous suggérer de choisir un certain cheminement de la pensée plutôt qu'un autre ? À mon avis, elles existent et récemment elles ont été soigneusement collectées par un illustre paléobiologiste, Simon Conway Morris dans son ouvrage *Life's Solution* (2003).

La thèse principale du livre de Simon Conway Morris s'articule autour d'un concept très simple : les possibilités de l'évolution biologique ne sont pas infinies ; il n'est pas du tout vrai que, si on pouvait revenir en arrière, au précambrien, l'histoire se

1

2

1-2. *Un exemple de convergence. Le thylacine* (Thylacinus cynocephalus), *qui semble avoir disparu, était une sorte de version marsupiale du loup* (Canis lupus), *carnivore placentaire largement répandu sur la planète.*

3-4. *Une évolution parallèle. La mante religieuse* (Mantis religiosa) *a deux pattes antérieures préhensiles (dites ravisseuses) identiques à celles de* Mantispa semihyalina, *un névroptère.*

déroulerait sur l'écran idéal du temps d'une façon complètement différente, donnant lieu à un monde méconnaissable et certainement dépourvu d'êtres humains. Au contraire, de nombreux événements se répéteraient de façon semblable sinon tout à fait identique, aux précédents et le résultat pourrait surprendre par sa ressemblance avec ce que nous connaissons déjà. Ceci parce que, selon toute apparence, les modalités de construction de la matière vivante déterminent non seulement la structure et les propriétés des protéines, mais aussi l'expression phénotypique globale de ces propriétés confrontées aux pressions sélectives du milieu. Je veux dire qu'un calamar, un arbre, un cactus, un serpent, un singe ne sont pas seulement des accidents fortuits pleins de fantaisie, mais qu'ils représentent autant de réponses d'une coalition de protéines qui doit faire face aux difficultés de la vie dans un milieu donné, en adoptant une stratégie bien déterminée. Les solutions possibles ne sont pas infinies, elles sont même moins nombreuses qu'on ne pourrait l'imaginer de prime abord. Par exemple, il n'existe pas d'animaux cubiques, mais les animaux en forme de sphère, en spirale ou allongés comme un ver ou un serpent sont communs. Pour se déplacer, beaucoup utilisent des pattes, beaucoup rampent selon différentes modalités mais aucun n'utilise de roues. Une bonne solution peut être poursuivie de nombreuses fois indépendamment les unes des autres avec des résultats incroyablement semblables.

Des exemples ? Conway Morris en donne énormément et je crois opportun de rapporter ici au moins les plus spectaculaires. Avant tout, le plus connu de tous, peut-être, les deux séries presque parallèles des marsupiaux et des placentaires. On sait bien qu'entre ces deux groupes complètement indépendants de mammifères existe un parallélisme surprenant concernant l'aspect extérieur et la niche écologique de nombreuses espèces. Par exemple, le wombat rappelle une marmotte, le péramèle rappelle un lapin, le thylacine désormais disparu, qui vivait en Tasmanie il y a encore quelques décennies, rappelait un loup de façon impressionnante. Jusqu'à il y a dix mille ans, il existait aussi une espèce de tigre à dents de sabre marsupial qui rappelait de façon presque parfaite le tigre aux dents de sabre, placentaire, qui vécut à la même période dans d'autres régions du globe. Il faut souligner que ces deux prédateurs puissants avaient eu origine de façons totalement indépendantes et parallèles. S'agit-il d'un cas particulier lié au long isolement de l'Australie où les placentaires sont arrivés très tard et à la suite des êtres humains ? Même si c'était le cas, cela ne changerait

3

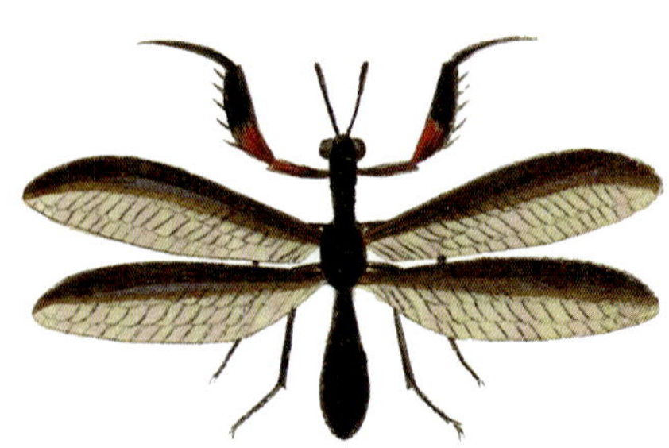

4

5

6

5-6. *Encore un cas spectaculaire de convergence, à distance dans le temps, entre ichtyosaures et dauphins. Le squelette fossile d'un ichtyosaure du Jurassique inférieur, trouvé à Holzmaden en Allemagne,* Stenopterygius crassicostatus, *montre une ressemblance évidente avec les dauphins ici représentés par* Tursiops *et* Stenella clymene. *Nous connaissons bien les dauphins qui ont une vie sociale complexe, des vocalisations extrêmement élaborées, qui s'orientent en mer grâce à un système sonar, qui ont un cerveau étonnamment développé et probablement aussi des capacités psychiques tout à fait hors du commun. Il n'est resté des ichtyosaures que des fossiles et si nous pouvons apprécier les traits de leur morphologie qui les rapprochent des dauphins, nous se savons ni ne saurons jamais rien sur leur vie sociale, sur leurs éventuelles vocalisations et autres détails de leur comportement. La convergence entre ichtyosaures et dauphins pourrait donc être encore plus forte qu'il ne découle des pauvres squelettes qui ont défié le temps.*

rien en substance. Si l'on veut un exemple de chez nous, on peut citer les cas de *Mantis*, *Mantispa* et *Squilla*. Le groupe des Mantidés dits religieux est bien connu aussi des non-spécialistes, ces gros insectes prédateurs qui ont subi la transformation de leurs deux membres antérieurs en appendices armés capables de saisir et de poignarder. Or des appendices tout à fait analogues ont aussi été développés par *Mantispa*, un névroptère bien éloigné des vraies mantes, et même par un crustacé qu'on voit souvent sur les étals pour sa chair savoureuse à la consistance et au goût semblables à ceux des crevettes et qui, ce n'est pas un hasard, est dénommé *Squilla mantis*.

Un autre cas qui, au moins en partie, concerne une espèce de chez nous est celui du brochet et des poissons analogues. On connaît bien le brochet *(Esox lucius)* en Europe, un gros poisson prédateur d'eau douce au museau allongé et doté d'une rangée de grosses dents pointues comme celles d'un crocodile, qui chasse sa proie en se mettant à l'affût ou en la poursuivant. Les poissons d'autres continents analogues au brochet sont moins connus. Mais on trouve, étonnamment semblables au brochet dans leur aspect et leurs habitudes, des poissons d'autres familles, qui ont pris une allure « de brochet » car ils ont occupé dans leurs propres eaux une niche semblable à celle du brochet en Europe. Ainsi *Belonesox Belizanus (Poecilidae*, Amérique centrale), *Acestrorhynchus microlepis* (*Characidae*, Amérique du Sud) ; *Hepsetus odoe* (*Hepsetidae*, Afrique) et d'autres espèces encore. Dans la mer, les barracudas sont très proches du brochet par leur aspect et leur rôle de prédateurs.

Mais cette similitude entre des poissons prédateurs de familles différentes pâlit devant une autre similitude incroyable, celle entre les dauphins actuels et les ichtyosaures : les premiers, célèbres cétacés odontocètes (munis de dents) de notre époque, les seconds, reptiles marins ayant disparu il y a soixante-cinq millions d'années, dans le même désastre planétaire supposé qui mit fin aux jours de tous les dinosaures. La similitude ne pourrait être plus parfaite : la taille, le corps de poisson, la disposition des nageoires, le museau en col de bouteille, la viviparité avec une sortie du petit du corps de la mère en commençant par la queue pour finir par la tête, comme on a pu l'établir grâce à un fossile de femelle qui accouchait au moment exact où quelque chose de terrible la tua. On peut être pratiquement sûr que, tout de suite après la naissance, la maman ichtyosaure, comme le dauphin actuel, poussait son nouveau-né à la surface pour lui permettre de prendre sa première gorgée d'air.

Donc, l'évolution a réussi à inventer deux fois les dauphins, la première fois en partant d'un animal semblable à un gros lézard, la seconde en partant d'un mammifère. On voit que, pour rester en permanence dans la mer, un animal terrestre de taille moyenne qui respire au moyen de poumons n'a pas énormément d'alternatives. Et on voit qu'il n'existe pas non plus énormément d'alternatives pour construire un organe en mesure de voir, si l'admirable œil des vertébrés souvent comparé, pièce par pièce, à un appareil photo, possède un analogue quasiment parfait dans l'œil des mollusques céphalopodes, poulpes, calamars et seiches, et en outre aussi dans celui de certains annélides polychètes avancés. Pas mal pour un horloger aveugle, d'inventer trois fois un organe aussi compliqué qu'un « œil photographique » !

Et pourtant, il y a une autre histoire qui laisse, en un certain sens, encore plus abasourdi : celle de l'insolite organe sensitif de la taupe à nez étoilé américaine qui, de prime abord, est un nez très raffiné mais qui, après une analyse plus approfondie, laisse perplexe sur ses fonctions réelles. La taupe à nez étoilé, comme toutes les autres taupes, est un mammifère insectivore souterrain qui a subi une très forte réduction de la vue ; dans le cas présent, elle a carrément perdu les yeux. Le milieu d'élection de cette taupe est franchement humide et riche en flaques d'eau où elle s'aventure en nageant comme une musaraigne aquatique. Elle a fait face à la perte de la vue en développant un nez extraordinaire qui consiste en pas moins de vingt-deux appendices charnels mobiles et sensibles disposés en étoile. Toutefois, ce nez très particulier n'a plus de fonction olfactive, mais il est recouvert d'une grande quantité de structures sensorielles semblables à de minuscules boutons, connues comme organes d'Eimer, environ 25 000, reliés à une quantité de nerfs qui, en l'espace d'un centimètre, sont cinq fois plus nombreux que ceux d'une main humaine ! La zone centrale du nez est particulièrement bien fournie en nerfs, ce qui présente un parallèle intéressant avec un œil dont la partie centrale, connue sous le nom de *fovéa*, est l'endroit où la rétine présente la plus grand sensibilité. Ce parallèle singulier fait carrément penser que notre taupe peut « voir » avec son nez au sens où dans son cerveau pourraient être reconstruites les images que, en l'absence d'yeux, le nez s'emploie à balayer. En l'absence de lumière, le cerveau de ce petit animal se serait donc relié à un organe du sens qui n'a pas besoin d'en recevoir pour continuer à « voir » d'une façon différente (Catania et Kaas, 1997).

D'autres travaux du même auteur, sur un autre mammifère fouisseur et aveugle, nous montrent de surcroît que cette prestation est réellement possible et même probable : il s'agit du rat taupe nu (*Heterocephalus glaber*), qui est intéressant sous d'autres aspects car il pratique un système social comparable à celui des fourmis, dont nous parlerons le moment venu. Pour le moment, ce qui nous intéresse est le fait que le rat taupe possède deux grandes incisives dotées d'une sensibilité tactile exceptionnelle, reliées avec environ un tiers de la partie de son cerveau dédiée à l'élaboration des sensations tactiles (le cortex somato-sensoriel). Chez le rat taupe donc, la partie du cerveau qui est normalement utilisée pour la vision a été remplacée par le cortex somato-sensoriel et, par conséquent, il est possible que, en un certain sens, ces animaux « voient » avec leurs incisives très sensibles, tout comme la taupe à nez étoilé « voit » avec son nez particulier.

Il y a de nombreuses façons, outre la vue, de percevoir le milieu environnant. Par exemple, si le monde olfactif d'un chien est difficilement imaginable pour nous humains, nous trouverons encore plus étrange la capacité de localisation par l'écho qui, comme on le sait, s'est développée indépendamment chez les chauves-souris (Microchiroptères), chez les cétacés et chez deux genres d'oiseaux qui nidifient dans les cavernes, le guacharo *(Steatornis)* d'Amérique du Sud et la salangane *(Collocalia)* asiatique, une sorte de martinet connu pour ses nids imprégnés de salive que les Chinois considèrent comme une friandise.

Cependant, l'organe du sens le plus étrange et le plus difficile ne serait-ce qu'à imaginer pour nous, êtres humains, est probablement celui de la localisation électrique de certains poissons connus depuis longtemps pour être « électriques » et provoquer de violentes décharges chez ceux qui les touchent imprudemment. Cette localisation

1. Les incroyables senseurs olfactifs qui partent du nez de la taupe à nez étoilé américaine (Condylura cristata). *Le parallèle étroit qu'on peut instaurer entre le système somato-sensitif de cette taupe et le système visuel d'autres mammifères suggère une organisation convergente pour les systèmes sensitifs hautement développés. Cela revient à dire que la taupe à nez étoilé pourrait être en mesure de « voir » littéralement avec son extraordinaire museau plutôt qu'avec ses yeux.*

2. Les yeux d'un pygargue vocifère africain (Haliaeetus vocifer), *analogues (ils remplissent la même fonction) et aussi homologues (ils ont la même origine, ils existaient déjà chez les poissons) des yeux humains.*

3. Deux beaux yeux humains, d'une jeune Cubaine.

4. Les yeux d'un calmar (Architeuthis) *dans ce cas analogues à ceux de l'aigle et de la jeune femme (ils ont la même fonction, ils servent à voir) mais ils ne sont plus homologues puisque les yeux des Céphalopodes sont apparus de façon complètement indépendante de ceux des vertébrés.*

5. La plupart des quatorze espèces des poissons du genre Campylomormyrus *est dotée d'une sorte de trompe qui porte à son extrémité un appendice ayant des fonctions tactiles et gustatives. Par leur moyen, ces poissons réussissent à dénicher facilement les minuscules larves aquatiques qui constituent l'essentiel de leur régime alimentaire.*

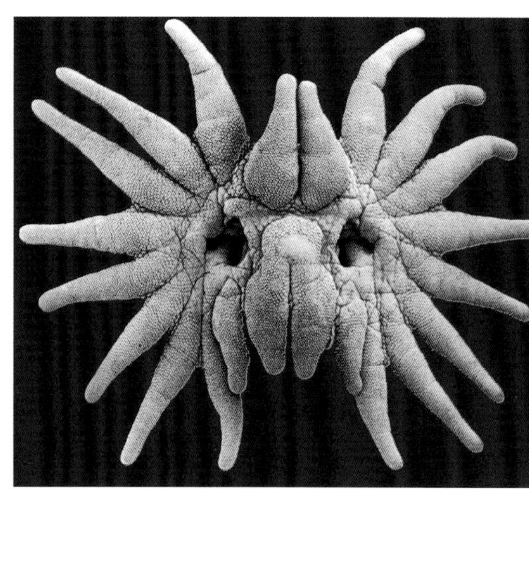

1

2

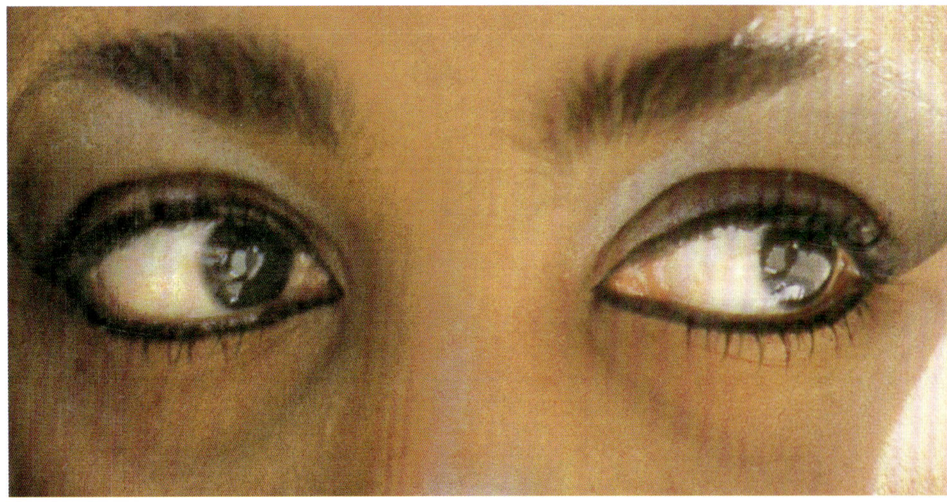
3

4

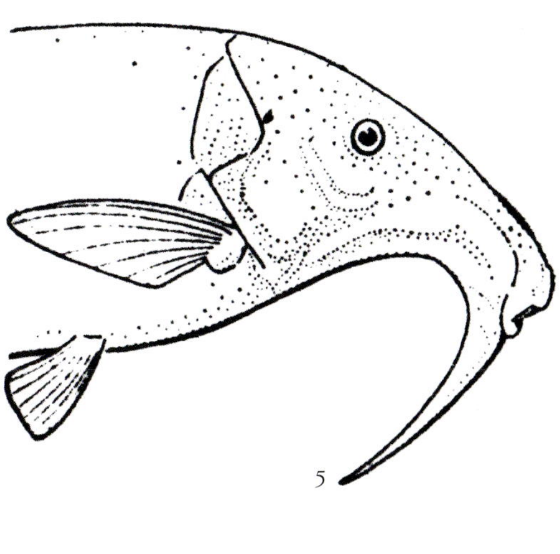
5

électrique a évolué indépendamment au moins six fois chez les poissons au sens large. Celle des torpilles était particulièrement connue depuis l'Antiquité et beaucoup de médecins grecs et latins essayèrent de l'utiliser pour soigner différentes maladies ; plus récemment, cet organe du sens particulier a été étudié chez deux familles de poissons osseux d'eau douce qui, à part leur caractéristique commune de vivre dans des eaux boueuses où la visibilité est presque toujours très limitée, sont pour le reste très différents et même répartis dans des zones très éloignées les unes des autres. Il s'agit des gymnotes d'Amérique du Sud et des mormyres ou poissons-éléphants d'Afrique tropicale.

Il s'agit de deux familles de poissons d'apparence très différente, les gymnotes en forme d'anguille et les mormyres dotés d'un long museau étroit à l'allure de trompe. La capacité d'émettre et de percevoir un champ électrique sert à ces deux séries de poissons pour communiquer dans un milieu autrement très difficile et pour chercher leur nourriture faite d'une petite faune des fonds boueux consistant en vers et larves, malaisée à repérer mais, une fois trouvés, faciles à capturer même sans disposer

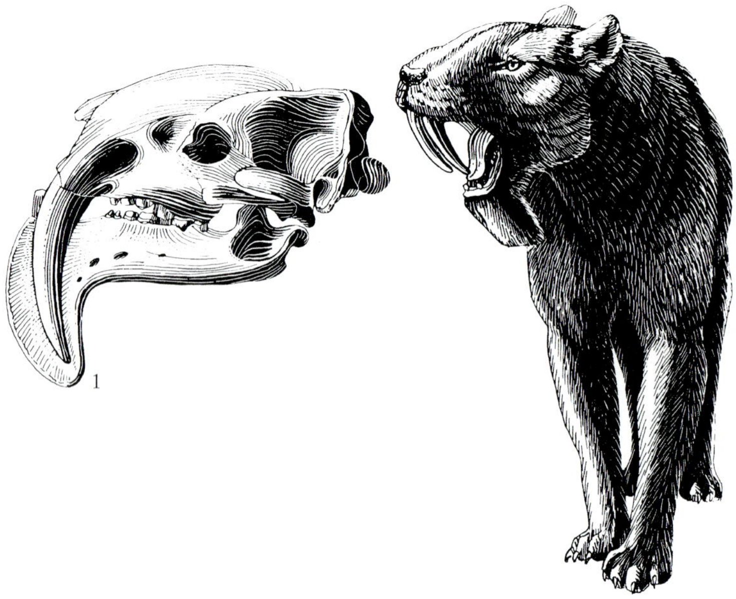

1

2

1-2. En haut : crâne et reconstitution générale d'un tigre marsupial à dents de sabre. En bas : crâne et reconstitution générale d'un tigre à dents de sabre placentaire, Barbourofelis. *On remarquera que les deux espèces, toutes deux disparues aujourd'hui, étaient très éloignées l'une de l'autre et ont malgré cela connu une convergence spectaculaire.*

3

4

d'une denture particulièrement robuste. Dans les deux familles, on rencontre donc une bouche aux mâchoires faibles et une petite dentition bien mieux adaptée au but pour lequel elle est utilisée qu'une bouche robuste à longues dents pointues. Le principal problème des gymnotes et des mormyres est d'éviter les prédateurs qui tentent de les repérer à leur champ électrique et aussi de communiquer avec la femelle de leur espèce et non d'espèces semblables. Les deux objectifs sont atteints par l'adoption de fréquences particulières et de cycles d'émissions caractéristiques d'une espèce déterminée ou parfois seulement du mâle adulte, de la femelle adulte ou des jeunes. On interprète tout ceci comme une façon particulière de localiser (en pratique encore une fois, de « voir ») sans être localisé, du moins pas trop facilement.

CONVERGENCE GLOBALE

Outre ces phénomènes de convergence poussée sur une prestation sensorielle précise, il y en a beaucoup d'autres qui concernent toute l'organisation morphologique et étho-écologique d'un animal ou d'une plante. J'ai déjà cité le parallèle possible entre mammifères marsupiaux et placentaires et celui entre ichtyosaures et dauphins, mais il y a de très nombreux autres cas de ce genre et, pour en découvrir de nouveaux, il suffirait de feuilleter avec un peu d'attention un des nombreux guides agrémentés de dessins, destinés au voyageur passionné d'oiseaux. Un cas qui me

5

6

frappa beaucoup au cours de mon premier voyage aux États-Unis est celui de la convergence de nombreux oiseaux de la famille des Ictéridés avec d'autres Passériformes du Vieux Continent appartenant à différentes familles : alouettes, passereaux, étourneaux, loriots. On a par exemple une convergence spectaculaire entre l'oriole du nord et le loriot eurasiatique qui concerne la forme, la taille, la couleur, les sons émis, l'habitude de rester bien caché dans le feuillage des arbres et même le type de nid qu'ils construisent, tressé comme un panier et fixé à la fourche d'une branche. Ce qui pourrait apparaître comme un cas isolé ne l'est assurément pas car, dans d'autres cas, on peut rencontrer des tendances d'un certain type qui concernent carrément plusieurs familles parallèlement. Une des plus connues est la convergence des cactus et des euphorbes, deux familles de plantes répandues respectivement dans le nouveau et le vieux monde, chacune d'elles ayant pris de façon totalement indépendante un aspect particulier, transformant son tronc en réserve d'eau et en organe de photosynthèse et développant des piquants petits et grands pour se défendre de la morsure des herbivores, morsure particulièrement redoutable pour ces plantes aussi bien parce que l'attraction exercée par une réserve d'eau dans une zone aride est évidente que parce qu'un tronc empli de liquide n'est pas une partie anatomique facile et économique à reproduire, comme peut l'être le feuillage d'un autre type de plante. L'analogie entre ces deux groupes est presque parfaite, si l'on excepte l'origine différente des piquants (feuilles modifiées chez les cactus, formations secondaires chez les euphorbes qui gardent quelques feuilles) et si l'on excepte

3-4. En haut : ictéride américain du genre Sturnella. *En bas : alouette africaine,* Mirafra africana. *Dans ce cas, les deux espèces se ressemblent peu pour ce qui est de leurs couleurs mais assurément beaucoup dans leur mode de vie.*

5-6. En haut : une magnifique couleuvre d'Esculape Elaphe longissima, *authentique serpent. En bas : un orvet* Anguis fragilis, *saurien dépourvu de pattes qui a l'apparence d'un petit serpent. Dans ce cas particulier, la convergence est plutôt superficielle car les différences entre véritables serpents et orvets restent importantes : articulation des mâchoires, type d'écailles, mobilité de la colonne vertébrale (plus grande chez les serpents), mobilité des paupières (absente chez les serpents), etc.*

1

une autre défense puissante que possèdent les euphorbes, mais pas les cactus : un lait terriblement irritant qui rend les euphorbes pas du tout appétissantes, même pour un herbivore disposé à tolérer la gêne ou la douleur des piquants. On peut mesurer en effet combien les euphorbes sont mieux défendues que les cactus par le fait qu'au Mexique on mange ces derniers en salade après avoir enlevé les piquants tandis que les euphorbes ne sont même pas attaquées par les parasites. L'avantage est, pour ainsi dire, affaire de souche car les euphorbes, au cours de leur histoire évolutive, ont développé le lait toxique bien avant de devenir aussi épineuses. On en trouve encore un peu partout différentes espèces, herbes ou arbustes, qui sont refusées par les herbivores à cause de leur lait irritant même si elles ne possèdent pas de piquants. On peut donc se demander pourquoi ces plantes ont alors développé aussi des piquants dans les nombreuses espèces qui ressemblent à des cactus colonnaires. Elles ont probablement pris la forme des cactus car c'est la meilleure

1. Dans le genre Euphorbia, *les piquants font partie des tissus ligneux qui sont endommagés si on les enlève de la plante. En outre, toutes les euphorbes sont vénéneuses et irritantes tandis que les cactus, à part leur couverture de piquants, sont parfaitement comestibles.*

2

2. Chez les Cactées, les piquants sont des formations superficielles fixées à la partie épidermique par une formation qui s'appelle aréole. Celle-ci, quand la plante est sèche, tend à se détacher avec tous ses piquants. Euphorbes et cactus, très semblables dans l'apparence, tirent leur origine de plantes complètement différentes.

pour conserver l'eau de façon efficace. Les gros piquants dont ces plantes sont couvertes pourraient constituer simplement un avertissement de danger aux herbivores : il vaut mieux que vous ne vous y frottiez pas. Le cas des cactus est différent qui, étant appétissants, sont aussi dotés de très nombreux petits piquants dont le but, semble-t-il, est de rendre difficile et douloureuse toute morsure d'un herbivore (et si vous n'y croyez pas, essayez d'éplucher une figue de Barbarie à mains nues puis de la manger).

Une autre convergence qui mérite d'être évoquée est celle de la perte des membres chez les reptiles squamés. Tout le monde connaît les serpents et tout le monde sait que ces reptiles particuliers sont dépourvus de pattes, en revanche peu de gens savent que les serpents dérivent des lézards (les deux groupes sont considérés comme de simples sous-ordres de l'ordre des Squamés) mais que tous les lézards dépourvus de pattes ne sont pas des serpents. Évidemment chez les lézards fouisseurs, les pressions sélectives qui poussent vers la perte des pattes et l'aspect serpentin sont récurrentes.

1

1. Un merlebleu de l'Ouest (Sialia mexicana) *tenant une larve dans son bec. Cette espèce insectivore américaine présente un plumage vivement coloré. Dans des cas semblables, il est bien difficile de comprendre quel est l'avantage sélectif d'une livrée chromatique au lieu d'une autre. On notera toutefois que, très souvent, couleurs et dessins sont caractéristiques d'une fonction déterminée. Par exemple, la couleur bleue est récurrente chez les oiseaux insectivores en Amérique, Europe, Asie ; le vert avec des éléments de rouge sur la tête est commun chez les perroquets et les pics.*

2. Un poisson clown (Amphiprion ocellaris) *bien protégé dans les tentacules urticants d'une anémone de mer. La couleur orange de nombreux poissons, amphibiens et reptiles a pour fonction d'avertir les prédateurs potentiels que la proie est vénéneuse. Dans notre cas, ce n'est pas le poisson qui est vénéneux mais le milieu où il s'abrite : l'avertissement est quand même « honnête » car le prédateur éventuel se piquerait gravement s'il tentait de se nourrir du poisson clown.*

Elles ont donné lieu au groupe des serpents proprement dits qui est bien différencié par différents caractères (yeux aux paupières fixes, mâchoires se déployant largement, vertèbres très nombreuses qui assurent une extrême mobilité), mais elles ont donné lieu aussi à la forte réduction ou même à la disparition totale des pattes chez certaines familles de lézards, par exemple certains Anguidés (orvet, pseudope), quelques Scincidés (seps strié) et tous les *Pygopodidae*, singulière famille australienne dont la ressemblance avec les serpents est accrue par les paupières fixes et le régime alimentaire spécialisé à base d'autres lézards qui sont avalés entiers.

Dans d'autres cas encore, une convergence de formes et de couleurs presque parfaite concerne des espèces isolées qui vivent dans la même aire géographique ; on parle alors de mimétisme batésien si l'une des deux espèces est venimeuse tandis que l'autre est inoffensive. Il existe des mouches au corps en anneaux jaune et noir comme une guêpe, des papillons bien appétissants pour un oiseau qui prennent les mêmes couleurs et les mêmes dessins que d'autres espèces non appétissantes car renfermant des substances toxiques. Ce qu'on appelle le faux corail est un colubridé américain à anneaux rouge, noir et blanc avec un dessin assez semblable au corail authentique, qui est un élapidé vénéneux. Certes, la sélection naturelle peut toujours tout expliquer dans les lignes générales mais devant une capacité mimétique poussée jusqu'à recopier un dessin multicolore et élaboré presque dans les moindres détails, on se demande forcément s'il n'existe pas un mécanisme général qui ouvre la voie vers des formes « inhérentes » (c'est le mot qu'emploie Conway Morris) déterminées et pas vers d'autres. En d'autres termes, certains types de dessin déterminés sembleraient hautement probables, assurément plus probables que d'autres et ceci serait la véritable raison pour laquelle nous les retrouvons chez les espèces vénéneuses et chez celles qui sont inoffensives. Très bien, mais pourquoi certaines livrées sont-elles beaucoup plus probables que d'autres ? La question reste encore sans réponse ; je me souviens qu'elle m'avait été posée, voici des années, par Piero Meda, un vieux médecin milanais, ornithologue dilettante, fasciné par le problème de la couleur des oiseaux, et qui projetait un livre sur ce sujet. Après sa mort, personne n'a même plus tenté de poser le problème. Certes, les biologistes ne manipulent pas les mathématiques comme les physiciens, il s'en faut ; je crois donc qu'on ne peut pas attendre d'eux une théorie générale des formes inhérentes. Il faudra peut-être attendre le coup de génie d'un autre physicien ou bien la folle théorie d'un dilettante sérieux, qui ne s'encombrerait pas de préjugés ni de mauvaise métaphysique camouflée en science.

2

3

3. *Jacques Monod, le biologiste prix Nobel, auteur de l'essai* Le Hasard et la Nécessité.

4. *Un groupe de lionnes* (Panthera leo) *dans la réserve de Masai Mara, au Kenya. Les organismes vivants, dit courageusement Monod dans son ouvrage, sont clairement dotés d'un projet. Nous savons aujourd'hui que ce projet réside dans les propriétés émergentes de la matière elle-même et que sa réalisation s'opère au moyen de la sélection naturelle.*

8. LE CADRE

Quand nous observons un organisme vivant quel qu'il soit, nous avons l'impression de nous trouver en face d'un objet complètement différent de tout le reste de la matière existant sur Terre. En effet, nous le voyons bouger, s'arrêter et étudier son environnement avec ses organes des sens, nous le voyons réagir aux stimulations de différentes façons possibles, par l'attention, la méfiance, la retraite, la menace, l'attaque. Sa structure même, extérieure et intérieure, nous suggère quelque chose de complètement différent des minéraux et, en général, des substances chimiques. La familiarité avec nous-mêmes, qui sommes aussi des organismes vivants, nous empêche de trop nous étonner, mais la réaction la plus spontanée est un jugement du type de celui émis par Jacques Monod dans son célèbre essai *Le Hasard et la Nécessité* en 1970 : *les organismes vivants sont des êtres dotés d'un projet*. En observant un aigle, un serpent, une truite, une fourmi, un cactus et ainsi de suite, on peut difficilement ne pas admettre que chacun d'eux est doté d'une machine raffinée, faite pour mener son existence, trouver ses ressources, défendre sa vie et ses intérêts de façon particulière, un projet précisément.

Réaction spontanée, avons-nous dit, mais aussi affirmation courageuse et même téméraire car un projet présuppose logiquement un auteur de projet, et la recherche d'un auteur de projet, dans ce cas nécessairement transcendant, est un sujet qui n'appartient pas à la science mais concerne la religion, la sagesse ou la philosophie et que même celles-ci devraient traiter avec une grande prudence. C'est pourquoi la biologie des siècles passés, nécessairement liée à des mythes concernant l'origine des différentes espèces, est restée fondamentalement hors du domaine de la science

4

authentique jusqu'au moment où, au XIXe siècle, est arrivée la théorie de l'évolution qui a expliqué les mécanismes *naturels* qui avaient donné forme aux aigles, aux serpents, aux truites, aux fourmis, aux cactus et à tous les autres organismes. Le mythe de la création des espèces tombait, entraînant un vif mouvement intellectuel qui, s'appuyant sur les découvertes de la biologie moléculaire, arriva à nier fermement la nécessité d'un auteur de projet, et affirma même avec une assurance orgueilleuse l'absence totale de tout projet ou dessein dans l'histoire de la vie.
Dans les chapitres qui vont suivre, avec l'aide des faits et des jugements sur ces faits, je me propose d'approfondir le thème de l'origine de la vie et de l'histoire évolutive des organismes vivants à la lumière de ce que, mieux que Darwin, nous savons aujourd'hui concernant, non seulement les mécanismes de l'évolution, mais aussi la structure de la matière et les façons dont elle peut, ou ne peut pas, être transformée. Cette analyse devrait nous servir d'un côté à comprendre ou au moins à deviner les façons dont la vie peut émerger et prospérer, d'un autre à nous mettre en garde aussi bien contre les idéologies qui entendent se passer des connaissances scientifiques que contre celles qui entendent forcer la science à dire plus qu'elle n'est en mesure de dire en restant dans une stricte objectivité.

« *Panta rei* », disait Héraclite il y a deux mille cinq cents ans et il avait certainement raison. Tout s'écoule dans l'univers et rien n'est, le lendemain, absolument identique à ce qu'il était la veille. Mais paradoxalement, Parménide aussi avait raison en mettant l'accent sur un aspect de la réalité complètement opposé, la stabilité de fond du monde, la possibilité de ramener tout ce qui existe à une unique substance, qu'aujourd'hui nous appelons simplement énergie. Pour Parménide, le monde est immuable et constitué d'un seul être éternel, toujours égal à lui-même car tous les changements visibles sont purement et simplement des illusions des sens. Paradoxalement les deux grands philosophes grecs avaient tous les deux raison. Aujourd'hui, nous concevons le monde comme constitué d'énergie qui ne change pas dans son essence intrinsèque, mais qui toutefois change profondément dans ses formes sensibles. Aristote soutenait

1

2

1. *Une représentation insolite d'Héraclite, détail du tableau d'Hendrick ter Brugghen, de 1628,* Démocrite et Héraclite, ou Le Philosophe qui rit et le philosophe qui pleure.

2. *Un détail de la* Pietà Rondanini *de Michel-Ange, œuvre inachevée qui fait penser à cette déclaration de son auteur : le sculpteur ne crée rien, mais découvre les formes qui existent déjà dans le marbre. Toutefois la vérité est que le marbre contient tout ce que l'esprit du sculpteur peut concevoir dans cet espace, tandis que la matière vivante ne se prête pas à représenter rien qui ne fasse déjà partie de ses propriétés émergentes possibles.*

3

que ce qui aujourd'hui est en acte, s'il n'existait pas hier, devait nécessairement exister en puissance et sans doute son idée était-elle tout à fait raisonnable. Michel-Ange disait que le sculpteur ne crée rien, mais se limite à découvrir les formes qui existent déjà dans le marbre. Dans l'univers, l'énergie devient matière, c'est-à-dire protons, neutrons et électrons qui, en se combinant en quantités différentes, donnent naissance aux atomes. Le premier atome est celui d'hydrogène, qui a un proton et un électron, le deuxième est celui de l'hélium qui a deux protons et deux électrons, et ainsi de suite, jusqu'à des atomes énormes constitués de quatre-vingt-dix protons, d'environ autant de neutrons et d'un grand nombre d'électrons organisés en nombreuses orbitales. L'apparente diversité d'aspect extérieur des éléments qui constituent la matière cache une totale uniformité de construction. La variété du monde est substantielle dans sa forme extérieure, elle est réductible à un simple nombre (nombre atomique) dans sa substance. Protons, neutrons et électrons, organisés de différentes manières, servent à construire des atomes aux propriétés prévisibles d'après un tableau périodique qui les réunit en séries successives sur la base du nombre d'électrons que compte la couche la plus externe de leurs orbitales ou, en termes plus concrets, de la valeur que ces atomes présentent quand ils forment des composés.

Les atomes se réunissent selon certains modes et pas d'autres. Par exemple, il existe le sulfate de calcium, le sulfate d'ammonium et le sulfate de magnésium mais on n'a jamais entendu parler de sulfate d'argon ou bien de sulfate d'oxygène. Les combinaisons des protons, neutrons et électrons en des formes et des nombres déterminés définissent des règles particulières, et de ces règles il découle que certains éléments peuvent présenter une variété de composés beaucoup plus riche que d'autres et que de toute façon la variété de composés possibles, bien que très élevée, est bien moindre que celle théoriquement calculable par un mathématicien qui serait complètement ignorant des propriétés chimiques des différents atomes et ions. Les organismes vivants sont faits de substances chimiques et les gènes qui les dirigent ne sont rien d'autre que des composés chimiques qui répondent à toutes les lois et à toutes les limites de la

3. Image d'un atome de tritium, isotope radioactif de l'hydrogène, constitué par un proton (dans le noyau au premier plan), deux neutrons (toujours dans le noyau, en rouge et au deuxième plan) et un électron, représenté comme une source lumineuse à un point de son orbitale, c'est-à-dire la trajectoire de « rotation » autour du noyau, sur laquelle existerait la possibilité maximale de le trouver si c'était possible. Les forces qui tiennent unies les particules subatomiques dans les atomes déterminent aussi la possibilité ou l'impossibilité de l'existence d'un composé chimique déterminé et, en dernière analyse, d'une forme et d'une fonction biologiques déterminées.

1

chimie. Les composés chimiques en lice dans ce qu'on appelle un événement fortuit sont très différents les uns des autres, leurs propriétés différentes dérivent de situations différentes et laissent prévoir des résultats différents en fonction du composé particulier qui entre en lice, de la situation environnementale et de nombreux autres facteurs qui ne sont fortuits qu'au sens écologique, c'est-à-dire seulement parce que parfois ils agissent en grand nombre tous ensemble et que, par conséquent, il n'est pas possible d'en prévoir tous les effets. Cependant, tout événement simple dans le cadre d'un scénario qui peut être complexe est parfaitement déterminé par les propriétés chimiques et physiques des substances particulières qui entrent en jeu. Quand nous ajoutons une solution de chlorure de baryum à une autre, d'acide sulfurique dilué, immédiatement le sulfate de baryum précipite et il n'y a là absolument rien de fortuit. On ne voit vraiment pas comment et pourquoi la somme arithmétique d'un certain nombre d'événements déterministes pourrait donner lieu à un super-événement, effectivement, et pas seulement apparemment, fortuit. Comme on l'a vu, il y a une série d'événements simples qui en s'additionnant forment une « complexité » que nous ne réussissons pas à « lire » et qui apparaît, à nous qui l'observons, fortuite, quand elle ne l'est pas.
Ceci dit, reprenons notre histoire du point de vue d'un habitant du XXIe siècle. Je ne me hasarderai pas à discuter les théories sur l'origine de l'univers, d'abord parce que ce sujet ne rentre pas dans le cadre du présent ouvrage et ensuite parce que, à mon avis, la physique n'a accompli ces dernières décennies que les tout premiers pas vers la compréhension de la structure de tout ce qui nous entoure. Dans le cadre de ce qu'est l'univers selon les apparences, en pratique tout ce que nous pouvons connaître dans l'espace, il existe des systèmes d'étoiles dénommés galaxies où un système solaire, doté ou non de planètes, peut apparaître chaque fois qu'explose une étoile géante appelée *supernova*. Le matériau provenant de l'explosion peut se condenser et se disposer dans l'espace selon les façons les plus disparates. Longtemps, pour des raisons évidentes de dimensions et de distances, le seul système

1. La nébuleuse du Crabe n'est autre que les restes de l'explosion d'une supernova qui eut lieu en 1054. La lumière visible provient du gaz chaud en flux et des particules à haute énergie (rayons cosmiques) qui sont continuellement accélérées par l'étoile restante (étoile de neutrons). Cette photo a été prise par le Lick Observatory.

2. La Voie lactée, avec ses myriades d'étoiles dont beaucoup sont entourées de planètes dont nous ne savons rien.

2

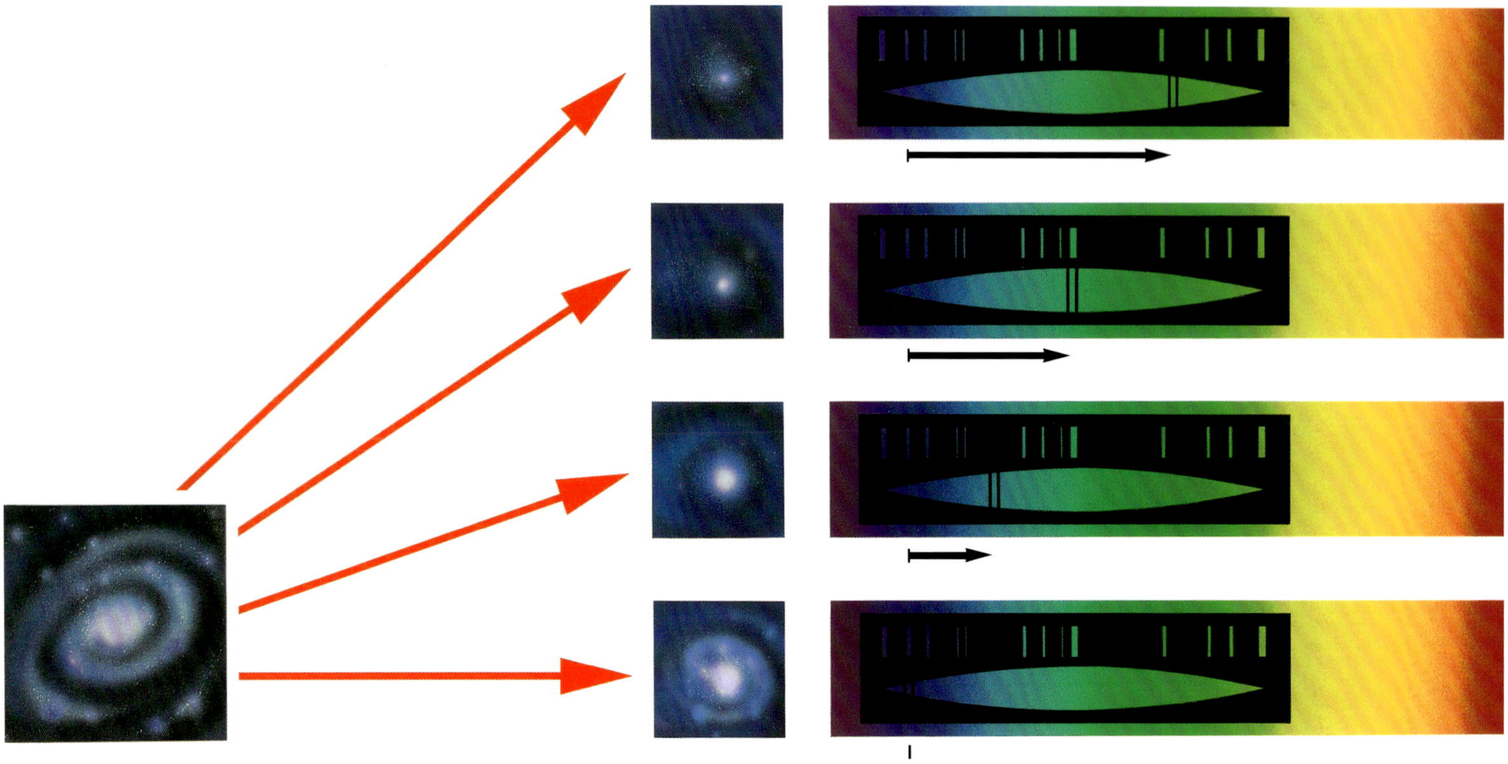

1

solaire connu a été celui où nous vivons. Par analogie, on supposait qu'au moins quelques-unes des millions de millions d'autres étoiles existantes pouvaient être au centre de systèmes solaires dotés de planètes, mais on ne savait rien de concret.

Récemment, grâce à une nouvelle méthode de mesure, la spectroscopie stellaire à haute résolution, on a pu chercher concrètement les planètes d'étoiles lointaines en se basant sur un simple principe physique. La planète, bien que beaucoup plus petite que l'étoile, a de toute façon une masse qui a un effet, même très petit, sur l'étoile qui est légèrement déplacée dans différentes directions au cours de la rotation de la planète autour d'elle. Par conséquent, les longueurs d'onde de la lumière de l'étoile vue de la Terre apparaissent légèrement déplacées à cause du mouvement relatif entre source et observateur (effet Doppler). On peut mesurer ce déplacement par interférométrie et par conséquent l'existence d'une planète lointaine et invisible peut être déduite des déplacements périodiques des raies spectrales de son étoile. Avec ce système, on ne peut toutefois localiser que les planètes vraiment très grandes qui évidemment sont très différentes de notre terre et ne sont en rien de bons candidats pour une éventuelle présence de la vie. Il faut penser que certaines de ces planètes sont de quatorze à dix-sept fois plus grandes que Jupiter qui, à son tour, est trois cents fois plus grandes que la Terre. Des planètes de ce genre sont d'énormes amas de gaz privés de surfaces solides sur lesquels tout type d'écologie terrestre est absolument impensable.

L'aspect le plus impressionnant de ces découvertes récentes réside dans le fait que, à ce qu'il semble, ces planètes géantes sont apparues dans une orbite bien plus éloignée que l'orbite actuelle de leur étoile mais que, peu à peu, elles se sont approchées en une spirale dont le destin final est la chute de la planète dans la tempête thermonucléaire à l'intérieur de l'étoile. En outre, les physiciens ont calculé une autre conséquence impressionnante de toute cette situation : dans le cas où le système solaire en question contiendrait d'autres planètes, il est probable que celles-ci seraient projetées dans l'espace interstellaire par l'immense explosion causée par la chute de la planète géante sur son étoile. Dans ce cas, les habitants hypothétiques d'une telle planète perdue seraient destinés à voir un soleil qui devient de plus en

1. Spectroscopie stellaire à haute résolution pour mesurer la vitesse d'éloignement de quatre galaxies hypothétiques par rapport à la nôtre (représentée à gauche). Pour mesure la vitesse d'éloignement d'une galaxie, on décompose sa lumière, on obtient le spectre de couleurs du violet au rouge, sur lequel se détachent de fines raies sombres produites par les atomes locaux. Si la galaxie s'éloigne, les raies sont déplacées vers le rouge et le déplacement est d'autant plus grand que la vitesse d'éloignement est élevée.

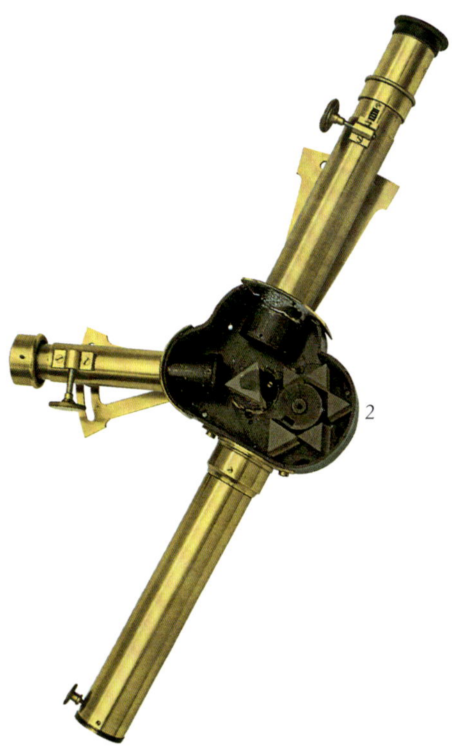

2

2. Un spectroscope à prisme en cuivre utilisé déjà au XIXe siècle pour mesurer les longueurs d'onde des raies stellaires, aujourd'hui conservé au musée de la Science de Florence.

3. L'inoubliable image de la Terre qui se lève, vue depuis la Mer de la Tranquillité, à la surface de la Lune. Cette photographie prise le 20 juillet 1969 reste assurément fascinante même si aujourd'hui, considérant tout ce qu'on a appris sur l'immensité de l'univers, elle apparaît en réalité surtout comme un cliché de notre planète pris d'un lieu très proche.

plus petit et de moins en moins lumineux jusqu'à se confondre avec toutes les étoiles. En pratique, à ce stade, ils seraient déjà tous morts depuis longtemps.

Pour le moment donc, la découverte éventuelle de planètes analogues à la Terre sur lesquelles la vie soit concevable n'est pas à l'ordre du jour. On peut affirmer que la Terre est une planète qui cumule une série extraordinaire et surprenante de circonstances fortuites qui ont permis le développement de la vie, un phénomène qui a très probablement une valeur chimique universelle mais qui, d'autre part, trouve très rarement les conditions *ad hoc* pour se développer effectivement.

Comme le remarque Conway Morris (2003), la Terre est une planète d'un type très rare non seulement parce qu'elle se trouve exactement à la bonne distance du soleil pour permettre la vie mais aussi parce qu'elle a une lune qui, avec sa force de gravité, contribue à conférer une stabilité remarquable à l'axe de rotation terrestre en maintenant l'inclinaison actuelle de 23° et donc une relative stabilité climatique. En outre, la présence d'un satellite comme la Lune permet le transfert du moment angulaire de tout le système Terre-Lune vers La lune avec pour résultat, au cours des ères géologiques, d'éloigner peu à peu les deux corps célestes l'un de l'autre et surtout de diminuer la rapidité de rotation de la Terre. Si cela n'avait pas été le cas, nous rappelle Neil Comins (1993) par analogie avec d'autres planètes qui tournent plus vite,

3

nous pouvons supposer que les vitesses des vents sur la terre seraient beaucoup plus élevées et que de fortes tempêtes seraient à l'ordre du jour. Avec un vent qui souffle normalement à environ deux cents kilomètres heure, la Terre ne serait pas un endroit aussi confortable, la plupart des animaux devraient se cacher dans le sous-sol et la végétation devrait être nécessairement très basse et extraordinairement robuste.

Donc, la présence de la Lune, générée, à ce qu'on pense, par un gigantesque impact aux débuts du système solaire, a certainement permis l'apparition de types de vie moins soumis au stress et peut-être des formes supérieures d'intelligence.

Du reste notre Lune n'est pas le seul élément qui rend notre planète tout à fait singulière. Un autre élément important est constitué par ses dimensions particulières qui, comme l'ont observé De Pater et Lissauer dans un ouvrage récent (2001), sont exactement ce qu'il faut pour jouir d'une gravité optimale. Sur une planète plus petite, la gravité serait moindre, les reliefs plus verticaux, l'atmosphère plus rare et les températures au sol nettement inférieures. La chaleur interne de la planète serait nettement plus faible et la croûte pourrait être si rigide qu'il faudrait exclure la possibilité d'une tectonique des plaques et la « dérive » des continents qui en découle. Il ne pourrait probablement pas exister de grands océans, peut-être seulement des mers peu profondes. Dans l'ensemble, la vie serait lourdement conditionnée par de nombreux facteurs, dont le moindre ne serait pas l'inévitable rareté de l'oxygène dans l'atmosphère.

Au contraire, sur une planète de dimensions supérieures, on aurait une gravité plus forte, une topographie aux reliefs réduits et peut-être toute la surface recouverte d'océans. Dans un tel environnement, une vie aquatique pourrait toujours se développer, mais elle devrait tenir compte, en l'absence de continents, d'une grande rareté d'aliments minéraux. Enfin, s'il émergeait tout de même un type de vie hautement intelligente, comparable à celle des dauphins, la transition à la métallurgie et à la technologie se révélerait impossible, indépendamment d'autres raisons, à cause des limites imposées par l'habitat.

Un troisième élément de grande utilité pour la vie dans notre système solaire particulier est la présence d'une grande planète comme Jupiter qui, avec l'attraction gravitationnelle que génère sa masse, est en mesure de capturer et de détruire de dangereux corps célestes qui, sinon, pourraient heurter la Terre avec des conséquences désastreuses pour ses habitants. La capture d'une grande comète (Shoemaker-Levy 9) par Jupiter eut effectivement lieu en 1930 : la comète commença par plier, puis se désintégra en un ruban de fragments qui finalement tombèrent sur la planète en 1994. La protection de Jupiter a considérablement réduit la fréquence de ces collisions désastreuses et périodiques qui ont presque certainement eu lieu à la fin du Permien et du Crétacé, provoquant les célèbres extinctions massives du passé. Sans Jupiter, les collisions auraient été beaucoup plus fréquentes et comme le temps nécessaire pour l'évolution d'un nouveau cadre de vie après un tel désastre est d'environ deux millions d'années, il est très probable que la vie, sous le feu d'un tel bombardement, n'aurait pas pu évoluer dans les formes nombreuses et admirables qui aujourd'hui habitent la Terre.

L'apparition de la vie sur la Terre semble remonter à 4 200 millions d'années environ, c'est-à-dire qu'elle a dû avoir lieu relativement tôt après la formation de la Terre et des autres planètes du système solaire. Tout le thème de l'origine de la vie est plutôt singulier car d'un côté, depuis déjà un demi-siècle, Miller (1954) a démontré que la synthèse chimique des composés qui constituent les protéines et les acides nucléiques (c'est-à-dire les composants essentiels des organismes vivants) est non seulement possible mais aussi relativement facile avec une simple réaction de laboratoire qui simule l'atmosphère réductrice ou du moins non oxydante de cette époque lointaine ; d'un autre côté, après le succès initial de l'expérience de Miller, le progrès sur ce sujet a marqué le pas et aujourd'hui, non seulement les chimistes sont encore bien loin de la possibilité de synthétiser un organisme vivant, mais ils se

1

2

1. *Bayanzag, dans le désert de Gobi (Mongolie) est une vaste zone caractérisée par des rochers, du sable rouge, de rares arbustes, qui peut évoquer l'aspect actuel de la planète Mars.*

2. *Jupiter, amas gazeux de méthane et d'ammoniaque où la vie est impossible, protège de fait la vie sur notre planète grâce à l'attraction gravitationnelle qui dévie vers son énorme masse la plupart des astéroïdes qui, sans cela, tomberaient sur la Terre.*

demandent même comment un telle chose a pu se passer en ces temps lointains car l'événement favorable apparaît si improbable qu'on peut le considérer comme un « presque miracle ». Bref, les objets sont là, les mécanismes sont à première vue compréhensibles, les composés de base se forment facilement à partir de substances comme le méthane, l'ammoniaque ou le formaldéhyde, mais il existe de nombreuses difficultés techniques qui empêchent de refaire le chemin de cette époque lointaine et même de comprendre ce qui s'est passé de si spécial il y a 4 200 millions d'années. Qu'est donc la vie ?

9. ORIGINES DE LA VIE

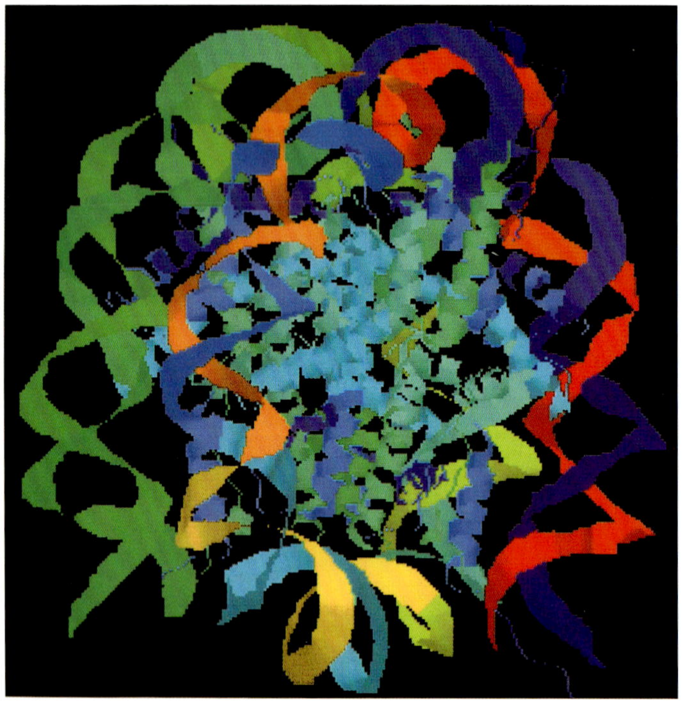

1

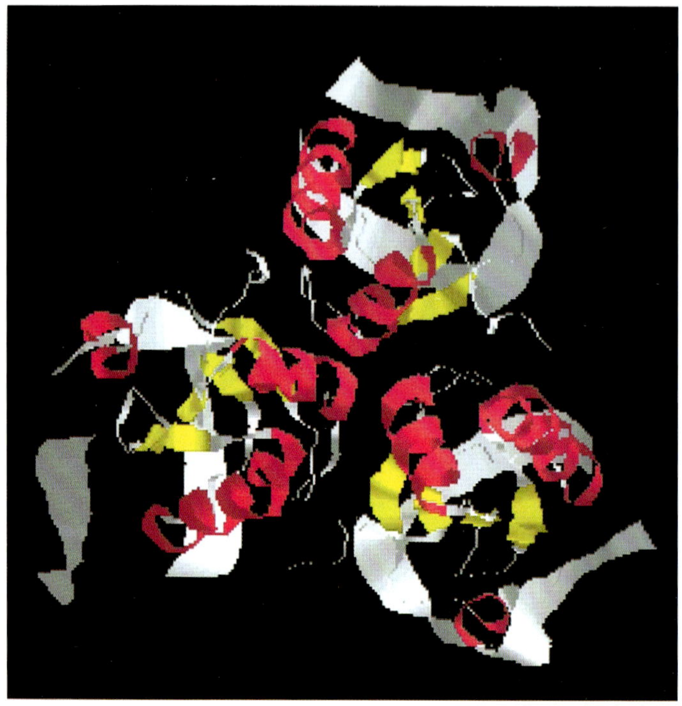

2

QU'EST-CE QUE LA VIE ?

Qu'est-ce que la vie ? Cette question, à l'ère de la génétique et des biotechnologies, à une époque où sont publiés chaque mois des milliers de travaux scientifiques qui décrivent minutieusement le fonctionnement des composants élémentaires de la cellule, pourrait apparaître tout à fait banale, mais tel n'est pas le cas car non seulement on ne peut pas reconstituer la vie en laboratoire à partir des substance qui la composent, mais la question même de sa nature n'a toujours pas de réponse satisfaisante. Elle avait été posée pour la première fois de façon explicite par un physicien en 1943 (Schrödinger, 1943) et le premier à y répondre fut non pas un biologiste mais un mathématicien, cinq ans plus tard (von Neumann, 1948). Celui-ci recourut à une analogie prise dans le monde de la mécanique. Les « automates » qu'il évoquait il y a un peu plus d'un demi-siècle étaient tout simplement ces machines aujourd'hui familières et quotidiennes que nous connaissons sous le nom d'*ordinateurs*. Elles sont dotées d'une partie matérielle, corps mécanique capable d'élaborer l'information, ainsi que de logiciels adéquats, le corps de l'information à élaborer. Un ordinateur n'est pas vraiment complet et en état de fonctionner tant qu'il ne charge pas les logiciels qui le rendent capable d'écrire, de traduire, de compter, d'archiver et d'élaborer des données en construisant des graphiques, des cartes thématiques et bien d'autres choses encore. De façon analogue, tout organisme vivant, pour être pleinement en état de fonctionner, doit être doté d'un logiciel, c'est-à-dire d'une information capable non seulement de l'activer, mais aussi de le construire, ainsi que de matériel que nous pourrions définir comme son corps ou, mieux, comme l'ensemble de son métabolisme qui lui permet de faire « tourner » l'information et d'appliquer les différents programmes qu'elle contient.

3

4

1. L'ADN est un polymère dont le monomère est formé de bases azotées, d'un sucre (désoxyribose) et d'un groupe phosphate. Les séquences des quatre différentes bases azotées constituent le code de lecture de l'information génétique. Sur le schéma, on voit deux branches superposées de la double hélice de l'ADN reconstituées avec la technique de réfraction aux rayons X.

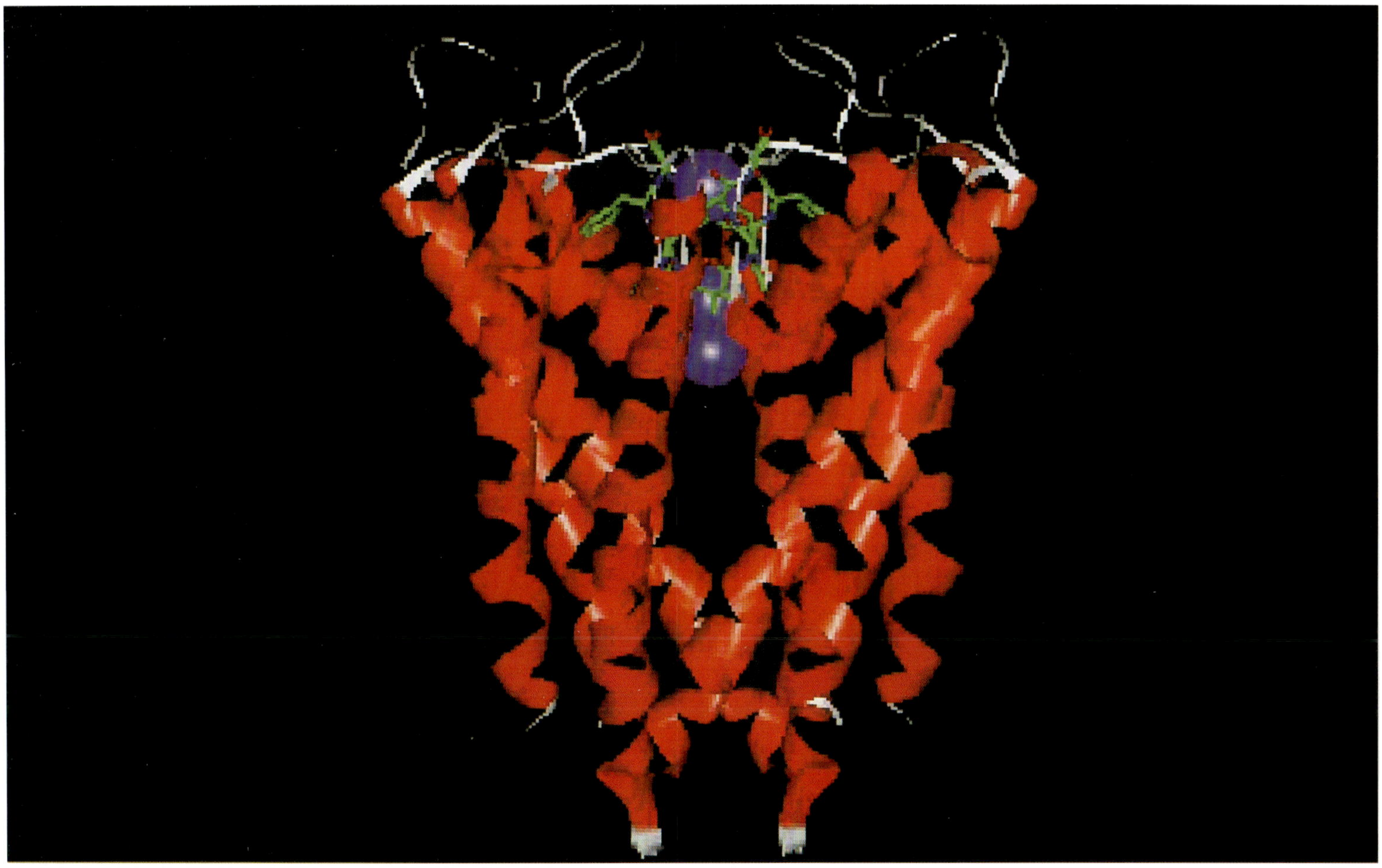

5

2. *L'ARN se différencie de l'ADN par le sucre (ribose) et par une des quatre bases azotées (uracile au lieu de thymine). Dans certains virus, l'ARN peut porter l'information génétique mais en général, il sert de traducteur de l'information portée par l'ADN tandis que son monomère AMP (adénosine monophosphate), ultérieurement phosphorylé, garantit l'emmagasinement et l'utilisation de l'énergie par la cellule grâce au système ATP-ADP (adénosine triphosphate-adénosine diphosphate).*

3. *Billet de banque autrichien de mille schellings de 1983, représentant Erwin Schroedinger.*

4. *Timbre hongrois de 1992 représentant John Von Neumann.*

5. *Reconstitution d'une protéine de grande importance biologique, le canal potassium. Les sous-unités qui la constituent sont mises en évidence par différentes couleurs ; au milieu, on remarquera le passage à travers lequel passe l'ion potassium.*

Dans les organismes vivants que nous connaissons sur la planète Terre (les seuls jusqu'à présent de tout l'univers), le logiciel est constitué par les acides nucléiques et le matériel, c'est-à-dire le corps codifié dans le logiciel, par les protéines. De nombreux autres composés constituent les organismes vivants, mais ne sont vraiment essentiels que les acides nucléiques et les protéines, respectivement information, et corps et métabolisme que celle-ci codifie et dirige.

INFORMATION ET ÉLABORATION

Donc, à la question sur la nature de la vie, on pourrait peut-être répondre, avec un autre physicien spécialiste de biologie (Dyson, 1999), que l'unité apparente de ce phénomène pourrait être purement illusoire, que la vie pourrait avoir en réalité une double nature, ne pas être une seule chose mais deux distinctes, comme celles que nous rencontrons dans un ordinateur, information et élaboration. Dans toutes les formes de vie actuelles, les fonctions d'élaboration sont remplies par les protéines et les fonctions d'information par les acides nucléiques. Soit dit en passant, cette règle générale présente une exception de taille : un des deux types d'acide nucléique connus, l'ARN, contrairement à l'ADN qui n'a que des fonctions d'information, peut servir aussi bien de matériel que de logiciel dans la synthèse des protéines.
Par conséquent, les deux aspects fondamentaux de la vie, information pour la réplication et métabolisme, pour étroitement liés qu'ils puissent être aujourd'hui dans les organismes actuels, sont logiquement séparables et on peut donc postuler l'existence d'organismes hypothétiques capables de métabolisme mais dépourvus d'information

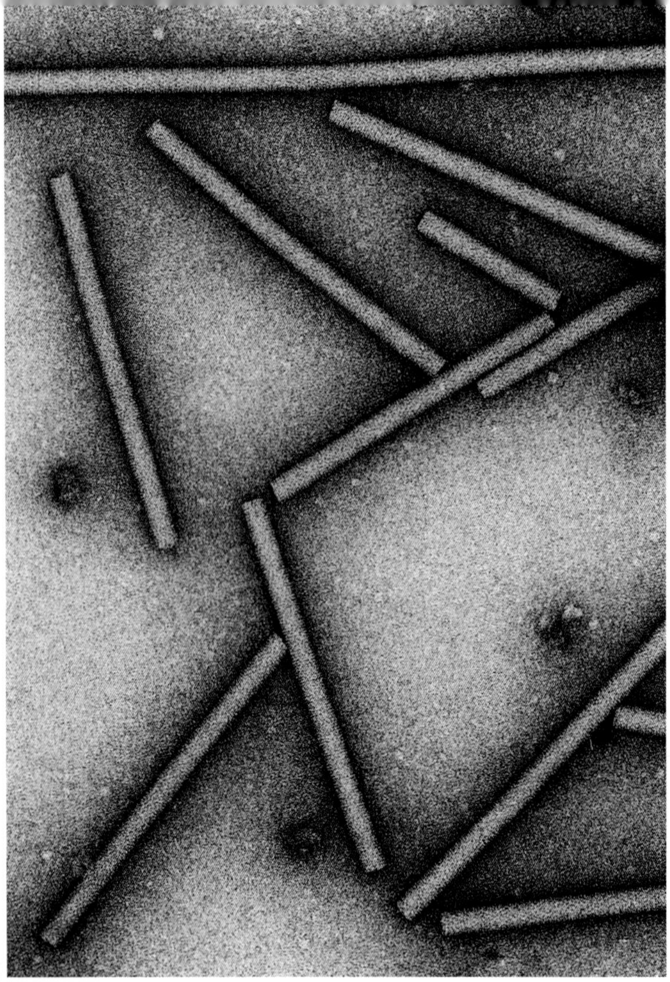

1

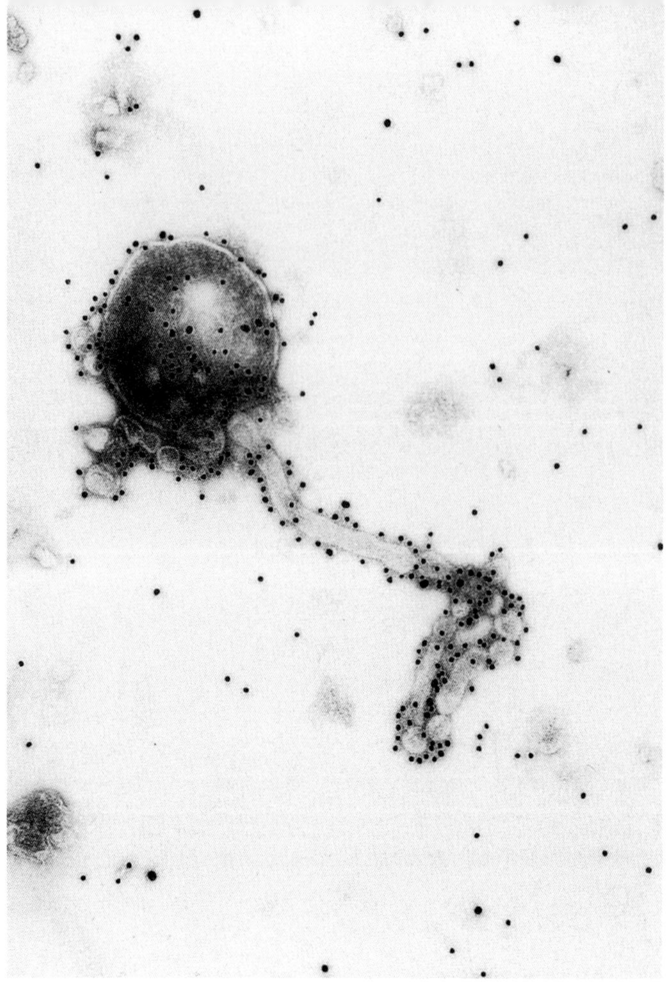

2

pour se répliquer ou bien capables de se répliquer mais dépourvus de capacités de métabolisme. Il convient de noter que, dans le monde actuel, on ne connaît pas de cas du premier type tandis qu'on en connaît de nombreux du deuxième type, responsables de maladies plus ou moins graves. Évidemment, de tels organismes, pour pouvoir se répliquer, doivent nécessairement utiliser le métabolisme d'un autre organisme et sont donc forcément des parasites. Le monde en connaît les méfaits sous le nom de virus. Si la vie consiste en réalité dans l'union de deux phénomènes chimiques distincts, alors son origine aussi pourrait avoir été double. En d'autres termes, la vie pourrait avoir commencé une seule fois avec les deux fonctions de réplication et de métabolisme déjà liées, mais elle pourrait aussi avoir commencé deux fois, avec deux types différents d'entités chimiques, une capable de métabolisme mais non de réplication exacte, l'autre capable de réplication mais non de métabolisme. Dyson (1999) observe qu'il n'existe pas de preuves en faveur de l'une ou l'autre de ces hypothèses et avoue toutefois, pour des raisons de probabilités statistiques, qu'il préfère celle de la double origine, pour la la simple raison que, chacun des deux événements étant déjà hautement improbable, les probabilités pour qu'ils puissent survenir ensemble, en donnant lieu à un organisme vivant avec les deux attributs de la capacité de réplication et de métabolisme, étaient évidemment encore plus faibles (une probabilité composée est donnée par le produit des deux probabilités simples ; en combinant deux événements dont chacun a une probabilité d'un millième, l'événement composé en aurait une d'un millionième).

ORIGINES DANS LES PROTÉINES

La première théorie sur l'origine de la vie a été formulée par le Russe Oparin en 1924, plus d'un quart de siècle avant qu'on connaisse les gènes du point de vue chimique et aussi dix-neuf ans avant la fameuse question de Schrödinger (1943). Puisque Oparin

1. Les bâtonnets du virus de la mosaïque du tabac vus au microscope électronique à scansion.

2. Le mycoplasme qui apparaît sur cette image au microscope électronique est l'agent de la jaunisse des asters. Cet organisme est doté d'ADN, de ribosomes et de différentes enzymes et il est constitué par une série d'unités vésiculaires formant une espèce de collier. Il consomme des substances organiques et se reproduit en libérant dans l'environnement les petites unités vésiculaires.

3. Botulinum, *virus qui attaque la bactérie* Clostridium botulinum *en la détruisant, est constitué d'une tête, d'une gaine contractile et d'une queue protéique.*

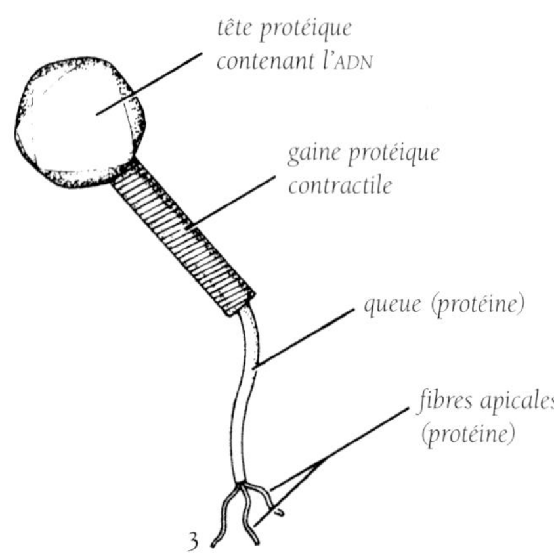

3

4

4. *Une image hypothétique de la Terre il y a environ quatre milliards d'années, quand la vie apparut.*

5. *Le dispositif de l'expérience de Miller en 1953. Avec un mélange de gaz qui simulait la composition de l'atmosphère de la Terre il y a quatre milliards d'années (eau, hydrogène, méthane et ammoniaque), le chimiste américain obtint des acides aminés, des bases azotées et d'autres composés typiques des organismes vivants.*

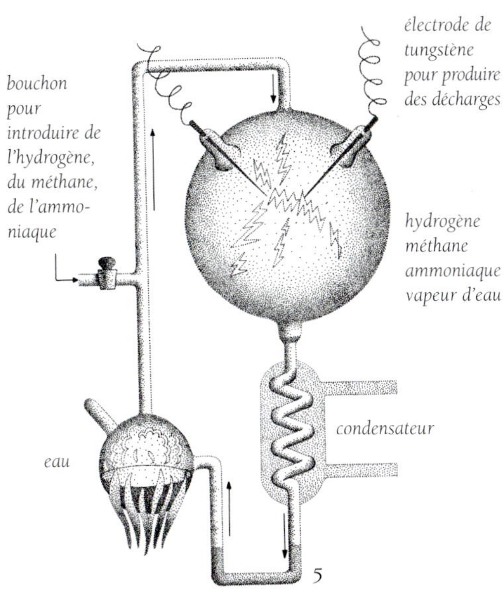

5

était chimiste et qu'à son époque, les idées sur les fonctions des gènes étaient nécessairement vagues, sa théorie est structurée selon une hiérarchie bien précise : en premier lieu viendraient les cellules (ou du moins quelque chose de semblable), en deuxième lieu les enzymes et seulement en troisième lieu les gènes. Son observation expérimentale de départ fut que, si l'on mélange un liquide huileux dans de l'eau, il arrive parfois que se forment de petites gouttes qui restent en suspension dans l'eau sans se séparer en une autre phase, comme cela devrait théoriquement se passer. L'idée d'Oparin était que la vie avait pu commencer à l'intérieur de ces gouttes, une sorte de cellules primitives dans lesquelles se seraient accumulées des populations moléculaires de plus en plus complexes, capables de réaliser de longues séries de réactions.

La théorie d'Oparin a été récemment reprise par Segré et Lancet (1999) qui l'ont relancée sous le nom de « *garbage-bag world* » (monde de sacs-poubelles). Dans ce monde hypothétique de déchets dynamiques, la vie aurait commencé avec de petits sacs, précurseurs des cellules qui délimitaient de petits volumes d'eau sale contenant différents types de déchets chimiques. Un ensemble fortuit de molécules à l'intérieur de ces sacs pouvait occasionnellement contenir des catalyseurs qui facilitaient la synthèse d'autres molécules qui, à leur tour, catalysaient d'autres réactions chimiques et ainsi de suite. De temps en temps, il pouvait arriver que, sous l'effet de turbulences, ces sacs se déchirent en deux ou plusieurs parties et que chacune de ces parties filles se trouvent contenir encore toutes les substances et tous les catalyseurs présents dans le sac d'origine. Il ne se serait donc pas agi d'une réplication exacte mais plutôt d'une rupture statistique qui toutefois pouvait être suffisante pour conserver les caractéristiques essentielles des protocellules et même pour permettre que la sélection naturelle puisse agir sur elles en les rendant peu à peu plus fines, et plus précis les mécanismes métaboliques correspondants. Dans un tableau de ce genre, d'après Segré et Lancet, il n'aurait aucunement été surprenant que la sélection naturelle ait produit, au bout de quelques millions d'années, des protocellules dotées de presque tous les systèmes

les plus avancés que nous connaissons pour les cellules proprement dites. Ce n'est que dans un deuxième temps que ces protocellules seraient entrées en relation avec les gènes, transformant la reproduction en quelque chose d'exact et ouvrant la voie aux organismes vivants tels que nous les connaissons aujourd'hui.
Bien entendu, par sélection naturelle nous entendons ici un phénomène qui, tout en ayant des effets analogues à ceux de la sélection naturelle que nous connaissons, est essentiellement différent dans ses mécanismes, puisque la sélection actuelle est un phénomène qui a des bases génétiques.

ORIGINES DANS LES ACIDES NUCLÉIQUES

La seconde théorie, qui n'est pas nécessairement incompatible avec la première, est celle, nettement plus populaire aujourd'hui chez les biologistes, de la priorité des acides nucléiques, formulée par Manfred Eigen et son équipe en 1981. Déjà quelques années auparavant, du reste, Dawkins (1976), dans son premier ouvrage sur le gène égoïste, n'avait aucun doute en la matière : selon lui, ce sont les acides nucléiques qui viennent en premier, non pas tant du point de vue chronologique que conceptuel, lesquels en effet aujourd'hui encore s'intéressent uniquement à la duplication d'eux-mêmes, même s'ils sont intimement associés aux protéines et même quand ils s'organisent en un corps et un métabolisme extrêmement complexes, comme ceux d'un oiseau de paradis ou d'un homme. Pour Dawkins, les organismes ne sont rien d'autre que les « machines pour survivre » des gènes qui les constituent pour réaliser leur duplication à travers leur succès reproductif.
Un acide nucléique est un polymère, c'est-à-dire un composé chimique à haut poids moléculaire dérivant de l'association ordonnée d'un nombre élevé de molécules relativement petites qu'on appelle monomères. Dans l'industrie chimique, on connaît aussi bien les *homopolymères*, qui dérivent de la polymérisation d'un seul monomère, que les *copolymères*, qui dérivent de la polymérisation combinée de deux ou plusieurs monomères. Or, dans le cas de l'ARN, les monomères (dits nucléotides) sont constitués par l'association d'une molécule de sucre (ribose), d'un groupe phosphate et d'une base organique azotée. Ribose et phosphate sont égaux pour tous les nucléotides tandis que la base organique azotée peut être de quatre types (adénine, uracile, guanine et cytosine). Par conséquent, il existe quatre types différents de nucléotides autant que les bases possibles qui les constituent ; il en découle que l'ARN est un copolymère.
Toutefois, par rapport à un copolymère industriel, l'ARN présente une différence fondamentale : tandis que dans le premier, la présence d'un certain type de monomère ou d'un autre le long de la chaîne polymérique est purement fortuite et statistique, dans l'ARN, elle est strictement déterminée selon une *séquence* bien précise qui représente un moyen d'emmagasiner de l'information. Concrètement, chaque molécule d'ARN possède une séquence unique qui reste telle à travers le processus de réplication rendu possible par les caractéristiques particulières des bases azotées qui permettent que la molécule puisse servir de moule pour la construction d'une copie d'elle-même. Telle est la caractéristique extraordinaire de l'ARN qui toutefois, il faut le souligner, est une caractéristique purement et simplement *chimique*. La molécule, si elle dispose du matériau adapté (nucléotides), peut se dupliquer en conservant sa propre séquence, qui ne signifie rien d'autre sinon ce qu'elle est chimiquement. C'est pourquoi Dawkins fait l'hypothèse que, dans l'océan primordial, plusieurs molécules de « réplicateurs » (c'est ainsi qu'il les appelle en l'absence de preuves qu'il s'agisse vraiment d'ARN, mais nous dirons ARN pour ne pas trop compliquer notre propos) rivalisèrent pour s'adjuger les nucléotides libres encore existants et pour pouvoir donc se répliquer. En l'absence d'enzymes proprement dites (protéines avec des propriétés catalytiques), le processus était très lent, mais peut-être quelques molécules d'ARN trouvèrent-elles la façon de l'accélérer avec des séquences particulières qui les dotaient de propriétés catalytiques. C'est une hypothèse vraisemblable que nous

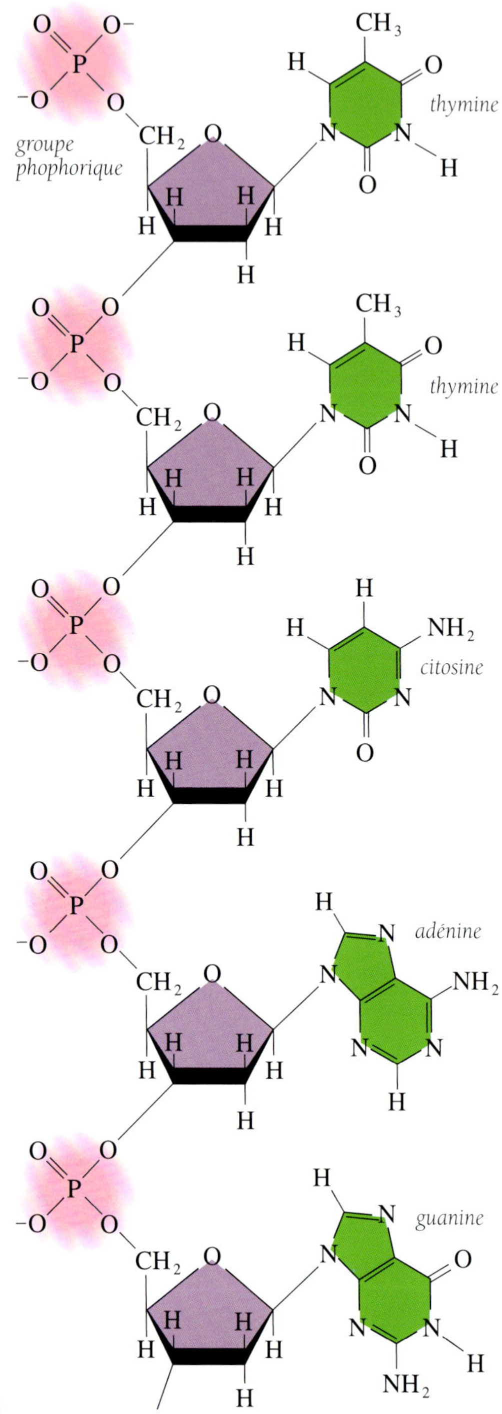

1

1. Structure de l'ADN où on a distingué les trois composants chimiques fondamentaux par trois couleurs différentes : à gauche (rose) le groupe phosphorique, au milieu (violet) le sucre désoxyribose, à droite (vert) la base azotée.

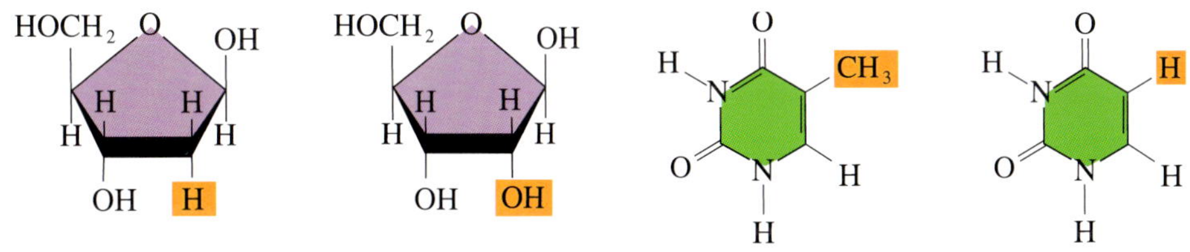

désoxyribose *ribose* *thymine* *uracile* 3

2. *La double hélice de l'*ADN *qui se duplique au fur et à mesure qu'elle se déroule. Le résultat final sera deux nouvelles doubles hélices identiques à l'hélice d'origine.*

3. *Les seules différences chimiques entre* ADN *et* ARN *sont constituées par le sucre (désoxyribose dans le cas de l'*ADN*, ribose dans le cas de l'*ARN*) et par une des quatre bases azotées (les trois autres restent inchangées), thymine pour l'*ADN*, uracile pour l'*ARN*. Ces petites différences chimiques facilitent la reconnaissance d'une chaîne par l'autre, et rendent donc possible le phénomène de la transcription de l'*ADN *en* ARN *; d'autre part, elles sont suffisantes pour déterminer une différence de propriétés chimiques assez nette pour donner deux rôles complètement différents aux deux acides nucléiques : pour l'*ARN*, un rôle agissant dans le cytoplasme (dans la synthèse des protéines), pour l'*ADN *un rôle conservateur dans le noyau.*

2

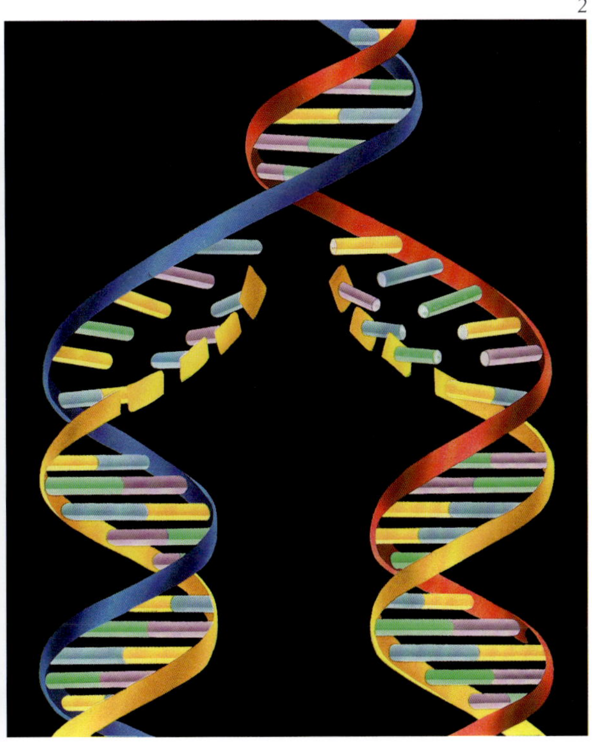

pouvons formuler sur la base de l'existence de l'ARN catalytique (ribosomes) dans certaines bactéries et, aujourd'hui aussi, sur la base des résultats de l'expérience classique de Spiegelmann que nous abordons dans le paragraphe suivant.

Dans les océans primordiaux, les acides nucléiques devaient être des molécules isolées et pas encore associées à des protéines et pour cela contraintes de se dupliquer sans recourir à des enzymes, en capturant un à un, au moyen de liens chimiques faibles, les nucléotides nécessaires pour construire une chaîne complémentaire de la leur. Il n'en allait peut-être pas exactement ainsi car, à bien y regarder, l'ARN (considéré comme le plus ancien des acides nucléiques) a aussi des capacités opérantes et non seulement informatives dans la synthèse des protéines. En effet, si l'ARN messager constitue le moule sur lequel les protéines peuvent être montées, l'ARN ribosomal est l'outil qui matériellement effectue le montage et l'ARN de transfert est l'agent qui lie les différents acides aminés et les transporte sur les ribosomes pour monter la protéine de façon impeccable. Enfin, il existe aussi un ARN enzymatique, c'est-à-dire un ARN capable de catalyser les réactions du métabolisme comme s'il était un enzyme à caractère protéique. Ce type d'ARN a été trouvé dans des bactéries particulières et certains pensent que pour cette raison, il n'est pas une sorte de « fossile chimique vivant », ce qui reste d'une lointaine époque passée où les acides nucléiques (ou mieux l'ARN qui était peut-être le seul acide nucléique existant à cette époque) devaient se dupliquer sans recourir aux protéines. C'est la théorie dite du « monde des acides nucléiques » *(RNA world)* dont la vraisemblance, d'un côté, se base sur les propriétés « enzymatiques » particulières de l'ARN, et d'un autre côté, a été confortée par une expérience classique de Sol Spiegelmann sur un virus bactériophage à ARN. Normalement, ce virus infecte une bactérie, il se multiplie à son détriment et enfin il la détruit en se projetant à l'extérieur en de nombreux exemplaires destinés à aller infecter d'autres bactéries. Or Spiegelmann isola l'ARN du virus et, en même temps que lui, l'enzyme (protéique) qui préside à la duplication de son ARN (enzyme dénommée Qbeta réplicase). En plaçant ce matériau dans un récipient avec les nucléotides qui constituent les unités élémentaires de l'ARN, il réussit avant tout à obtenir la duplication de l'ARN sans avoir besoin d'aucune bactérie-hôte. Ce résultat était déjà en soi de grande importance, mais Spiegelmann continua de façon surprenante : quand la première éprouvette fut remplie de Qbeta-ARN, il transféra quelques gouttes de la solution dans une deuxième éprouvette et les alimenta avec les nucléotides opportuns, puis dans une troisième et ainsi de suite jusqu'à produire soixante-quatorze générations de Qbeta-ARN. À ce stade, il analysa le contenu de ses éprouvettes finales et il s'aperçut que le Qbeta-ARN s'était transformé en quelque chose de bien différent : la chaîne à 3 600 nucléotides s'était réduite à 550 nucléotides seulement, elle n'était plus en mesure d'infecter une bactérie car, avec son bagage réduit de nucléotides, elle n'était plus en mesure de synthétiser certaines protéines indispensables à cette fin. Toutefois, elle était devenue complètement apte à se reproduire rapidement – plus rapidement qu'avant, vu sa longueur réduite – à l'intérieur d'une éprouvette. En définitive, Spiegelmann avait mis en évidence un phénomène de sélection naturelle de l'ARN dans un système dépourvu de bactéries et donc purement chimique. Il est vrai qu'il avait utilisé pour cela une enzyme protéique qui ne pouvait pas exister dans le monde de l'ARN mais on peut facilement supposer qu'à sa place pouvait exister à cette époque une enzyme à ARN adaptée et aujourd'hui disparue.

Il existe d'autres théories, pas nécessairement incompatibles avec celle d'un ARN enzymatique, qui essaient d'expliquer de quelle façon les molécules primitives d'ARN pouvaient se répliquer en une totale absence d'enzymes. La principale contribution en ce sens est celle de Manfred Eigen à qui nous avons déjà fait allusion et qui a reçu le prix Nobel de chimie. Le point de départ d'Eigen est la constatation qu'une molécule d'ARN, grâce au principe de la complémentarité des nucléotides, basé sur le lien d'hydrogène, peut aussi se répliquer en l'absence d'enzymes mais que, dans ce cas, la fréquence des erreurs augmente considérablement. Or, si la fréquence des erreurs est, par exemple, de dix pour cent, pour avoir au moins un exemplaire identique au modèle, il est évidemment nécessaire de copier une portion qui n'ait pas plus de dix nucléotides. D'où l'idée d'Eigen d'une division de la chaîne d'ARN en petites sous-unités, chacune pouvant bien être montée sans l'aide d'enzymes. Le problème de la synchronisation de ces synthèses ainsi que celui du montage ensuite des sous-unités en une chaîne unique, ont été brillamment résolus par Eigen avec la « théorie des hypercycles » qu'il expose dans un de ses ouvrages (1992).

2

VIE BOUILLANTE

Jusqu'à présent, en évoquant le cadre de l'ARN primitif, nous avons parlé d'océans primordiaux ; en effet, le décor classique des premiers pas de la vie est constitué par les flaques dans les rochers au bord de la mer, où le peu d'eau stagnante pourrait contenir des substances chimiques dans une concentration relativement élevée. Toutefois, il existe aussi une interprétation complètement différente, exposée dans un article publié en 1992 par Thomas Gold : la vie pourrait être apparue dans les entrailles de la Terre ou dans le fond des océans où aujourd'hui encore les phénomènes volcaniques réchauffent l'eau à plus de 100 °C (bien en dessous du point d'ébullition aux hautes pressions existant à ces profondeurs), donnant vie à une riche communauté de bactéries thermophiles qui résistent, et même prospèrent, à des températures impensables pour un organisme vivant. De telles bactéries constituent la base d'une chaîne alimentaire élaborée qui comprend les étoiles de mer, les annélides, les crustacés, les mollusques et les poissons. Or Gold est convaincu que la vie dans les profondeurs obscures réchauffées par la lave volcanique dans la mer ou dans la terre est la vie originelle et que celle que nous voyons à la surface est arrivée beaucoup plus tard. Il a observé en outre que les roches présentes sur la surface terrestre sont immanquablement pleines de crevasses et de fissures qui, pour étroites qu'elles apparaissent à nos yeux, peuvent fournir de la place pour une énorme quantité de bactéries thermophiles qui résistent à 110 °C et qui pourraient donc facilement atteindre une profondeur de dix kilomètres. Toutes ces bactéries, selon lui, pourraient constituer une

1. Concrétions calcaires dans les eaux chaudes d'une source, dans le Yellowstone National Park, Wyoming, États-Unis. Les premières réactions chimiques qui donnèrent lieu à la vie pourraient s'être produites dans un milieu semblable, mais avec un support argileux plutôt que calcaire.

2. Un magnifique jet d'eau bouillante et de vapeur d'un geyser dans le Yellowstone Park. Dans ces sources, vivent de nombreuses bactéries qui supportent des températures étonnamment élevées.

1

3

3. *Encore une source chaude, dans ce cas en forme de lac, dans le Yellowstone Park. La croûte de couleur ocre est formée d'une population d'archéobactéries qui prospèrent dans ces conditions.*

immense biomasse, encore supérieure à la biomasse totale des organismes vivants sur la surface terrestre ou dans les eaux des océans où arrivent les rayons du soleil. Et puisque la condition de thermophilie des bactéries n'est pas une rareté mais plutôt une condition très commune, il se peut que dans les entrailles de la terre aujourd'hui trouvent refuge des organismes très semblables aux premiers qui apparurent en cette lointaine et chaude époque. Les réactions chimiques qui nous apparaissent si improbables à la température de 20 °C et à la pression d'une atmosphère pourraient avoir eu lieu bien plus facilement à 100 °C et à une pression de plusieurs atmosphères.

LE CODE GÉNÉTIQUE

Indépendamment de la façon dont les choses se sont passées, à un certain stade, la construction de la cellule devint une exigence qui ne pouvait être différée. Bien vite en effet, la réserve de nucléotides libres disponibles pour construire du nouvel ARN dut s'épuiser presque entièrement et par conséquent les premières difficultés pour les réplicateurs aussi durent apparaître. Ceux-ci, pour pouvoir dupliquer encore furent contraints de recourir à des expédients particuliers : a) chercher les quelques nucléotides encore existants de façon plus efficace par rapport à d'autres molécules de réplicateurs, b) passer à des méthodes dures et se procurer les nucléotides en démontant les autres molécules de réplicateurs.

À ce stade, pour les victimes, se présenta l'exigence de la défense. Comment éviter de finir en petits morceaux pour servir à alimenter des séquences autres que la sienne ? Eh bien, pour développer des armes aussi bien offensives que défensives, il se peut aussi qu'au début ait été utilisée la remarquable versatilité opérante de l'ARN même s'il est certain que, pour un tel but, les protéines sont nettement supérieures. Mais les protéines, tout en étant des composés copolymères exactement comme l'ARN, n'ont rien à voir avec lui, ni du point de vue chimique ni du point de vue opérant : chimiquement ce sont des polymères d'acides aminés, substances organiques dotées d'un groupe aminé (basique) et d'un groupe carboxylique (acide) dont on connaît facilement vingt types différents dans les organismes vivants ; du point de vue opérant, les protéines ont des propriétés admirables et très utiles, ce sont des catalyseurs (enzymes) efficaces, hautement spécifiques, et elles sont aussi capables de former de solides structures de différents types, mais elles ne sont pas dotées de la capacité de se dupliquer propre à l'ARN. Chaque protéine doit être synthétisée avec une patience de bénédictin à partir de ses acides aminés et, une fois qu'on a finalement découvert la bonne séquence pour une certaine fonction, il n'existe aucune façon de la mémoriser ; il faut seulement espérer que ce hasard favorable se répète une deuxième fois.

Voici donc l'idée de l'origine de la vie comme association chimique entre deux types de structure, l'une (celle de l'ARN) capable de se répliquer mais dépourvue de prestations élevées, l'autre (celle des protéines) hautement flexible du point de vue fonctionnel mais totalement incapable de réplication. Pour que ces deux structures deviennent des symbiotes, il fallait que d'un côté, les protéines puissent défendre l'ARN des dangers extérieurs aussi bien de façon active (protéines enzymatiques) que de façon passive (protéines structurelles), et que de l'autre côté, l'ARN puisse fournir aux protéines ce service de conservation et de duplication de l'information qu'elles ne peuvent pas produire par elles-mêmes. Tout ce système devait être contenu à l'intérieur d'une zone délimitée et protégée qui n'est autre que la cellule.

Et voici apparaître le *code génétique*, à savoir une forme conventionnelle de *traduction* de la séquence de nucléotides dans l'ARN en séquence d'acides aminés dans une protéine. On a souligné à plusieurs reprises que ce code est complètement arbitraire ; en d'autres termes, il n'existe aucune correspondance objective entre nucléotides et acides aminés, mais seulement une correspondance conventionnelle qui est générée par l'ARN lui-même au moyen de sa forme dite « de transfert ». Il en existe un grand nombre de formes, beaucoup plus que d'acides aminés, chacune dotée de deux terminaisons actives, dont la première est associée à un triplet de nucléotides, la seconde à un acide aminé déterminé ou bien à un message de terminaison d'une chaîne. Par conséquent, quand on dit que la séquence UGG (uracile-guanine-guanine) correspond à l'acide aminé tryptophane, on n'entend aucunement affirmer qu'il existe une correspondance inhérente entre le tryptophane et le triplet en question, mais seulement qu'il existe un ARN de transfert capable d'un côté de lier le tryptophane et, de l'autre, de se lier au triplet UGG au moyen d'un triplet complémentaire (dans ce cas ACC, adénine-cytosine-cytosine), inhérent, lui, car fonctionnant avec le même système qui assure la duplication de l'ARN.

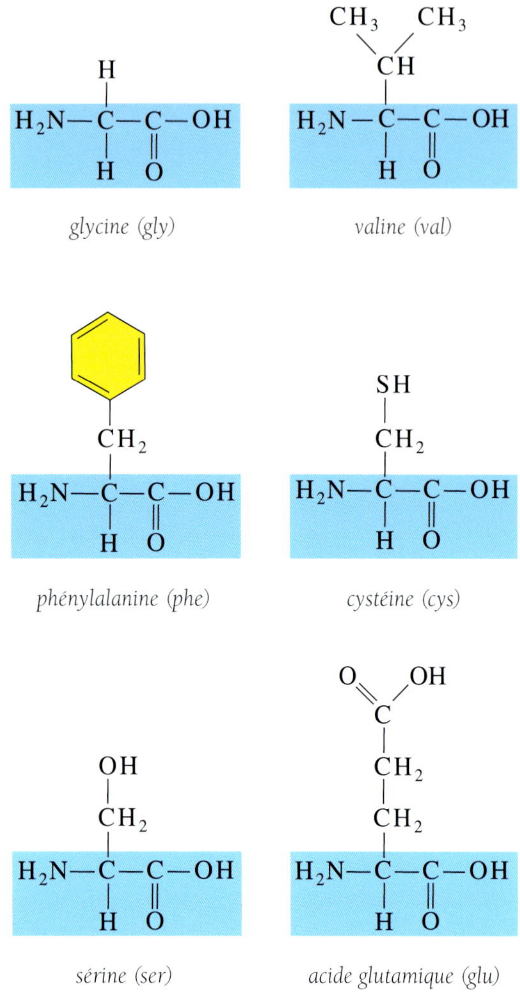

2

1

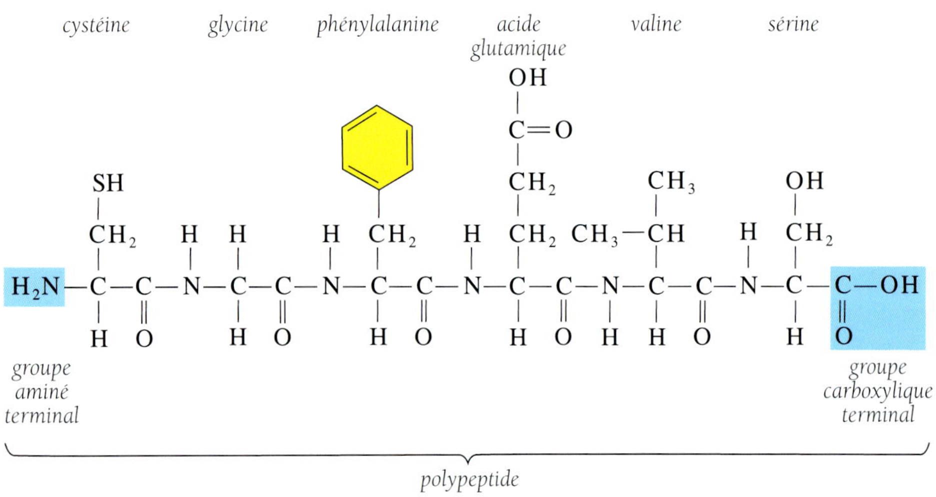

1. Un polypeptide où l'on a mis en évidence en bleu, à gauche, le groupe aminé terminal et, à droite, le groupe carboxylique, à l'extrémité opposée de la chaîne. En haut, on lit les noms des acides aminés qui le composent, condensés entre eux au moyen de liaisons amides. Ces dernières sont obtenues en éliminant une molécule d'eau entre un groupe carboxylique d'un acide aminé et le groupe aminé du suivant. Quand une chaîne ainsi formée devient très longue, on ne parle plus de polypeptides, mais de protéines.

2. Structures chimiques des molécules de certains acides aminés, illustrant leur grande variété, exception faite des groupes aminé et carboxylique toujours présents. La présence de groupes fonctionnels aussi différents, comme par exemple le groupe benzénique de la phénylalanine ou le groupe sulfhydrique de la cystéine, donne lieu à une variété infinie d'interactions possibles, et donc à une immense versatilité des protéines.

Comment se fait-il que les quatre types de nucléotides existants doivent s'associer trois par trois pour pouvoir codifier les vingt types d'acides aminés ? Pour répondre à cette question, il nous faut nous arrêter sur les systèmes de codification possibles. En général, ayant à disposition un nombre n d'éléments pour produire des objets composés par un nombre k d'unités élémentaires, le nombre total d'espèces d'objets qu'on peut obtenir est égal à n^k. Par conséquent, avec quatre lettres de l'alphabet, les mots possibles de quatre signes sont 256 (4 x 4 x 4 x 4), ceux de douze signes atteignent le nombre respectable de 16 777 216 (quatre élevé à la puissance douze) ; si les mots sont composés de centaines ou de milliers de signes, leur nombre devient rapidement infini.
Or il est évident que quatre espèces seulement de nucléotides de l'ARN, prises une à la fois, ne pourraient codifier que quatre espèces d'acides aminés et que par conséquent, le système de codification des acides aminés ne pouvait pas être de ce type ; si nous prenons les quatre nucléotides deux par deux, nous avons un total de combinaisons possibles égal à quatre à la puissance deux, c'est-à-dire seize ; un nombre toujours insuffisant pour vingt acides aminés et, en effet, ce n'est pas le système adopté. Enfin, en prenant les quatre nucléotides trois par trois, nous arrivons à un nombre de combinaisons égal à la puissance trois, c'est-à-dire soixante-quatre : cette fois, il y en a bien plus qu'il n'en faut, mais ce n'est évidemment pas un problème ; en effet, on peut parfaitement concevoir que certains de ces triplets soient dépourvus de sens et que, d'autre part, certains acides aminés puissent aussi être codifiés par plus d'un triplet.
Avec des techniques et des expériences appropriées, les biologistes moléculaires modernes ont réussi à déchiffrer complètement les soixante-quatre correspondances, c'est-à-dire ce qu'on appelle le code génétique (voir tableau à la page suivante).
Dans ce système, les acides aminés codifiés de façon univoque par un unique triplet ne sont que deux, le tryptophane (Trp) et la méthionine (Met) ; tous les autres sont codifiés par un minimum de deux et jusqu'à un maximum de six triplets différents. Certains

3. Premier plan imaginaire de la structure d'une molécule d'ADN. Elle est formée de deux chaînes polynucléotidiques (c'est-à-dire composées d'un nombre élevé de nucléotides, chacun étant formé d'un sucre, d'une base azotée et d'un groupe phosphorique), orientées en sens contraire et enroulées en spirale pour former une double hélice.

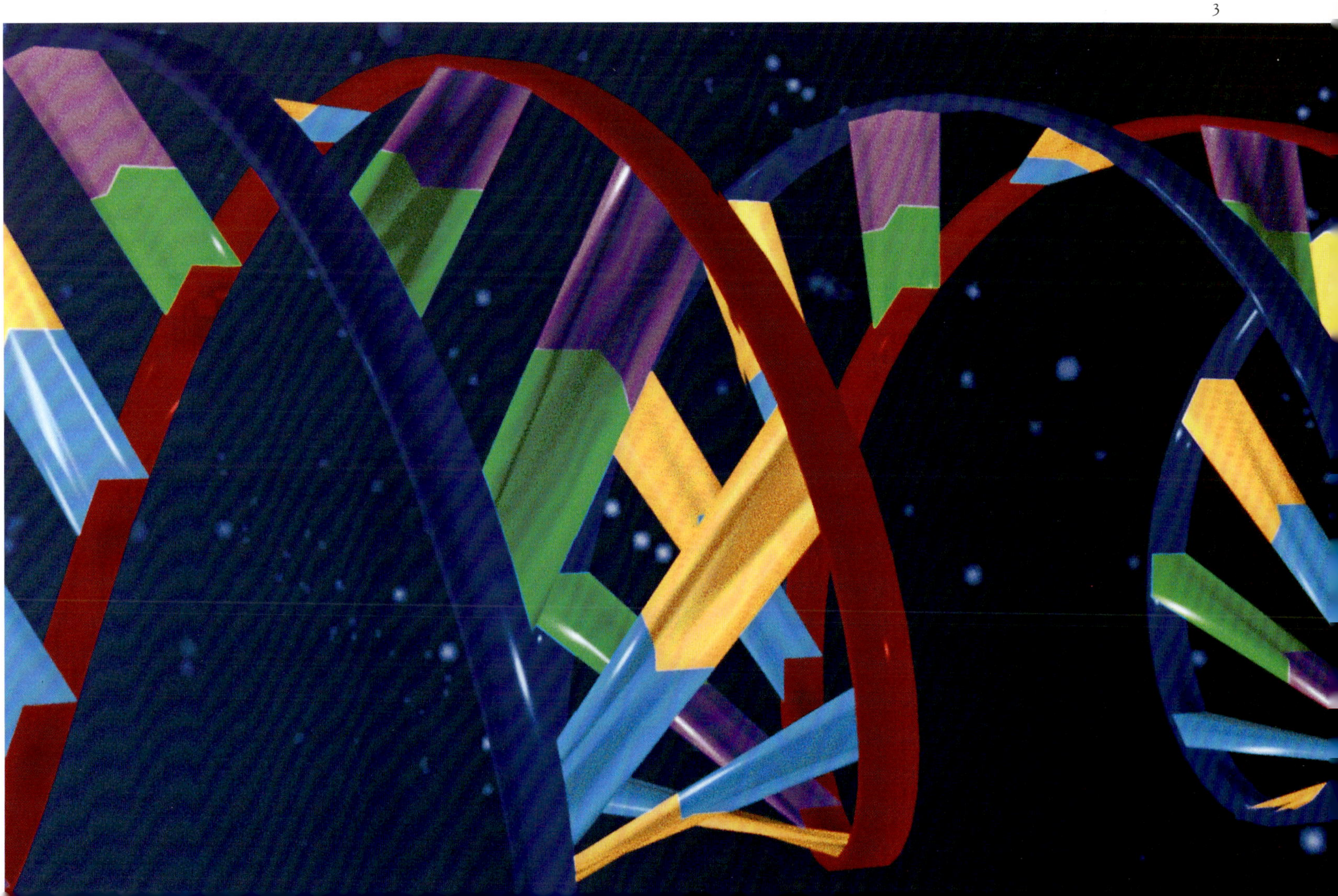

La combinaison de quatre bases azotées – A = adénine (jaune), U = uracile (bleu), C = cytosine (blanc), G = guanine (rouge) – deux par deux, donne lieu à un total de seize clés de codification (à gauche), trop peu pour identifier les vingt acides aminés naturels qu'on rencontre dans les organismes vivants. La sélection naturelle a donc choisi un système de combinaison trois par trois (à droite) qui donne lieu à pas moins de soixante-quatre clés de codification possibles, un nombre plus que triple par rapport au strict nécessaire. Par conséquent, les acides aminés sont codifiés par un triplet de bases (jusqu'à un maximum de six) et en outre certains triplets, définis injustement comme « nonsense »*, servent à donner le signal de fermeture d'une chaîne polypeptidique déterminée. La liste des correspondances entre les triplets et les différents acides aminés est reportée dans le tableau beige. Voici le nom complet des acides aminés : Ala = alanine, Arg = arginine, Asn = asparagine, Asp = acide aspartique, Cys = cystéine, Gln = glutamine, Glu = acide glutamique, Gly = glycine, Hys = histidine, Ile = isoleucine, Leu = leucine, Lys = lysine, Met = méthionine, Phe = phénylalanine, Pro = proline, Ser = sérine, Thr = thréonine, Trp = tryptophane, Tyr = tyrosine, Val = valine.*

UUU = Phe	UCU = Ser
UUC = Phe	UCC = Ser
UUA = Leu	UCA = Ser
UUG = Leu	UCG = Ser
UAU = Tyr	UGU = Cys
UAC = Tyr	UGC = Cys
UAA = –	UGA = –
UAG = –	UGG = Trp
CUU = Leu	CCU = Pro
CUC = Leu	CCC = Pro
CUA = Leu	CCA = Pro
CUG = Leu	CCG = Pro
CAU = Hys	CGU = Arg
CAC = Hys	CGC = Arg
CAA = Gln	CGA = Arg
CAG = Gln	CGG = Arg
AUU = Ile	ACU = Thr
AUC = Ile	ACC = Thr
AUA = Ile	ACA = Thr
AUG = Met	ACG = Thr
AAU = Asn	AGU = Ser
AAC = Asn	AGC = Ser
AAA = Lys	AGA = Arg
AAG = Lys	AGG = Arg
GUU = Val	GCU = Ala
GUC = Val	GCC = Ala
GUA = Val	GCA = Ala
GUG = Val	GCG = Ala
GAU = Asp	GGU = Gly
GAC = Asp	GGC = Gly
GAA = Glu	GGA = Gly
GAG = Glu	GGG = Gly

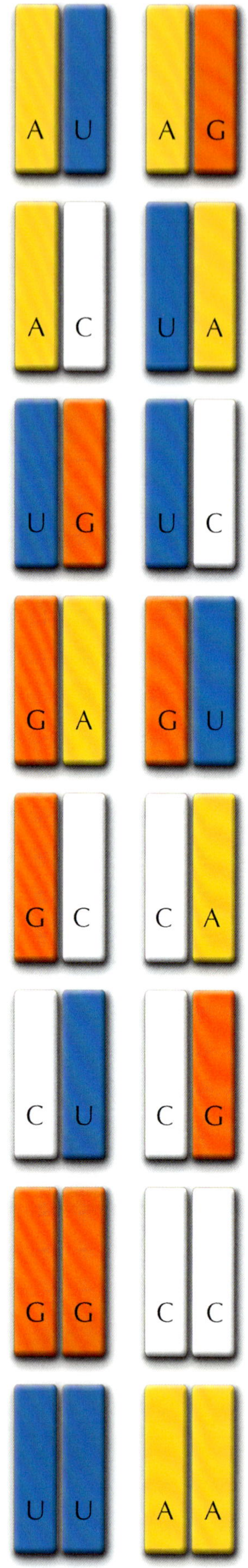

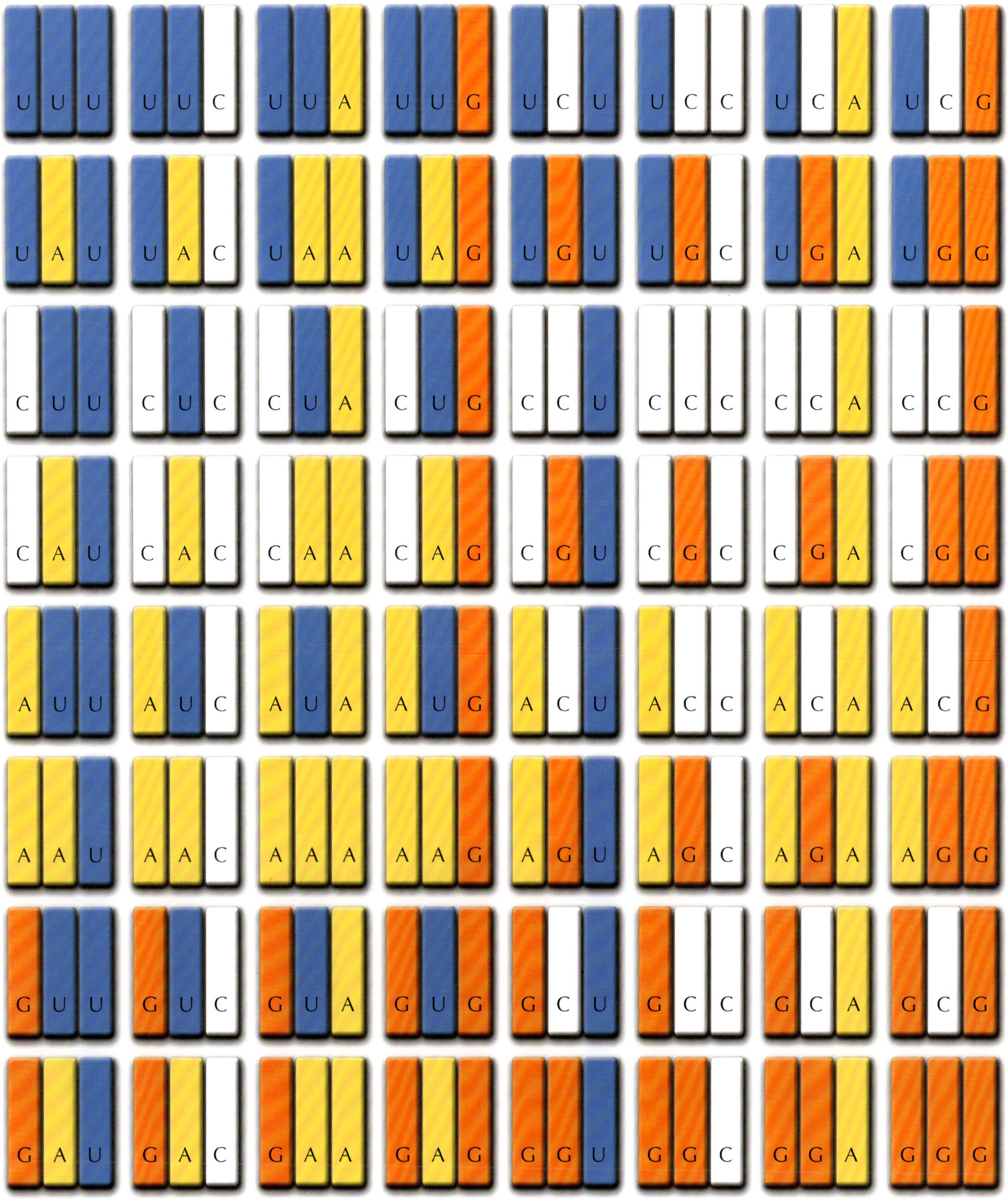
U U U
U U C
U U A
U U G
U C U
U C C
U C A
U C G
U A U
U A C
U A A
U A G
U G U
U G C
U G A
U G G
C U U
C U C
C U A
C U G
C C U
C C C
C C A
C C G
C A U
C A C
C A A
C A G
C G U
C G C
C G A
C G G
A U U
A U C
A U A
A U G
A C U
A C C
A C A
A C G
A A U
A A C
A A A
A A G
A G U
A G C
A G A
A G G
G U U
G U C
G U A
G U G
G C U
G C C
G C A
G C G
G A U
G A C
G A A
G A G
G G U
G G C
G G A
G G G

triplets ne correspondent à aucune acide aminé et servent simplement de signal de stop, c'est-à-dire pour frapper un espace entre deux mots. Ce qui équivaut à communiquer que la chaîne protéique déjà obtenue ne doit plus recevoir d'autres acides aminés.

LES PREMIERS ORGANISMES VÉRITABLES

Quelle que soit la façon dont ils sont apparus, voici donc en scène les premiers organismes vivants. Ce sont des bactéries, délimitées par une membrane cellulaire, dotées d'un cytoplasme riche en nombreuses protéines, aussi bien structurelles qu'enzymatiques, entièrement codifiées dans le nucléoïde, constitué non plus d'ARN, mais de quelque chose de très semblable, l'ADN, chimiquement plus stable et se conservant bien en un long brin enroulé. Cet ADN (qui ne diffère de l'ARN que par la présence de désoxyribose à la place du ribose et de thymine à la place de l'uracile) ne sert qu'à conserver l'information. Quand il doit codifier de façon opérante les protéines, il est d'abord transcrit sous forme d'ARN, qui est ensuite traduit en protéines en utilisant l'outil complexe du code génétique et de la synthèse protéique, déjà parfaitement au point dans les moindres détails. Les fonctions des deux types d'acide nucléique, ADN et ARN, sont très différentes : tandis que l'ADN reste toujours confiné dans le noyau de la cellule, se limitant à emmagasiner l'information relative à la synthèse des protéines, l'ARN entre en scène quand on doit effectivement procéder à la synthèse ; alors l'ADN est *transcrit* sous forme d'ARN, le type d'acide nucléique capable de sortir du noyau et de participer, comme acteur essentiel, à la synthèse protéique. Cela s'avère possible car les différences entre les deux types d'acide nucléique sont si petites qu'elles permettent d'utiliser un brin d'ADN comme moule pour construire la chaîne d'ARN ; la seule condition nécessaire est de remplacer le désoxyribose par du ribose et la base dénommée thymine par celle dénommée uracile.
Bien que toujours obtenu au moyen d'une transcription de l'ADN, l'ARN peut présenter trois types différents d'organisation, qui correspondent à trois fonctions différentes dans le dispositif de la synthèse protéique : il peut être messager, de transfert, ribosomal.

2. Le repliement de l'ADN en forme de trèfle dans la molécule d'ARN de transfert.

2

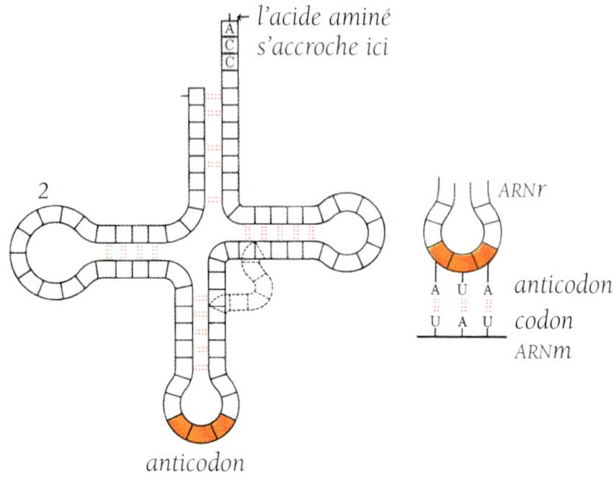

1. Cette image résume en une série d'icônes simples le processus fondamental qui donne lieu à la vie, la traduction d'une chaîne d'ARN en une protéine. Il faut interpréter la double spirale visible à droite comme un mélange ADN-ARN : un brin d'ARN tout juste transcrit à partir d'un des deux brins de la double hélice de l'ADN. Sur cet ARN messager, arrivent, à la hauteur du ribosome (bleu foncé, à l'arrière-plan, en grand), les molécules d'ARN de transfert (jaunes), porteuses chacune d'un acide aminé, représenté comme une petite boule de couleur variable selon sa nature. À gauche, la chaîne protéique se déroule comme un collier de perles de différentes couleurs.

1

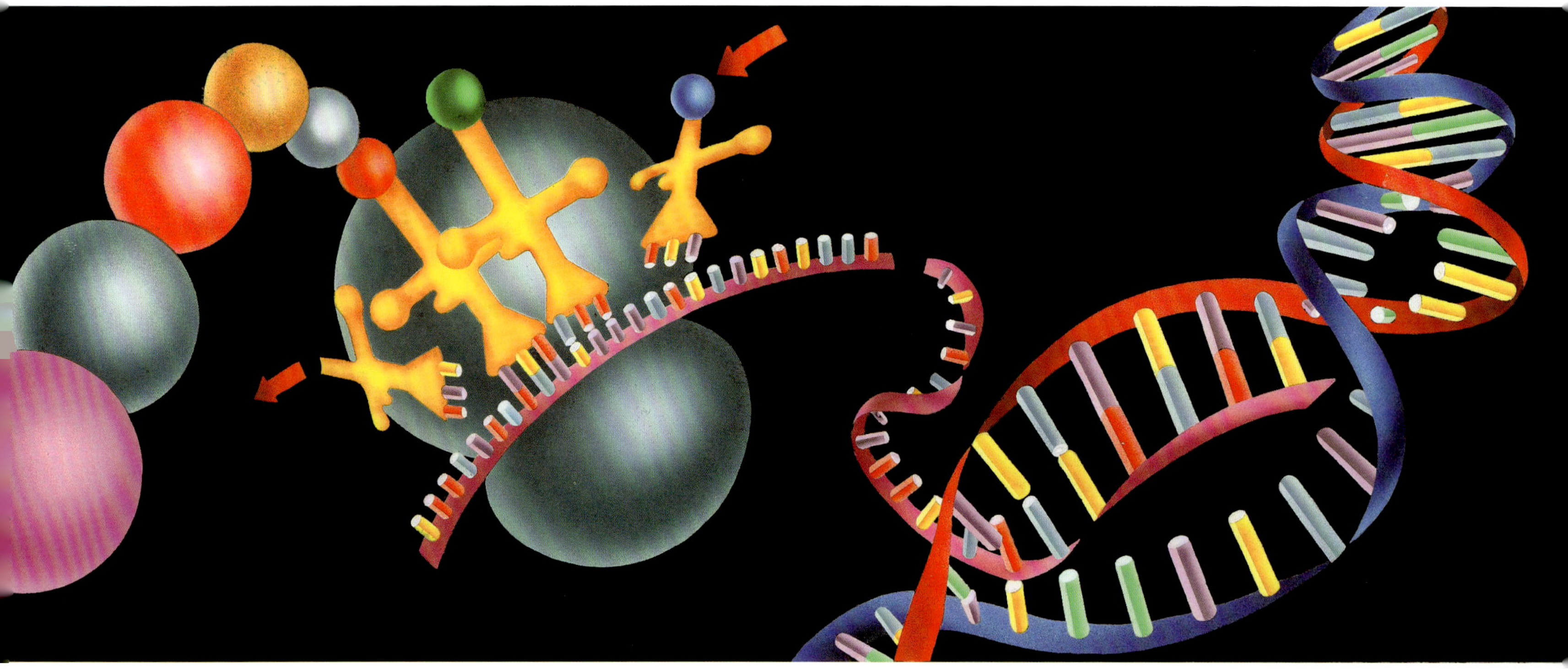

3

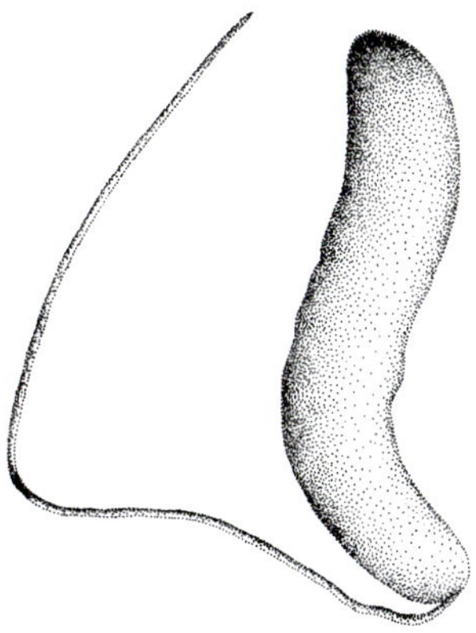

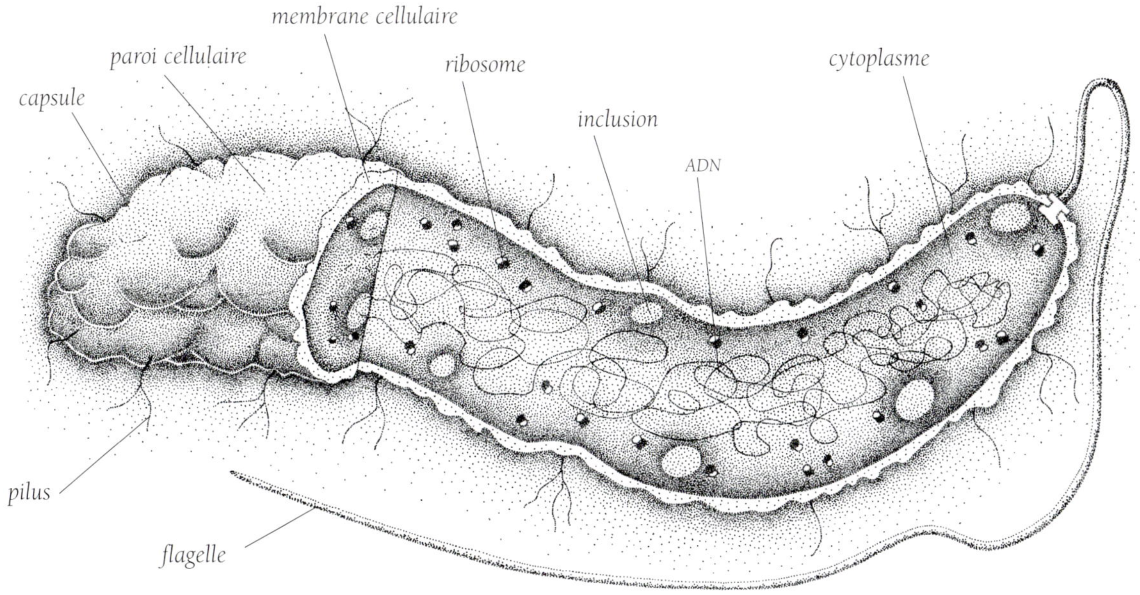

4

3. Un vibrion fortement agrandi, forme typique de cellule procaryote.

4. Anatomie du vibrion. Comme toutes les cellules procaryotes, il est doté d'une paroi, d'une membrane, d'un cytoplasme, de ribosomes et d'ADN mais pas d'un noyau. Dans ce cas, il y aussi une flagelle qui assure sa mobilité.

5. Le virus dit Citrus tristeza *a un génome indivis d'ARN à simple hélice qui est le plus grand dans l'absolu parmi ceux des virus connus agressant les plantes. Il se transmet par des aphidés et cause d'énormes dégâts dans les plantations d'agrumes.*

5

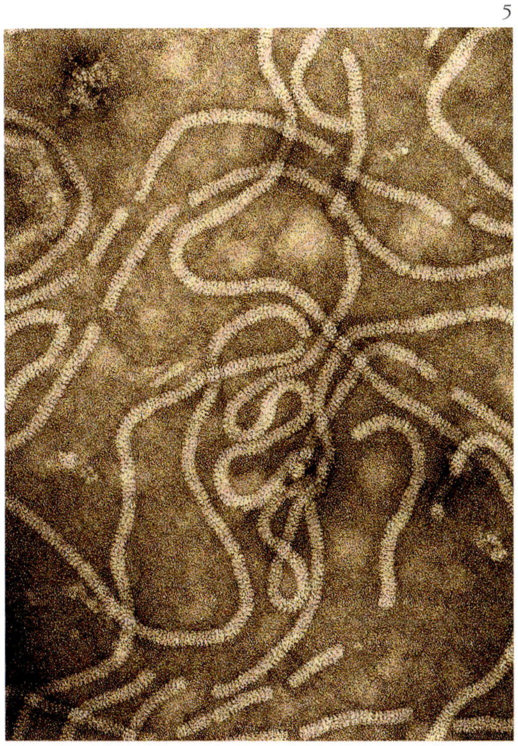

Le premier (ARNm) est simplement le long ruban qui porte les informations structurelles nécessaires pour construire la protéine ; le deuxième (ARNr) est un constituant des *ribosomes*, mécanismes structurels qui servent à effectuer avec une précision absolue certaines opérations fondamentales relatives à la synthèse ; le troisième (ARNt) enfin est le « transporteur » qui a pour fonction de lier les acides aminés et de les emporter à leur position finale.

Les molécules des différents ARNt connus – de un à six pour chaque acide aminé – ont une structure spatiale typique, en forme de trèfle. Sur la « tige » et, respectivement, sur une des trois feuilles, se trouvent deux emplacements d'une importance fondamentale : celui qui lie l'acide aminé et celui, à l'extrémité opposée, qui reconnaît et lie le triplet des bases azotées situé sur l'ARN messager. La reconnaissance du triplet a lieu de la façon la plus simple qui soit, c'est-à-dire au moyen d'un triplet de bases complémentaires qu'on désigne sous le nom d'*anticodon* (une mauvaise traduction de l'anglais qui signifie anti-code, c'est-à-dire code complémentaire).

Par conséquent la clé de lecture du code génétique n'est pas inhérente aux propriétés mêmes des atomes et des molécules, mais elle dérive simplement de l'appariement fortuit qui eut lieu au cours de l'évolution entre anticodon et acide aminé lié à l'intérieur de la même molécule d'ARN de transfert. En théorie, cet appariement aurait aussi pu être complètement différent et, dans ce cas, la lecture des triplets aussi aurait été complètement différente. Toutefois, le fait que le code génétique soit toujours resté essentiellement identique dans tous les organismes indique que le fonctionnement de tout le mécanisme est tellement complexe qu'il faut exclure presque totalement la possibilité de révision et de nouvelles mises au point : les organismes qui, au cours de l'évolution, subirent d'éventuelles mutations qui impliquaient des modifications du code finirent simplement par disparaître.

À ce stade, il faut souligner une situation singulière qui caractérise toutes les cellules actuelles : tandis qu'il est évident que toutes les protéines fonctionnelles de n'importe quel organisme doivent être codifiées, il n'est pas aussi évident que le contraire ne soit pas vrai. En d'autres termes, la quantité d'acide nucléique existant dans le noyau excède de beaucoup la quantité nécessaire pour codifier l'organisme dont il est l'« hôte ». Une grande quantité d'acide nucléique se limite donc à être dupliqué sans jamais être traduite en aucune protéine fonctionnelle, probablement parce qu'en effet il ne codifie rien de fonctionnel. La présence de cet acide nucléique, apparemment inutile mais persistant, constitue un problème théorique non négligeable qui actuellement renforce l'idée de Dawkins sur la centralité et la priorité de l'information dans les organismes vivants.

LIEN FATAL

C'est ainsi que naît le lien fatal entre acides nucléiques et protéines qui, si d'un côté elle permet aux protéines de se dupliquer au moyen de la traduction de leur séquence codifiée dans l'ARN, de l'autre côté fournit à l'ARN non seulement des armes défensives et offensives mais, somme toute aussi, un sens fonctionnel, concept plus philosophique que scientifique, qu'en effet Dawkins n'accepte pas, renversant au contraire le tout, et considérant en définitive que la fonctionnalité est uniquement au service des exigences de l'acide nucléique et a pour seul but d'avantager un certain type de réplicateur-ARN par rapport à un autre type. Mais, à bien y regarder, il n'est absolument pas nécessaire d'aller chercher la priorité entre réplicateur et métabolisme. La vie est l'ensemble de ces deux choses : le réplicateur, transcrit mais non traduit en protéines, est un message dépourvu de sens qui traverse le temps et l'espace en se conservant soi-même (sauf les inévitables mutations) mais sans produire rien de visible ni d'interactif ; le métabolisme au contraire, sans le guide des gènes, est peut-être un feu de paille instable et précaire mais, en fin de compte, il possède davantage les caractéristiques que nous pensons propres aux organismes vivants. La clé de la question réside probablement dans l'instauration de la première forme historique de mutualisme, un type de symbiose qui, dans le cas présent, a été mis au point au niveau chimique avec un énorme succès mais qui, par la suite aussi, à un niveau de plus grande complexité, a permis des progrès extraordinaires à l'histoire de la vie sur la Terre. Les différentes fonctions des protéines codifiées et synthétisées permettent à la bactérie de vivre sa propre vie avec ses adaptations particulières et dans son milieu particulier. Pour le micro-organisme, il reste toutefois un grand danger : celui d'un facteur extérieur, par exemple des rayons ultraviolets, capables d'endommager son ADN et donc de désorganiser tout son système de transcription et de traduction, concrètement sa possibilité même de survie.

1

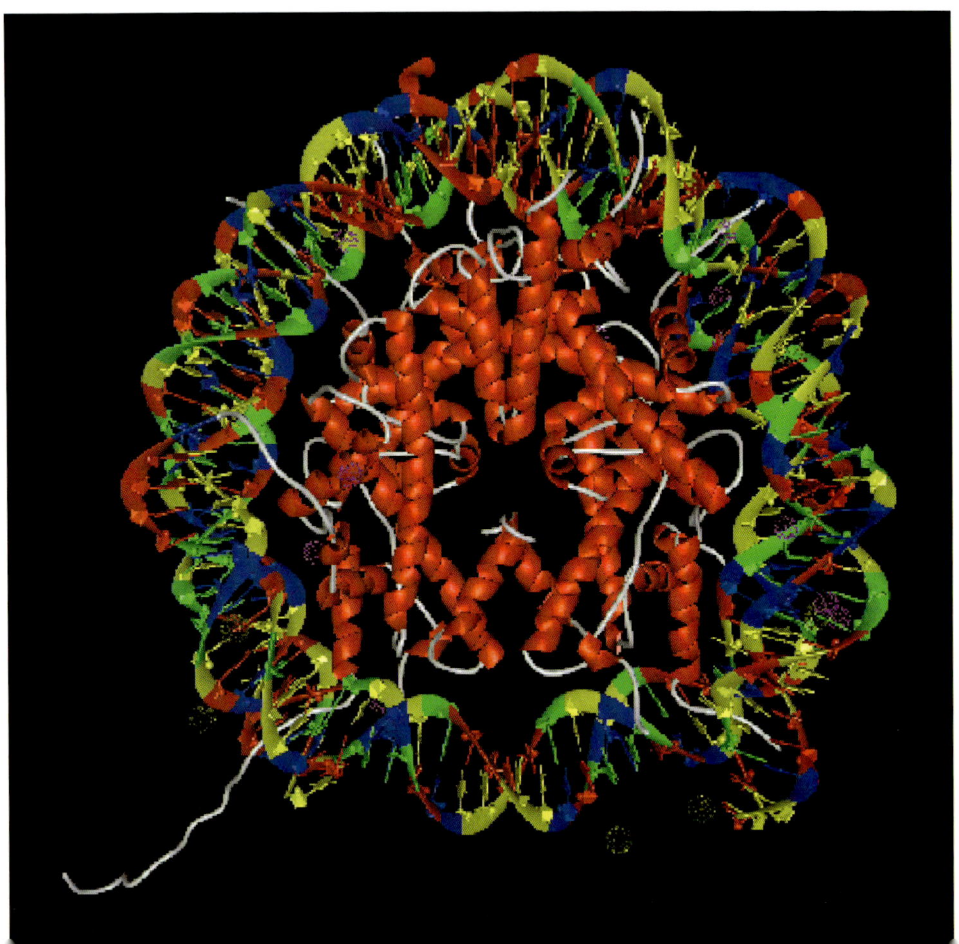

1. Les protéines peuvent s'associer à l'ADN. Cela n'arrive pas dans les organismes les plus anciens (les procaryotes) ; dans les organismes plus récents (les eucaryotes) en revanche, c'est un phénomène ubiquitaire. On voit ici les doubles hélices de l'ADN (bleu, rouge, jaune et vert) qui entourent un noyau protéique (spirales rouges étroitement emmêlées, au centre).

10. PROCARYOTES

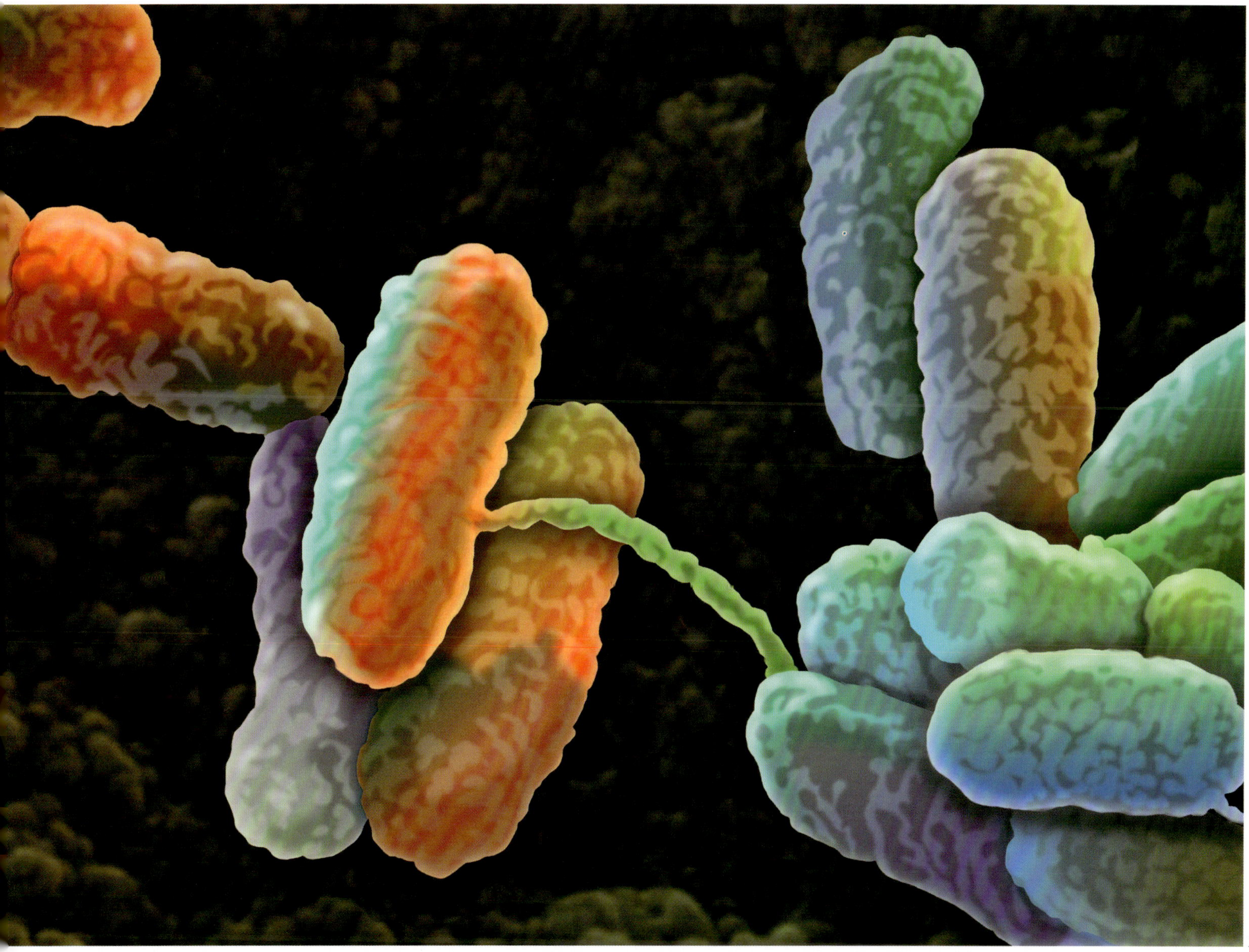

2

2. *Seules les bactéries et les algues ont des cellules procaryotes, dépourvues d'un noyau distinct ; tous les autres organismes vivants, uni ou pluricellulaires, sont formés de cellules eucaryotes. On voit ici justement des bactéries – les très répandues et très étudiées salmonelles – vues au microscope pendant un processus sexuel qui s'appelle « conjugaison bactérienne » : une des deux bactéries duplique sa propre molécule d'*ADN *et la transmet à l'autre en se reliant par un petit tube de protéines appelé* pilus.

COPIES DE PROGRAMMES

Que faire contre le danger toujours présent des mutations ? La réponse est presque banale : se défendre des changements évitables, se plier aux changements inévitables en acceptant de courir les risques afférents qui pourront être évalués avec certitude à posteriori, quand la sélection naturelle fera justice des individus inadaptés en laissant la place aux individus mieux adaptés, certainement une petite minorité à l'intérieur de la population bactérienne.
Dans une bactérie, comme dans n'importe quel type de cellule, la probabilité qu'une mutation fortuite et isolée de l'ADN puisse conduire à une amélioration soudaine d'une structure ou d'une fonction déjà mises au point précédemment est en effet très basse ; il est beaucoup plus probable que, allant toucher de façon fortuite des mécanismes sensibles et délicats, l'effet soit plutôt de provoquer des dommages graves.

Pour une raison analogue, aucun utilisateur d'ordinateur ne peut se permettre de ne conserver qu'un seul exemplaire d'un programme essentiel pour le fonctionnement d'un système. En effet, en cas de destruction, de dommages ou de modifications qui se révéleraient ensuite indésirables, le système tout entier serait irrémédiablement hors d'usage.

La première chose à faire, si on a une disquette pleine d'informations, est d'en faire une copie ou au moins de conserver certains dossiers fondamentaux de rechange. Les premiers systèmes vivants apprirent très tôt à appliquer une précaution analogue en inventant le processus de la *conjugaison* : une façon de remplacer les gènes défectueux et d'en conserver au moins quelques-uns en double exemplaire.

Il y a quatre milliards d'années – à une centaine de millions d'années près – les gènes avaient déjà réalisé au moins les modèles les plus simples de ce que Richard Dawkins a défini comme leurs *machines de survie*. Ils étaient devenus capables de codifier des centaines de protéines différentes qui, une fois construites, pouvaient s'auto-organiser, formant de véritables unités de défense et d'action collective, fermées et délimitées par des membranes constituées en majorité par des substances grasses. Dans ces microcosmes sphéroïdaux, au diamètre de un à cinq millièmes de millimètre, l'activité était désormais frénétique et incluait non seulement la duplication des gènes et le montage des différentes structures protéiques, mais aussi la collecte d'une grande quantité de substances organiques et leur stockage comme matériau de réserve et comme combustible : sucres, graisses et nucléotides spécialisés pour fournir de l'énergie ou des matériaux de construction.

Les gènes étaient tous réunis en un unique et très long brin d'ADN qui se tenait bien à l'abri à l'intérieur de l'espace délimité par la membrane cellulaire et qui, à travers les opérations de transcription en ARN, dirigeait tout le travail de cette cellule bactérienne primitive. Avec la traduction de l'ARN en protéines et avec le métabolisme de la cellule résultant de l'assemblage des nombreux morceaux produits, avait commencé la vie proprement dite, telle que les biologistes ont tenté de la définir.

Dans une cellule, tout dommage éventuel aux protéines est, en principe, parfaitement réparable au moyen d'une intervention adéquate de transcription et traduction à partir de l'ADN ; au contraire, tout dommage éventuel à l'ADN est définitif et irrémédiable : si les plans de construction sont abîmés, la construction finale le sera aussi, à moins que les cellules n'aient déjà inventé le processus de substitution des gènes et n'aient déjà commencé à effectuer des conjugaisons ou quelque chose de ce genre, tout à l'avantage de la stabilité de l'information.

C'est exactement ainsi que, dans la nuit des temps, Éros est venu au secours du gène.

Les procaryotes présentent une énorme diversité d'aspect extérieur et de fonctions et ils représentent objectivement le plus haut niveau de biodiversité existant sur notre planète, même si cette réalité est difficile à percevoir du point de vue humain. Les dessins présentent quelques exemples de cette diversité :

1. Micrococcus radiodurans, *un coccus typique, bactérie de forme arrondie.*

2. Nitrobacter winogradskyi, *du point de vue morphologique un bacille, du point de vue fonctionnel un des rares et très importants organismes capables de « fixer » l'azote, c'est-à-dire de le transformer d'azote atmosphérique en azote nitrique.*

3. *Une colonie de* Streptomyces rimosus, *un producteur d'antibiotiques bien connu.*

4. Anabaena, *une algue bleue à l'aspect typique de chaînette.*

5. Rhodomicrobium vannielii, *encore un micro-organisme qui forme des colonies linéaires.*

6. *Spirochètes.*

7. *L'image spectaculaire de l'atmosphère terrestre vue d'un satellite artificiel. Il est probable que les bactéries constituent aujourd'hui encore la forme de matière vivante la plus abondante sur notre planète.*

CONJUGAISON

À cette époque, la vie était désormais organisée sur toute la Terre en véritables unités *autopoïétiques*, c'est-à-dire capables de maintenir leur organisation contre les éventuelles agressions de l'extérieur, au moyen d'une série d'activités métaboliques. Ces unités étaient des cellules *procaryotes* analogues à celles des bactéries actuelles, minuscules boîtes du diamètre d'un millième de millimètre, dotées de plusieurs centaines de protéines différentes, aussi bien structurelles qu'enzymatiques, délimitées par une membrane lipidique (d'acides gras) et codifiées en un unique brin d'ADN circulaire fluctuant à l'intérieur. Dans ce brin, en exemplaire unique dans chaque cellule, était contenue toute l'information pour la construction des différentes protéines et, par conséquent, pour le fonctionnement de toute la structure ; c'est pourquoi son intégrité était d'une importance exceptionnelle, incomparablement supérieure à celle de n'importe quelle structure protéique qui, une fois endommagée, pouvait facilement être reconstruite par un rapide processus de transcription et traduction de l'ADN : un dommage aux structures représentait un inconvénient modeste mais un éventuel dommage aux plans signifiait la mort assurée.

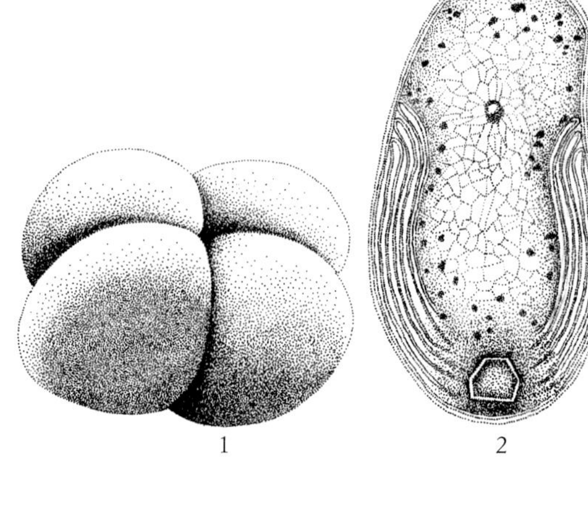

1 2

7

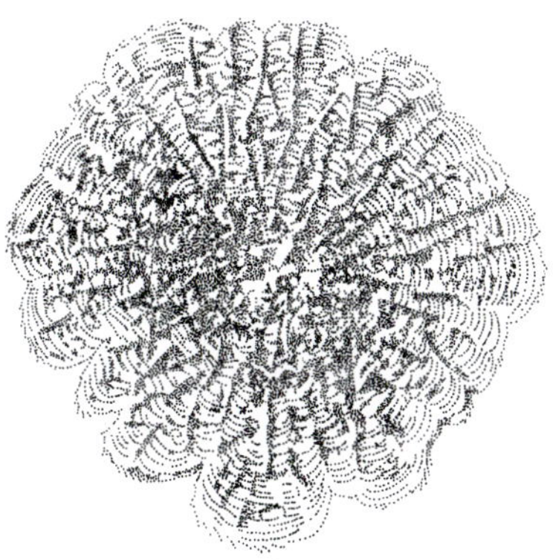

3

Pour comble d'infortune, à cette époque-là, les dommages à l'ADN des bactéries primitives devaient être à l'ordre du jour : non seulement aucune cellule n'était encore dotée de l'enveloppe protectrice intérieure de la membrane nucléaire mais, sur toute la surface de la Terre, arrivaient en grande quantité les rayons ultraviolets puisque, dans la haute atmosphère, la couche d'ozone qui est aujourd'hui capable de les arrêter n'existait pas encore. Que pouvait faire une cellule bactérienne en ces funestes circonstances ? S'il n'était vraiment pas possible d'éviter les dommages, il était au moins nécessaire de se mettre en mesure d'effectuer les réparations indispensables de façon rapide et efficace : si la chaîne de l'ADN se brisait, il fallait la renouer et si une ou plusieurs bases azotées subissaient des modifications, rendant inutilisable le gène correspondant, il fallait détacher le morceau défectueux et le remplacer par une pièce de rechange flambant neuve.

4

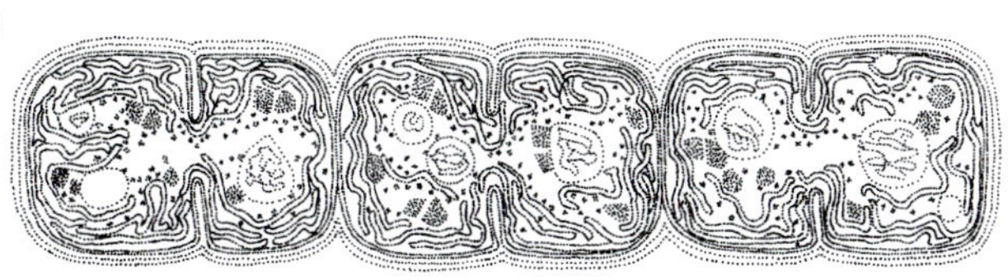

5

6

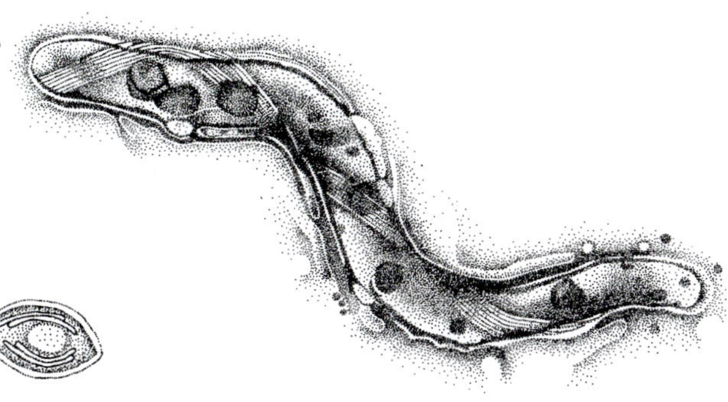

Des opérations de ce type n'ont en elles-mêmes rien d'extraordinaire et peuvent s'effectuer assez facilement à l'aide d'une paire d'enzymes spécifiques, une ADNase capable de couper la chaîne à des endroits bien précis et une ADN ligase capable de la ressouder en fixant la pièce de rechange.
Couper et souder sont des opérations fondamentales pour l'entretien ordinaire, mais elles le sont aussi pour tout type de modification et d'élaboration : quand on dispose de la technologie pour pouvoir accomplir facilement ces simples opérations, on peut toujours l'utiliser à des fins nouvelles. Par exemple, s'il s'avérait impossible de repérer la pièce de rechange originale, on pourrait en utiliser une autre légèrement différente, ou bien on pourrait remplacer un morceau de chaîne encore parfaitement fonctionnel par un nouveau morceau qui pourrait même se révéler plus adapté que l'ancien.
Dans une population de bactéries qui ne seraient pas toutes rigoureusement identiques entre elles (dans ce cas, un *clone*), il pouvait donc être très utile de commencer à pratiquer un système de rechange des gènes : duplication de sa chaîne d'ADN et transfert du dupliqué, tout ou partie, à une autre bactérie qui ne donnait rien en échange mais qui était prête à recevoir de bonne grâce un cadeau qui avait un peu des allures d'aide et de colonisation. Cette opération est pratiquée aujourd'hui encore par les bactéries modernes et on l'appelle *conjugaison*. Elle est lancée par des bactéries particulières, généralement désignées par un signe (+), dotées d'un gène capable de construire un pont cytoplasmique, reliant ainsi sa propre cellule à celle d'une autre bactérie incapable de cette prestation et désignée par conséquent par un signe (–). Par ce pont, passe peu à peu une copie de la chaîne d'ADN de la bactérie donneuse. Il suffit néanmoins d'un petit choc mécanique pour que le pont se brise et que le processus s'interrompe avant que le transfert de la chaîne soit fini. De toute façon, les effets du passage peuvent être immédiatement évidents : si le morceau qui est passé contient le gène (+), les bactéries deviennent (+) et, dès lors, seront capables elles aussi de lancer le processus de conjugaison.
La conjugaison ne serait pas possible sans les enzymes de coupure et de soudure mis au point il y a des milliards d'années pour la défense contre les rayons ultraviolets et n'aurait pas perduré si longtemps si elle ne s'était pas montrée utile pour ceux qui la pratiquent.
Quel avantage peut avoir ce don d'un morceau d'ADN ? Pour une bactérie, il y a la possibilité objective de maintenir une partie de son information en deux exemplaires identiques et distincts au lieu d'un seul. Et puis, en quatre exemplaires, en huit exemplaires, et ainsi de suite. Une bactérie pourrait ne pas se soucier de pratiquer la conjugaison, mais si en revanche elle s'en soucie et qu'elle y parvient, elle est objectivement et fatalement destinée à répandre comme une tache d'huile ses gènes et sa tendance singulière.
C'est une espèce de bonne infection à pouvoir de transformation : celle qui reçoit le gène (+), reçoit aussi la tendance à en produire de nouvelles copies et à les donner ; au contraire, celle qui reçoit d'autres gènes, différents du gène (+), ne pourra pas les donner à son tour tant qu'elle ne recevra pas le gène crucial (+), mais elle pourra toujours les répandre en les intégrant dans son génome et en les dupliquant chaque fois qu'elle se reproduit en se partageant en deux bactéries.
Le gène (+) se comporte comme une authentique maladie qui se répand en épidémie, contaminant en cascade des populations entières de bactéries : des organismes microscopiques qui n'avaient jamais connu le remaniement génétique sont ainsi initiés à ses pratiques et littéralement séduits par son désir. Le don de gènes n'est pas production de nouvelles copies, elle n'est pas reproduction ; par définition, elle est pure et simple sexualité. La sexualité est l'échange des gènes, la reproduction est la copie : donc il s'agit de deux processus complètement différents du point de vue conceptuel – et, chez les bactéries, complètement distincts aussi.
La sexualité est réagencement, renouvellement, aventure. Admettons qu'une bactérie A soit dotée de la capacité de résister jusqu'à une température de 70 °C mais qu'en revanche elle soit vulnérable à la sécheresse ; une autre bactérie B, quant à elle, est capable de s'enfermer dans une capsule résistante si l'eau manque, mais elle est

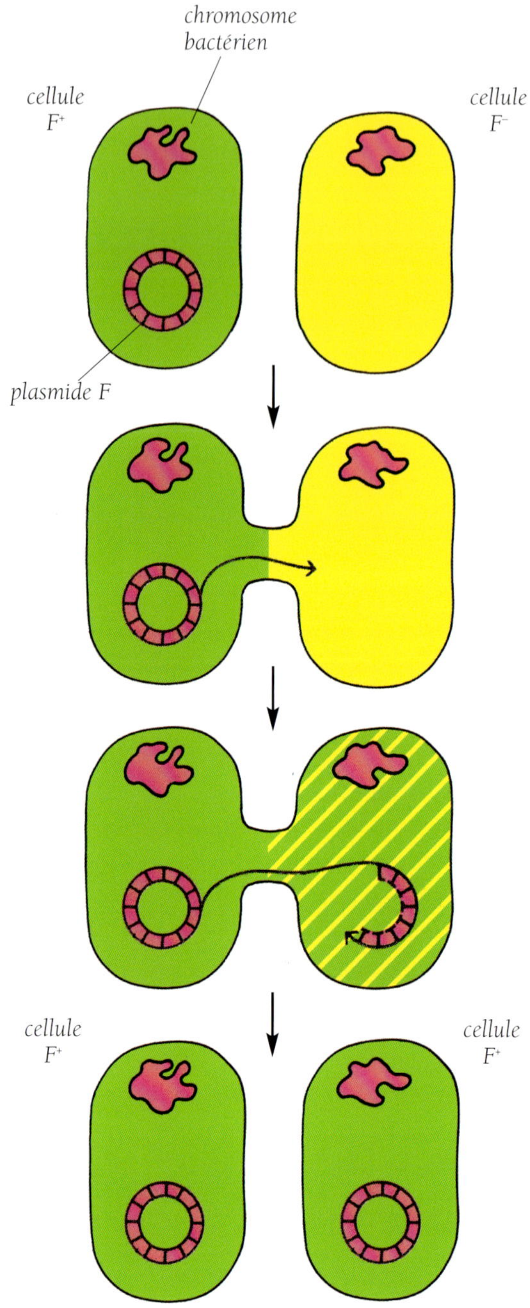

1

1. Conjugaison bactérienne : les deux cellules + et - (contenant ou pas un plasmide) entrent en contact au moyen d'un pont cytoplasmique construit par la cellule +, et ainsi le don d'un morceau d'ADN, contenant ou pas le plasmide, commence : à la fin, si le plasmide est entièrement passé, la cellule - devient +. C'est un phénomène de pure sexualité (échange de gènes) sans reproduction et on ne le rencontre que chez les procaryotes.

2. *Les pilus visibles sur le schéma ont été codifiés par l'*ADN *d'un plasmide, visible en forme libre en (b) pendant qu'il se transfère d'une cellule à l'autre. À travers le pilus (a), un fragment d'*ADN *de la cellule donneuse comprenant aussi une copie du plasmide en forme intégrée, passe à l'*ADN *bactérien ; ce filament remplacera la zone homologue de l'*ADN *bactérien qui ne contenait pas de plasmide.*

3. *Des virus bactériophages, libérés par une bactérie qu'ils ont détruite, se répandent, allant injecter leurs gènes (a) dans d'autres bactéries. L'un d'eux (b) injecte son* ADN *intégré dans un fragment de l'*ADN *bactérien ; ce phénomène est appelé « transduction ».*

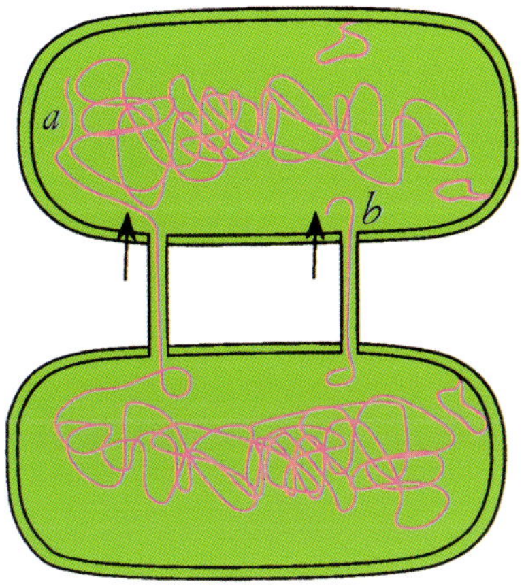

2

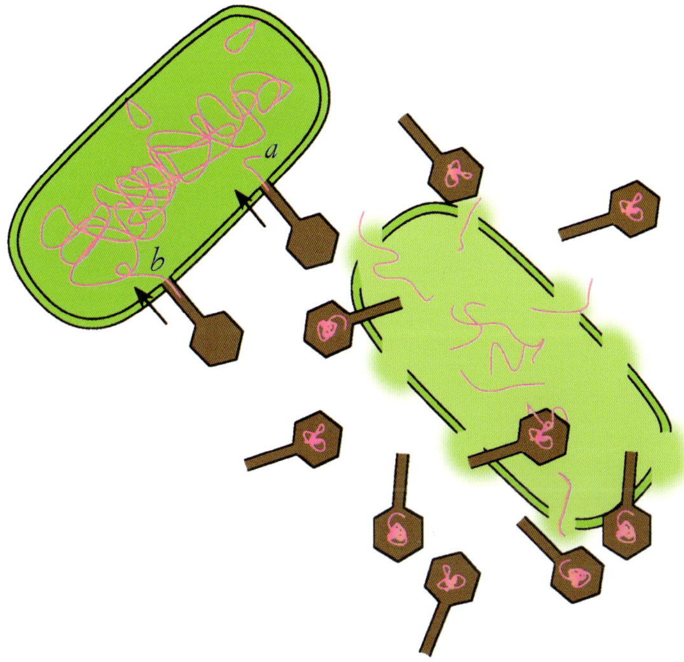

3

4

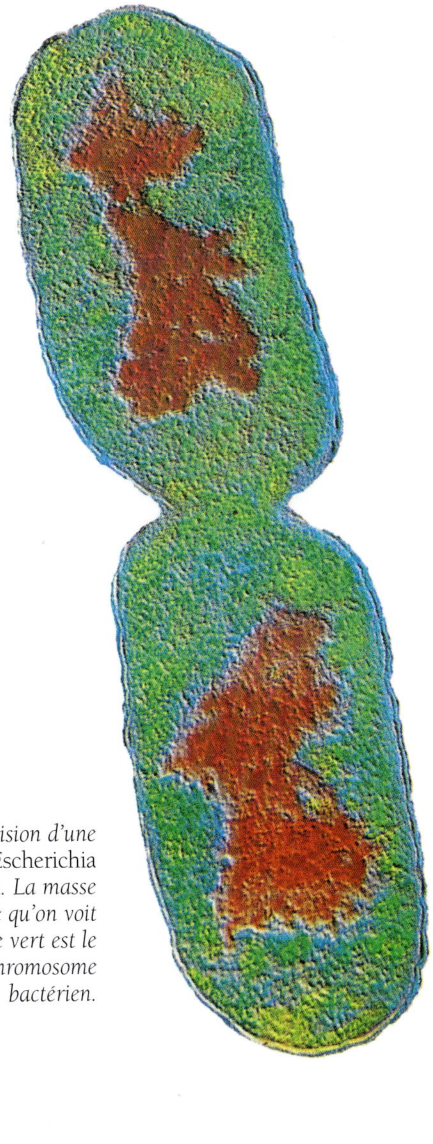

4. *Division d'une bactérie* Escherichia coli. *La masse rouge qu'on voit dans le vert est le chromosome bactérien.*

détruite par la chaleur à une température supérieure à 50 °C. Or, si A et B réussissent à combiner leurs meilleures prestations au moyen de la conjugaison, elles réussiront à produire une nouvelle souche de super-bactéries résistantes aussi bien à la chaleur qu'à la sécheresse.

ÉVOLUTION BACTÉRIENNE

Le réagencement fut presque certainement un des nombreux systèmes que les anciennes bactéries durent mettre au point pour faire face à la menace des radiations ultraviolettes. Une autre méthode possible était la production de spores, c'est-à-dire de petits kystes végétatifs contenant tout le patrimoine génétique de la bactérie qui les produit et capables de subir un processus régulier de développement, allant former une nouvelle bactérie identique à celle d'origine. Les spores résistent à la chaleur, à la sécheresse, aux radiations et à d'autres types de menace, et peuvent retarder leur « germination » tant qu'elles ne trouvent pas les conditions favorables, ou du moins tant qu'elles ne parviennent pas à se protéger d'une couche d'eau, de matériau organique mort ou de substances en solution qui soient en mesure d'absorber et d'arrêter les radiations meurtrières.

On pourrait dire que prévenir vaut mieux que guérir, mais on peut être certain qu'on a la meilleure défense possible quand on dispose soit de stratégies de prévention adaptées, soit de cures efficaces. On a découvert par exemple que les cyanobactéries disposent d'au moins cinq processus enzymatiques différents pour réparer les dommages provoqués par les radiations ultraviolettes. Quatre d'entre eux fonctionnent parfaitement dans l'obscurité aussi tandis que le cinquième, ce qu'on appelle la photoréactivation, a besoin de l'énergie de la lumière visible. Ce système de réactivation est parmi les plus importants : dans de nombreux cas, les bactéries exposées à des radiations ultraviolettes peuvent encore guérir et survivre si, tout de suite après avoir subi le dommage, elles sont exposées à la lumière visible pour permettre le processus de photoréactivation ; si au contraire elles sont maintenues dans l'obscurité, elles ne survivent pas.

L'effet le plus redoutable des radiations ultraviolettes sont les *mutations* qu'elles provoquent. Une mutation est une modification de l'ADN qui peut comporter l'abolition ou l'ajout d'une base azotée, la coupure pure et simple d'une section de nucléotides, la coupure avec soudure en sens contraire et autres types de modifications. Puisque la codification des protéines fonctionnelles de la bactérie dépend de la séquence des bases dans l'ADN, il est clair qu'une mutation a en général pour effet de désorganiser la codification et c'est par conséquent un événement indésirable. La conséquence normale d'une mutation est la mort de la bactérie ou au moins son impossibilité à se reproduire. C'est une forme de *sélection naturelle* qui élimine les organismes mal adaptés à leur environnement.

Mais parfois, encore que très rarement, il peut arriver qu'une mutation donne lieu à un organisme encore mieux adapté que l'organisme originel, dans le cas présent, qui produise une protéine de meilleure qualité que la protéine originelle. Dans ce cas, la sélection naturelle favorisera le nouveau gène qui s'est formé par hasard et augmentera peu à peu sa fréquence dans le patrimoine génétique de la population bactérienne.

Cette *variation de fréquence d'un gène à l'intérieur d'une population* définit avec exactitude ce qu'est l'*évolution* pour les généticiens modernes. Évidemment l'évolution a pour effet de modifier les caractéristiques de la population d'organismes qui la subit mais pas nécessairement les caractéristiques de chaque individu en particulier. L'évolution concerne la *fréquence* des gènes, elle est donc en premier lieu un phénomène qui se passe à un niveau de population et non d'individus ; en deuxième lieu, elle est un phénomène d'abord génétique et qui ensuite seulement a des effets visibles dans l'aspect des individus eux-mêmes (phénotype).

Donc, l'évolution peut avoir lieu par un effet combiné des *mutations* et de la *sélection naturelle*, mais aussi de deux autres façons : le *flux génique* et la *dérive génétique*. Le flux génique sera vite expliqué : ce n'est rien d'autre que l'immigration d'individus porteurs de gènes déterminés à l'intérieur d'une population donnée. Dans notre cas, en imaginant qu'une bactérie soit dotée d'une protéine spéciale qui produit une paroi de protection et en imaginant que cette caractéristique favorise les bactéries qui la possèdent et en fasse augmenter la fréquence, il est aisément pensable que ces bactéries de qualité supérieure puissent migrer ailleurs, allant augmenter la fréquence de leurs gènes particuliers à l'intérieur d'autres populations aussi.

Quant à la dérive génétique, c'est un type d'évolution qui généralement ne comporte pas d'avantages, mais plutôt des inconvénients. Elle a lieu typiquement quand une population reste isolée, se réduit à un nombre très limité d'individus et perd donc une partie du patrimoine génétique qui était présent dans la population originelle plus nombreuse. Dans le cas aussi où les gènes conservés ne codifieraient que des caractères de bonne qualité, la population résultante serait excessivement uniforme et le résultat de cette uniformité serait sa particulière vulnérabilité. La sélection naturelle exige des populations assez nombreuses pour pouvoir s'exercer de façon efficace et sans risques excessifs de réduire la population survivante à un trop petit groupe exposé à un hiver particulièrement froid, à une forte sécheresse, à un ouragan ou à tout autre accident.

EXTINCTIONS IMPOSSIBLES

Dans notre vie quotidienne, nous n'accordons pas beaucoup d'importance aux bactéries. À moins d'être frappés de quelque maladie infectieuse ou bien d'avoir à faire à des eaux polluées pour des raisons biologiques, nous considérons les bactéries avec peu d'intérêt. Et pourtant, ces minuscules organismes ont dominé la Terre de façon incontestée pendant environ trois mille millions d'années, ils ont laissé des fossiles

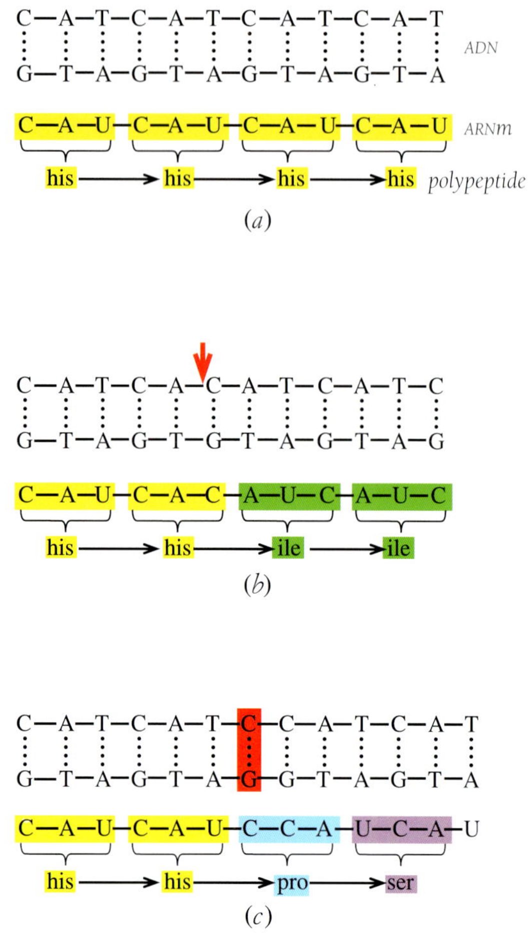

1

1. Une séquence répétée CAU (cytosine, adénine, uracile) donnerait lieu à un polypeptide constitué uniquement d'histidine (a), codifiée justement par le triplet CAU. Une mutation qui comporte l'élimination (ou « délétion » indiquée par la flèche rouge) d'une seule base bouleverse ce schéma, comme on le voit en (b), où la lecture de la nouvelle séquence AUC donne lieu à isoleucine. Enfin en (c), on peut observer que l'insertion d'une base additionnelle (signalée en rouge) modifie la séquence, avec la production dans ce cas d'une simple molécule de proline, codifiée par CCA et de toute une séquence de sérine, codifiée par UCA.

2. Les stromatolithes qui proviennent de la sécrétion calcaire des algues bleues sont les témoignages fossiles les plus anciens d'organismes procaryotes. Il en existe de vivants, semblables aux fossiles, comme dans la Shark Bay, en Australie.

2

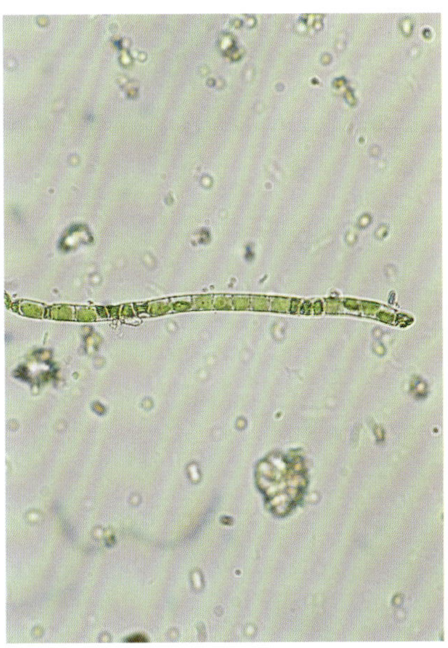

3. *Algue bleue* (Oscillatoria Rubescens). *Le filament est formé par un cordon de cellules procaryotes, qui apparaissent sur la photo comme de petits cercles.*

caractéristiques qui aujourd'hui encore dominent le paysage de certaines régions, connus sous le nom de *stromatolithes*, et enfin ont aujourd'hui encore une importance biologique prépondérante, dominant la croûte terrestre non seulement à la surface mais jusqu'à cinq kilomètres de profondeur et jusqu'à de nombreux kilomètres d'altitude dans l'atmosphère, et représentant environ la moitié de toute la matière vivante de notre planète. Ils résistent à des températures incroyables (110 °C) dans les sources hydrothermales et à des pressions formidables sur le fond des océans (mais d'autres organismes en sont capables, par exemple certains poissons et crustacés), ils ont une écologie extrêmement variée, sont parfois capables de photosynthèse, peuvent passer à la prédation d'autres bactéries au cas où la lumière viendrait à manquer et peuvent aussi se procurer l'énergie dont ils ont besoin pour leur métabolisme par différentes réactions chimiques. Ces dernières durent même représenter la norme pendant la longue période où les bactéries menèrent leur existence sans avoir encore mis au point la photosynthèse (au moins mille cinq cents millions d'années, estime-t-on). Par exemple dans la réaction de réduction du fer trivalent à fer bivalent, on incorpore un électron qui peut être prélevé par l'ADP pour le transformer en ATP. Dans tout le monde vivant, sans aucune exception, l'ATP (adénosine triphosphate) est la molécule qui sert à stocker de l'énergie pour le métabolisme. Quand l'énergie est libérée, l'ATP est réduite en ADP (adénosine diphosphate), ensuite oxydable à nouveau en ATP au moyen de toute réaction chimique permettant de libérer l'électron excédentaire pris par l'ADP. C'est l'occasion de noter que cette réaction universelle advient au moyen d'un composé chimique qui ressemble à un des nucléotides monomères des acides nucléiques, vu qu'il a de l'adénine et du phosphate mais pas de sucre. Pour cette raison, l'ATP est défini comme *nucléoside*.

Les différentes bactéries se spécialisèrent donc afin de produire de l'ATP pour leurs besoins en utilisant différentes réactions chimiques, parfois en utilisant les déchets

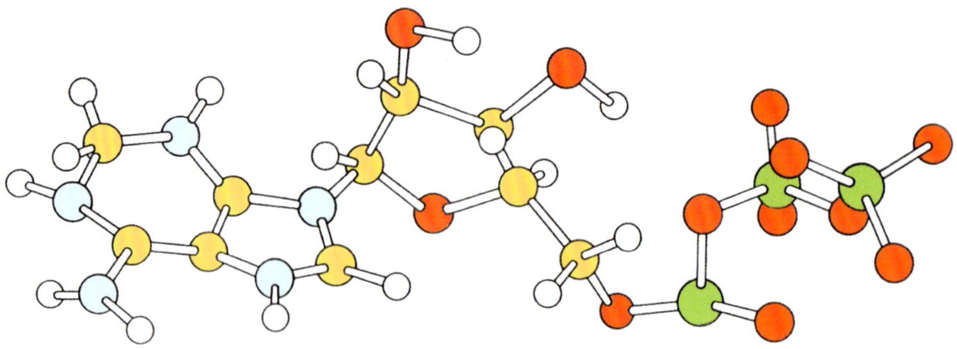

1

d'autres bactéries comme source alternative d'énergie. Outre cela, elles apprirent aussi rapidement qu'on pouvait produire de l'énergie en dégradant le glucose en acide lactique par la *glycolyse anaérobie*. On pouvait trouver le glucose nécessaire à cet effet simplement en mangeant d'autres bactéries et en les démontant, c'est-à-dire en les digérant. Cockell (2003) a intitulé un de ses ouvrages traitant des bactéries *Impossible Extinctions* et a soutenu que, à la différence des dinosaures, des ammonites ou de la faune variée du Permien, les bactéries ont toujours surmonté sans difficulté les crises terrestres périodiques, trouvant un sûr refuge au fond des océans ou dans les entrailles de la Terre. En effet, au cours de la longue histoire de la vie sur la terre, de nombreuses catastrophes de grande ampleur furent sans doute provoquées par des impacts de corps célestes qui, selon de nombreux spécialistes, furent fondamentalement les responsables des extinctions massives. Les bactéries n'ont jamais été touchées par ces événements ou, mieux, ont été certainement touchées en tant qu'individus et populations, mais comme groupe, elles ont toujours réussi à survivre et à produire une descendance de plus en plus diversifiée. Plus encore, les capacités chimiosynthétiques des bactéries sont tellement utiles qu'elles leur permettent potentiellement de passer d'une planète à l'autre à bord d'un météorite adapté. Donc il est tout à fait possible, au moins en théorie, que la vie sur la Terre ait pris son origine sur une autre planète (par exemple Mars) et qu'elle ait ensuite migré à travers l'espace interplanétaire.
Quoi qu'il en soit, c'est sur la Terre que, voilà deux mille millions d'années, quelques bactéries réussirent à mettre au point une méthode révolutionnaire pour produire du glucose en utilisant l'énergie de la lumière solaire pour combiner, dans des stades successifs, de l'eau avec de l'anhydride de carbone : la photosynthèse chlorophyllienne. Les détails de ce système révolutionnaire, qui les affranchissait de la chimiosynthèse et aussi de la prédation, se trouvent dans les livres de botanique et ne rentrent pas dans le propos du présent ouvrage. Ce qu'il faut souligner, c'est que cette technologie extraordinaire, innovante, fut aussi responsable d'un des épisodes de pollution les plus désastreux de l'histoire de notre planète : le produit collatéral de la réaction de photosynthèse était en effet l'oxygène, un dangereux gaz comburant qui oxyda certainement à mort tous les organismes qui n'étaient pas encore dotés des enzymes en mesure de les défendre (ou bien incapables de se retirer rapidement dans des lieux dépourvus d'oxygène où, encore aujourd'hui, certains d'entre eux vivent).
Une fois mise au point la technologie pour se défendre des dommages de l'oxygène, cela devint toutefois un moyen formidable pour dégrader le glucose non plus simplement en acide lactique mais également en anhydride carbonique et en eau (ce qui revient à le brûler) avec une vertigineuse augmentation de la production d'ATP : trente-huit molécules au lieu de deux pour chaque molécule de glucose utilisée, une multiplication par dix-neuf de la production d'énergie ! Ce processus est ce que nous appelons aujourd'hui *respiration*. Sa mise au point rendait techniquement possible l'évolution des organismes qui utilisent de grandes quantités d'énergie pour leurs exigences, par exemple les poissons, les insectes, les guépards, les oiseaux. Mais avant d'en arriver là, la route à parcourir était encore très longue.

1. L'ATP (adénosine triphosphate) est la principale réserve d'énergie de la cellule, le véritable carburant du métabolisme et aussi des mouvements. Il peut être produit par la dégradation du glucose avec des résultats assez modestes si le processus est anaérobie, largement plus conséquents si la respiration entre en jeu. À ce que l'on sait, il s'agit d'un carburant universel qui se forme aussi dans différents processus chimiques terrestres et extraterrestres avec une grande facilité.

2. Photographie au microscope électronique à scansion qui montre une bactérie (au milieu, à l'aspect de chaînette de grains) ingérée par un globule blanc (tout autour, comme une pieuvre dentelée).

3. Les soins aux malades, *de Domenico di Bartolo, à Sienne, hôpital de Santa Maria della Scala (Pellegrinaio), représentant un hôpital au XVe siècle. On ne fit de véritables progrès en ce domaine que plusieurs siècles plus tard, grâce à l'œuvre de Pasteur, qui réussit finalement à détecter les agents des maladies infectieuses, les bactéries.*

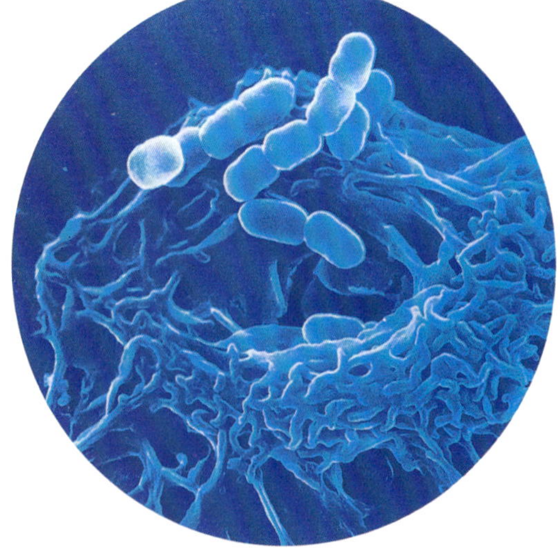

2

3

11. EUCARYOTES

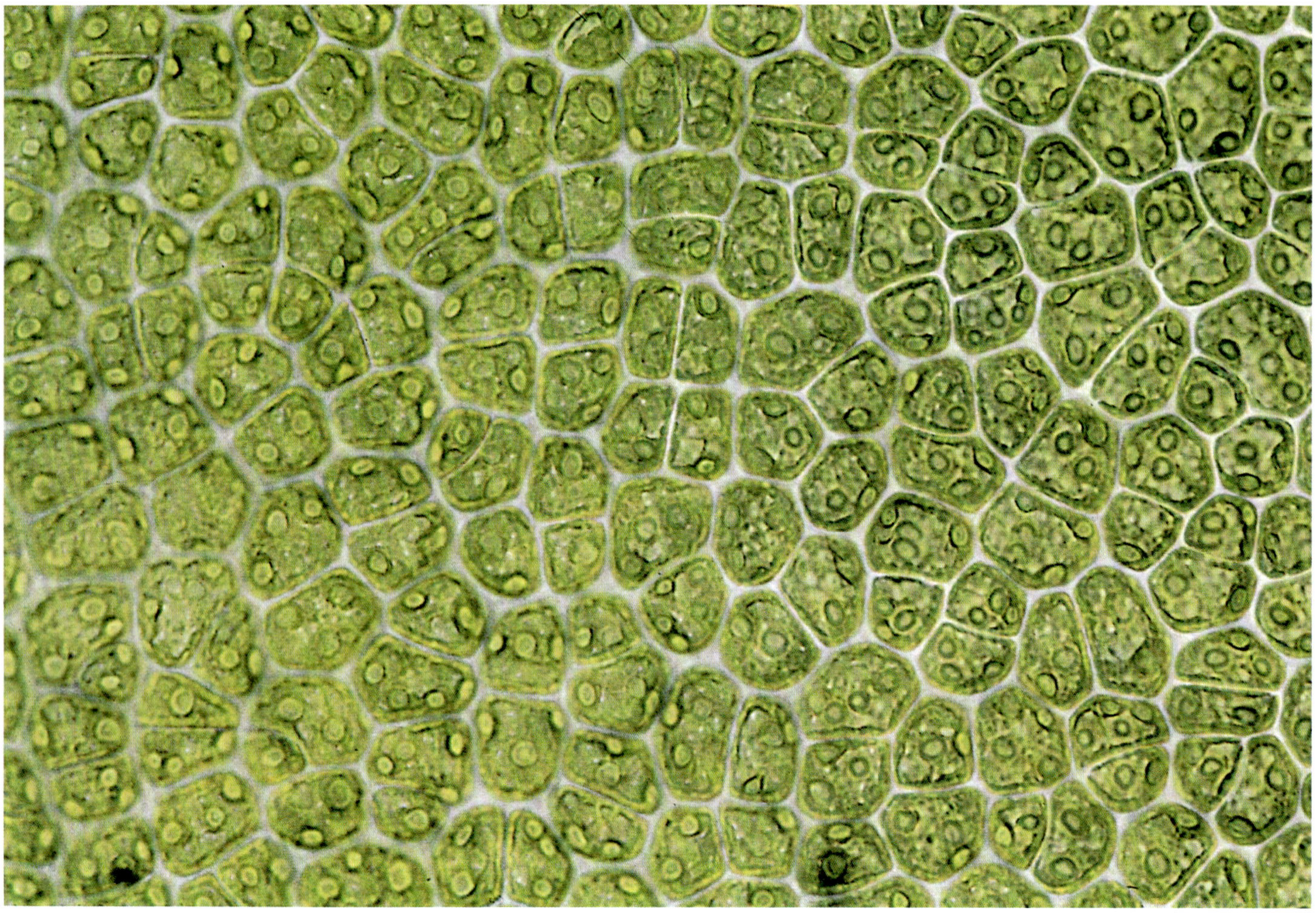

1

UNE INCROYABLE SYMBIOSE

La première conséquence directe de la mise au point de la photosynthèse et de la respiration fut la naissance d'une association à très grand succès, celle de la cellule *eucaryote* qui aujourd'hui représente l'unité de base de tous les organismes, sauf des bactéries (qu'on définit en effet comme procaryotes), c'est-à-dire des protistes, des plantes, des champignons et des animaux.

La cellule des organismes eucaryotes est beaucoup plus grosse que celle des procaryotes (en moyenne dix millièmes de millimètre contre un à deux millièmes) et elle est beaucoup plus complexe, car dotée de différents compartiments spécialisés séparés par des membranes. Le matériel génétique (ADN) est beaucoup plus abondant que celui des bactéries et par conséquent, il est opportunément enroulé autour d'un matériel protéique de support particulier et enveloppé dans une membrane supplémentaire (membrane nucléaire). Les réactions de la respiration et, quand elles existent, celles de la photosynthèse, ont lieu dans des corpuscules spécialisés, respectivement les mitochondries et les chloroplastes, enfermés à leur tour à l'intérieur de la membrane. Il existe de nombreuses autres structures qui, dans ce contexte, ne nous intéressent pas de façon particulière.

Comment cette grosse cellule si différente et si complexe dans son organisation a-t-elle pu émerger de la petite cellule bactérienne ? Lynn Margulis a formulé une hypothèse

*1. Le limbe pluricellulaire où sont bien visibles les cellules d'*Ulva lactuca*, une algue verte bien connue. Les plantes aquatiques connues communément sous le nom d'« algues » ne sont pas un groupe systématique défini mais présentent une énorme variété d'organisation, de forme et d'origine évolutive (phylogenèse). Ce qui rassemble ces plantes, c'est plutôt une situation écologique, le milieu aquatique dont elles ne se sont jamais affranchies, avec pour conséquence de ne pas être dotées d'un système de conduction des liquides.*

qui, au départ, semblait très osée mais qui, le temps passant, recueille un nombre toujours croissant de confirmations et jouit désormais d'un large crédit : il s'agit, semble-t-il, d'un épisode de plus de symbiose mutualiste, où l'association de deux ou trois organismes s'est transformée en un seul organisme beaucoup plus efficace que l'organisme d'origine.

Imaginons un scénario avancé de vie exclusivement procaryote. Quelques bases azotées sont désormais capables de photosynthèse, d'autres pratiquent efficacement la respiration et réussissent par conséquent à tirer beaucoup d'énergie de quantités minimes de nourriture. Il est inévitable que les bactéries restées incapables de telles prestations aient été contraintes d'augmenter peu à peu en taille pour devenir des prédateurs plus habiles. On sait bien qu'en général, c'est le plus gros qui mange le plus petit, et pas l'inverse. Une grosse bactérie capable seulement de glycolyse anaérobie peut en gober d'autres plus petites et les digérer, et elle doit répéter souvent cette opération car, vu la faible efficacité énergétique de la glycolyse, la pauvre a besoin de beaucoup de nourriture pour produire l'énergie dont elle a besoin.

Un jour, une de ces bactéries grosses et lentes en capture une petite et rapide et la gobe. Elle devrait la digérer, mais imaginons que son état du moment ne soit pas des meilleurs et qu'elles ait des problèmes de digestion. La petite bactérie reste en vie, flottant dans le cytoplasme cellulaire de la grosse et respire à plein régime pour obtenir de l'énergie et construire une barrière qui empêche l'autre de la digérer au moyen de ses enzymes meurtriers renfermés dans des gouttes insidieuses. La grosse bactérie, à la suite de cette production d'énergie à l'intérieur de son corps cellulaire, commence à se sentir mieux, et même, pour tout dire, ne s'est jamais sentie aussi bien. Avec toute l'énergie que lui fournit la petite qu'elle a avalée, elle n'a plus besoin de la digérer pour survivre ; si elle pouvait penser, elle se dirait que pour le moment, c'est bien comme ça, pour l'avenir on verra, si l'énergie devait se raréfier à nouveau.

2. Schéma de l'origine de la cellule eucaryote selon la théorie symbionte, désormais bien accréditée. Une grosse cellule procaryote amiboïde incapable de respirer (en haut à gauche) phagocyte de petites cellules procaryotes aérobies, capables de respirer, c'est-à-dire de dégrader le glucose en anhydride carbonique et en eau, en produisant 38 molécules d'ATP au lieu de 2. Les petites cellules continuent de fonctionner à l'intérieur de leur prédateur et le résultat est qu'elles ne sont pas digérées mais utilisées vivantes. D'autre part, à l'intérieur de la grosse cellule amiboïde, elles trouvent une protection inespérée. Avec le temps, elles deviendront des mitochondries, organelles de la cellule eucaryote encore dotée d'un ADN propre. Le deuxième passage se réfère à une nouvelle phagocytose, cette fois de cellules eucaryotes capables de photosynthèse qui subiront un sort identique et deviendront les chloroplastes des cellules végétales.

2

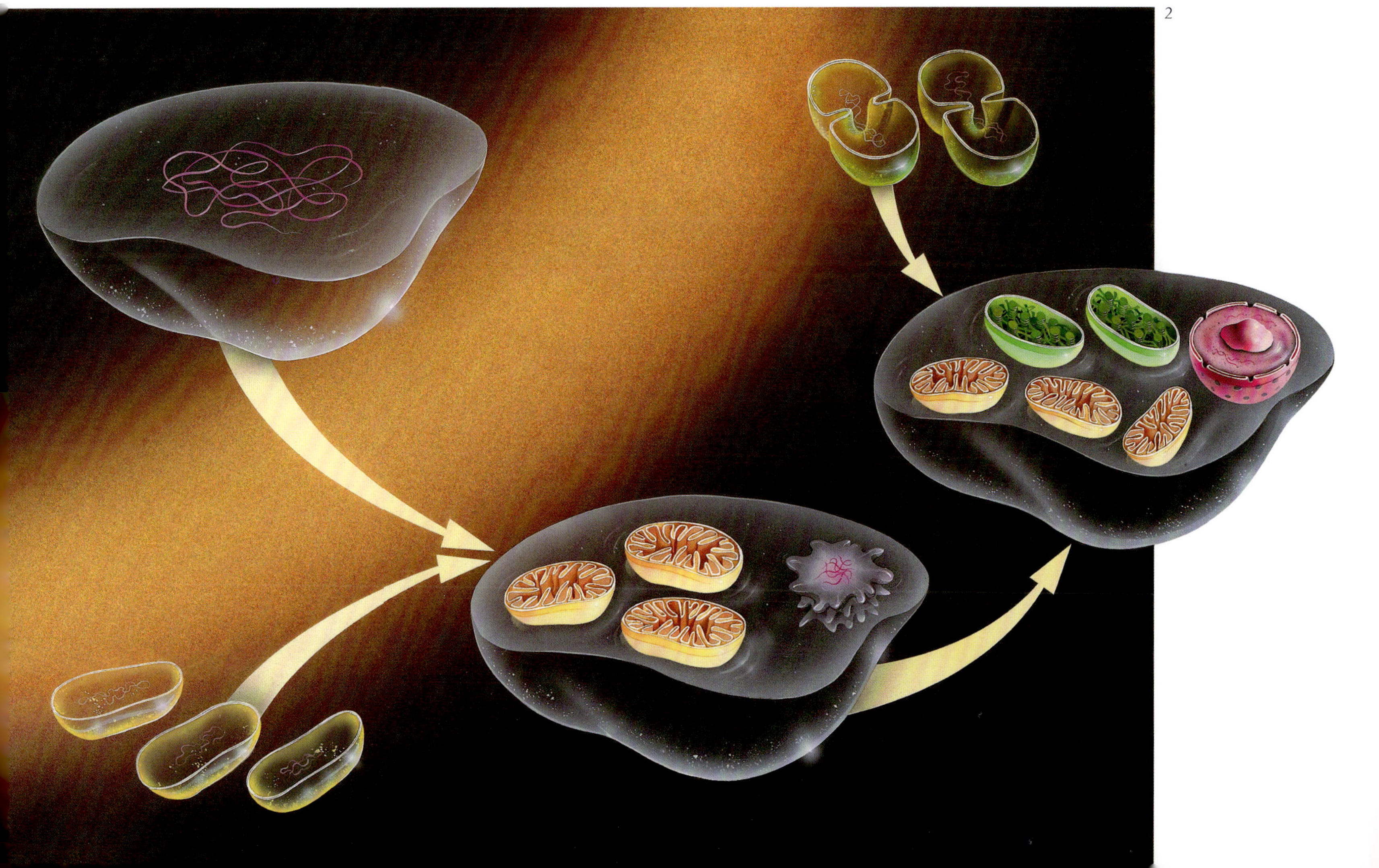

Les gouttes d'enzymes se retirent en bon ordre et la petite bactérie continue à respirer en toute quiétude.

C'est ainsi que se forme une puissante symbiose mutualiste avantageuse pour les deux acteurs : la grosse bactérie est capable de capturer et de démonter partiellement un grand nombre de petites proies tandis que la petite bactérie en reçoit les composants chimiques et les démolit jusqu'à l'anhydride carbonique avec un net avantage énergétique pour toutes les deux. Maintenant la petite bactérie est beaucoup moins exposée aux prédateurs vu qu'elle est protégée à l'intérieur de la grosse qui, par ailleurs, grâce à elle, est devenue beaucoup plus énergique. Quoi qu'il en soit, pour éviter d'être digérée, elle renforce sa membrane et la double, puis elle se spécialise de plus en plus pour son travail de combustion, c'est-à-dire de respiration. Avec le temps, l'intégration des deux bactéries devient si complète et si avancée que la petite bactérie perd presque complètement son individualité, cédant carrément au noyau de la grande la plupart de l'ADN qui la codifie et se transformant en *mitochondrie*. Il lui en reste toutefois une petite partie, dite ADN *mitochondrial* qui, aujourd'hui encore, constitue une des preuves les plus convaincantes de l'origine bactérienne des mitochondries. De toute manière, les rapports entre une ex-proie potentielle et son prédateur ont si profondément évolué qu'ils permettent un extraordinaire acte de confiance, la délégation à l'ancien ennemi d'une partie des plans mêmes de codification de la mitochondrie.

En principe, la possibilité qu'apparaisse une association si singulière n'était pas très élevée. Si la vie a vraiment fait son apparition sur la Terre il y a 4 200 millions d'années et si les eucaryotes sont apparus voilà 2 000 à 1 000 millions d'années, alors pendant environ 2 200-3 200 millions d'années, il n'a existé sur la terre que des procaryotes et peut-être qu'aujourd'hui encore, en dépit des apparences qui s'offrent à nous, animaux de grosse masse, les procaryotes continuent de représenter la partie la plus importante de la biomasse terrestre.

Dawkins (2004) parle de cette rencontre comme du « grand rendez-vous historique » qui a représenté « la microfondation de la vie complexe présente à grande échelle sur notre planète ». Un événement très improbable, avons-nous dit, mais qui, en dépit de son improbabilité apparente, s'est répété à l'origine de la symbiose mutualiste entre grosses et petites bactéries capables de photosynthèse. À l'intérieur de la grosse bactérie, la petite s'est transformée avec le temps en chloroplaste, l'organelle photosynthétique de la cellule végétale, et ainsi a pris naissance une nouvelle lignée d'organismes capables non seulement de respiration mais aussi de photosynthèse, c'est-à-dire les plantes.

La photosynthèse est un processus d'une énorme importance à un niveau global (en effet, ce n'est qu'à travers elle que la quantité de matière vivante peut être augmentée), mais la respiration est encore plus importante pour le destin des organismes pris individuellement. Si quelqu'un d'autre réalise la photosynthèse, alors on peut toujours vivre en le mangeant et en utilisant jusqu'au bout les morceaux au moyen de la respiration tandis que même si on est capable de photosynthèse mais qu'ensuite on ne réussit pas à utiliser de façon efficace le matériel construit, les perspectives sont bien étroites. Pour cette raison, il existe des cellules eucaryotes dotées uniquement de mitochondries (les animaux, les protistes non photosynthétiseurs et les champignons) ou bien de mitochondries et de chloroplastes (les plantes et les protistes photosynthétiseurs), mais il n'en existe pas dotées uniquement de chloroplastes.

Ainsi apparaît la cellule des eucaryotes, beaucoup plus grosse, plus complexe et plus efficace que celle des procaryotes. Dans un premier temps, elle sera la base d'une incroyable variété d'organismes unicellulaires vivant seuls ou agrégés, dans un deuxième temps les agrégats commenceront aussi à différencier les rôles des différentes cellules, donnant lieu à des populations pluricellulaires de cellules à rôles différents, à des organismes gigantesques par rapport à ceux qui les avaient précédés, les plantes, les animaux et les champignons.

1

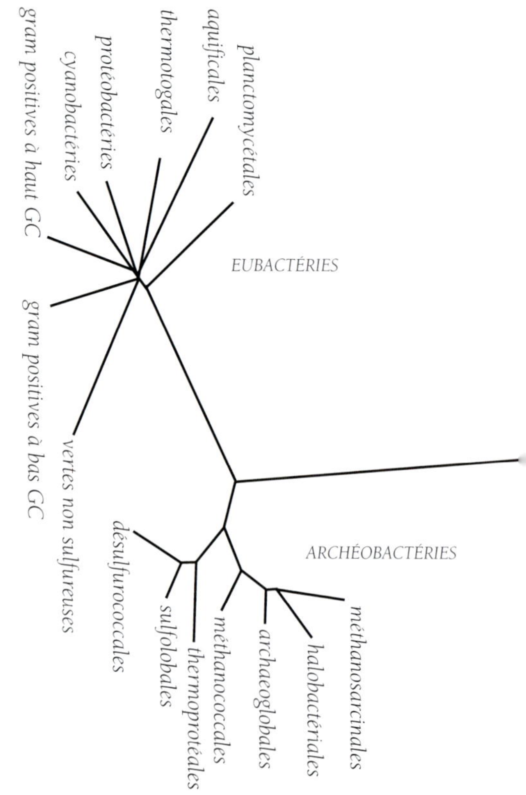

3

2

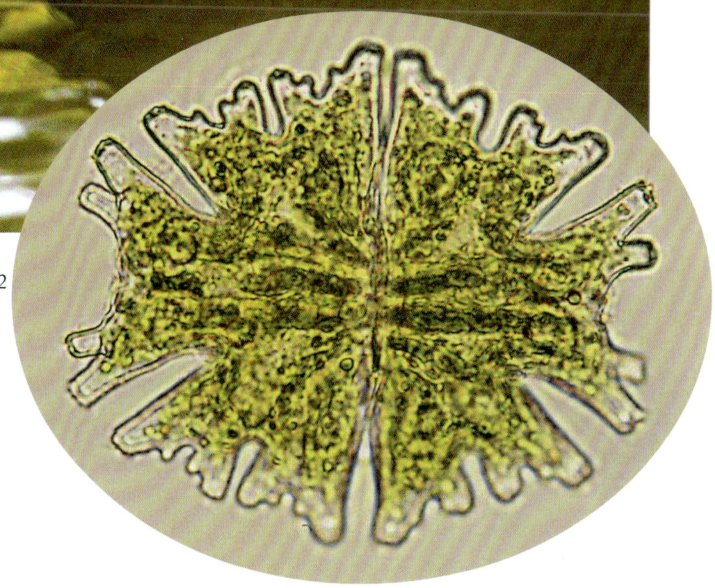

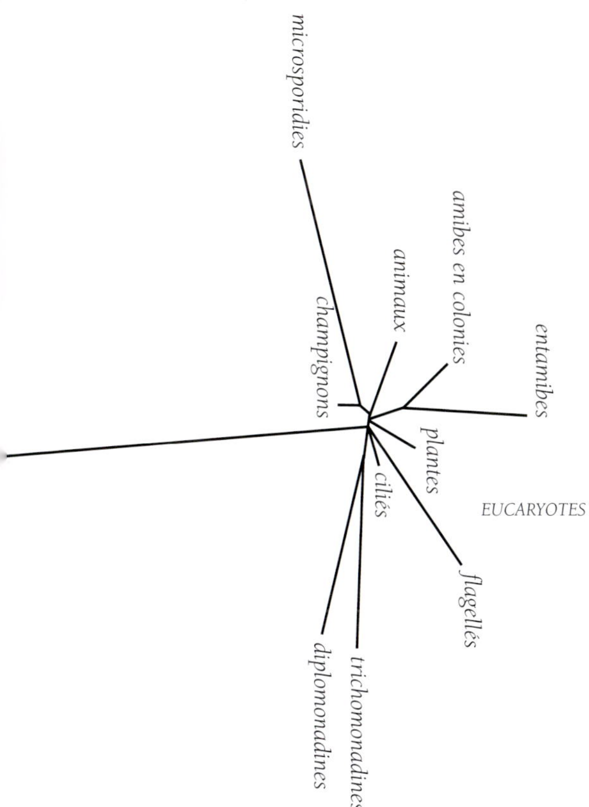

1. Un hippopotame (Hippopotamus amphibius) *émerge de l'eau, image symbolique de la vie dans son organisation la plus complexe et la plus avancée.*

2. Micrasterias americana, *une algue verte qui, tout en semblant et en étant effectivement un organisme beaucoup plus simple que l'hippopotame, est déjà assez complexe puisqu'elle est un eucaryote.*

3. Les surprenants rapports phylogénétiques des organismes vivants. Les eucaryotes, nés de la symbiose décrite dans ce chapitre, sont le plus récent des trois grands groupes et sont précédés, par ordre chronologique, par les archéobactéries et les eubactéries, les deux grands groupes de procaryotes. Les eucaryotes comprennent non seulement des animaux, des plantes et des champignons, mais aussi une quantité disparate d'autres organismes aujourd'hui reconnus comme appartenant à au moins six règnes différents.

1

2

3

algues

lichens

EUCARYOTES

4

5

6

1. *Algue brune* Laminaria digitata.
2. *Algue brune* Fucus Vesiculosus.
3. *Un lichen.*
4. *Champignons* Tricholoma nigrum.
5. *Champignon* Amanita muscaria.
6. *Filaments d'un champignon microscopique (« moisissure » sur un morceau de fromage).*

champignons

1

2

3

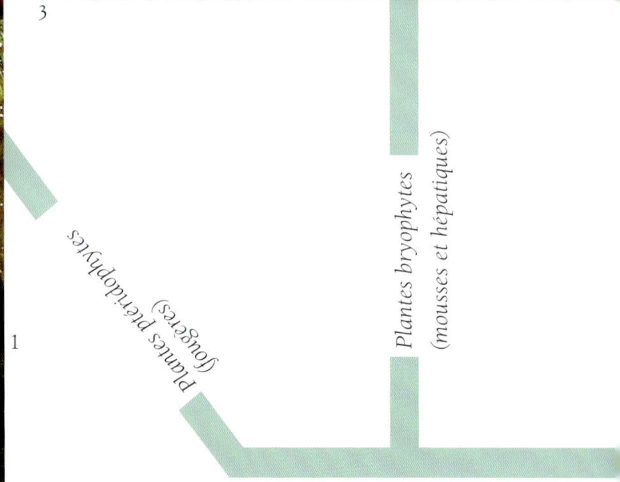

Plantes ptéridophytes
(fougères)
Plantes bryophytes
(mousses et hépatiques)

4

5

6

1. Sporanges avec spores mûres sur une feuille de fougère.

2. L'aspect particulier d'une hépatique, cryptogame qui pousse dans les endroits humides. Ses feuilles, comme son nom l'indique, rappellent l'aspect du foie.

3. Mousses recouvrant un tronc.

4. Les graines ailées d'un pissenlit, prêtes à s'envoler au plus petit souffle de vent.

5. Tronc et branches d'un majestueux chêne pédonculé (Quercus robur).

6. La floraison spectaculaire d'un cactus.

Plantes spermatophytes (plantes à graines)

EUCARYOTES

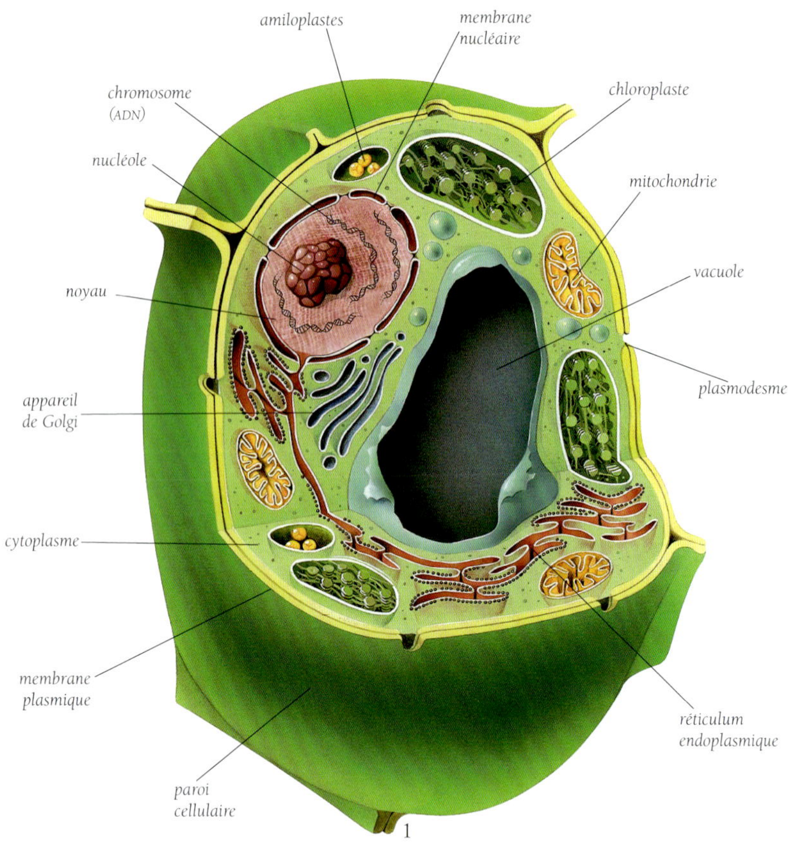

1

1. Cellule végétale avec ses différentes composantes. Cette cellule est tout à fait analogue à une cellule animale, et les principales différences sont la présence d'une paroi de cellulose qui protège l'ensemble, ainsi que les chloroplastes photosynthétiseurs qui évidemment ne sont pas présents dans les cellules animales. Le vert de la cellule entière est une fiction typographique, les seuls composants verts de cette cellule en réalité sont les chloroplastes.

2

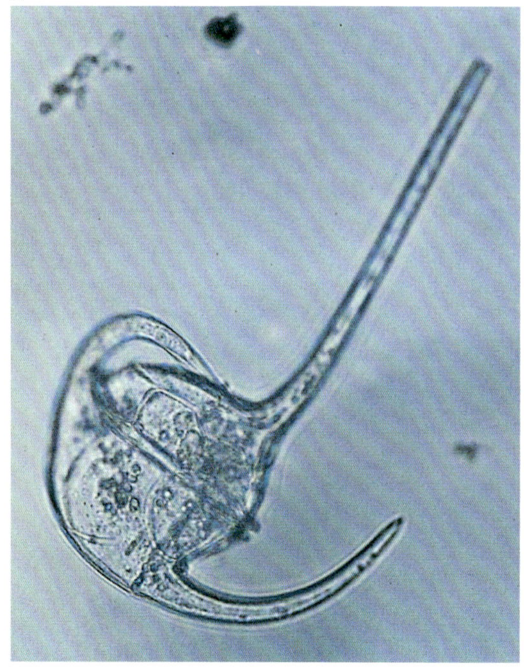

3

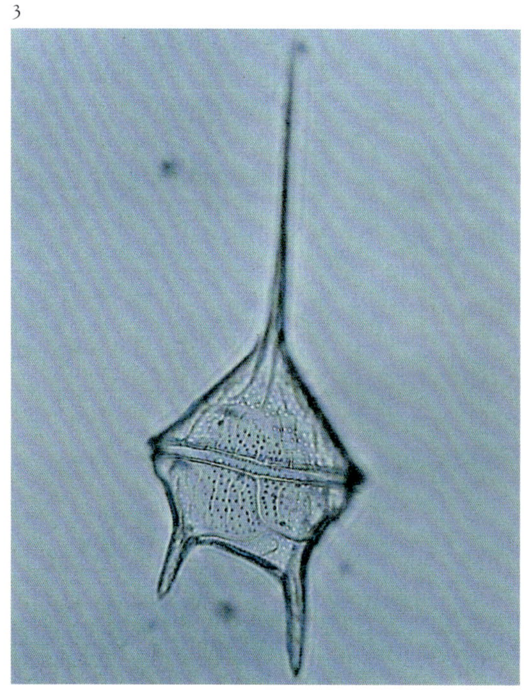

UNICELLULAIRES ET AUTRES

Pour l'heure laissons de côté ces organismes et concentrons-nous sur les premiers eucaryotes actuellement encore bien répandus sur toute la Terre, les *protistes*, autrefois appelés protozoaires et non regroupés avec les différents phylums d'algues qui, aujourd'hui, enrichissent et caractérisent le règne qui est en réalité le groupe le plus multiforme d'eucaryotes actuellement vivants. Depuis leur origine en effet, ils ont connu une spectaculaire arborescence adaptative et aujourd'hui ils se présentent sous une grande variété de formes. Leur importance écologique est énorme, en particulier dans la mer où ils ont souvent laissé d'imposants dépôts fossiles et subfossiles de minuscules squelettes siliceux ou calcaires.

À ce stade, il convient de souligner l'extrême partialité de notre point de vue d'animaux de grande taille : nous voyons le monde comme peuplé essentiellement de mammifères et d'oiseaux, éventuellement aussi de poissons et de reptiles dans quelque brousse tropicale surchauffée, nous sommes convaincus qu'il existe une énorme différence entre un rat et un lézard tandis que tous les « microbes », selon nous, se ressemblent, même s'il en existe des « bons » et des « méchants ». Or les données actuellement disponibles montrent que ce point de vue est complètement erroné, que les différences entre les micro-organismes, bactéries et protistes, sont de loin supérieures à celles existant à l'intérieur de groupes essentiellement homogènes comme les animaux, les plantes et les champignons, et que les animaux, pour prendre un exemple qui nous concerne directement, ne sont qu'une petite lignée évolutive des eucaryotes, située près des champignons et de ces protistes parasites particuliers dénommés microsporides, et séparée des plantes par un autre groupe célèbre de protistes, les amibes.

C'est justement chez les amibes, ainsi que dans un autre groupe de protistes, les choanoflagellés, qu'on rencontre pour la première fois la singulière tendance des cellules à se regrouper en colonie. Cette tendance est saisonnière chez certaines amibes qui normalement vivent isolées dans les terrains humides en se nourrissant de bactéries et en se reproduisant de façon asexuée. À un certain moment, ces amibes semblent

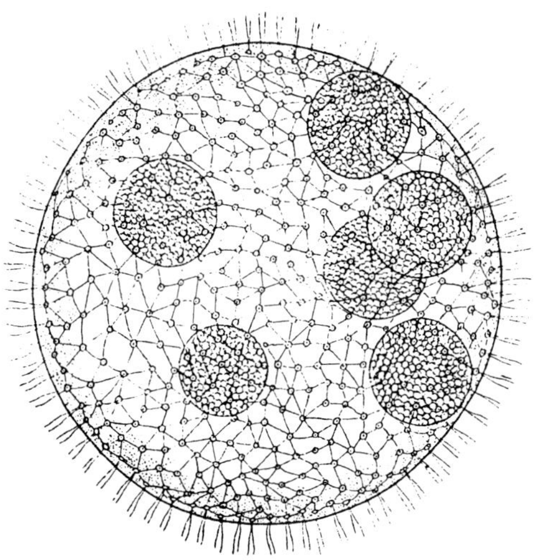

4

prises d'une authentique frénésie de regroupement, elles se rapprochent et entrent en contact en devenant de plus en plus nombreuses et en formant une espèce d'unique petit animal multicellulaire de forme allongée, qui mesure environ un millimètre et qui se déplace dans une direction bien définie, vers la lumière. Puis, cette singulière colonie produit un corps fructifère, une espèce de minuscule champignon qui, comme les champignons authentiques, se révélera plein de spores prêtes à donner naissance à de nouveaux individus (Bonner, 1993). Dans ce but, le petit être vivant commence par se soulever, produisant un pédoncule qui rapidement devient câble par la mort des cellules internes. Alors, un mouvement complexe de cellules à travers la cavité donne lieu au corps fructifère d'où naîtront les nouvelles amibes.
Les choanoflagellés se rassemblent en petites sphères qui, étant constituées par une colonie de cellules munies chacune d'un flagelle, donnent l'impression d'un gros cilié. Entre ces protistes coloniaux et les éponges, les plus simples de tous les animaux, le pas est vraiment petit et il se peut qu'il ait été franchi plus d'une fois.

FÉCONDATION ET MÉIOSE

Au cours de ces rencontres coloniales, un autre système se dessina qui, à y bien regarder, représentait un perfectionnement de la conjugaison : la fusion de deux cellules de la même espèce ayant un patrimoine génétique homologue, pour en former une seule au patrimoine génétique double. De cette façon, si l'une des deux copies s'était avérée endommagée, la survie de l'individu doté de la double information aurait été assurée de toute façon par la présence de la seconde copie encore intacte.
Ce processus de fusion de deux cellules en une seule, avec fusion de deux noyaux cellulaires en un seul, s'appelle fécondation. Il est à la base de la sexualité de tous les organismes eucaryotes, c'est-à-dire de tous les organismes constitués de cellules dotées de compartiments et d'organelles, une gamme très vaste d'organismes vivants allant des protozoaires et des plantes vertes jusqu'aux animaux et aux champignons.
L'invention du processus de fécondation comporte, comme conséquence inévitable, l'invention aussi du processus opposé, c'est-à-dire celui de la division des cellules à patrimoine génétique double en cellules à patrimoine génétique simple. Ce processus, universel chez les cellules eucaryotes, s'appelle *méiose* et peut survenir à différents moments du cycle cellulaire, tout de suite après la fécondation, ou bien dans des cellules spécialisées de la génération diploïde (cellules germinales) ou encore dans un moment intermédiaire. Quoi qu'il en soit, on ne peut pas effectuer plus d'un épisode de fécondation sans le faire suivre d'un épisode de méiose pour une raison très simple : si, après le premier épisode, le résultat est une cellule à patrimoine génétique double (diploïde), après un deuxième épisode analogue de deux cellules diploïdes, le patrimoine génétique deviendrait quadruple, puis octuple et ainsi de suite. En quelques générations, chaque cellule se retrouverait dotée d'une énorme quantité de copies homologues de son propre programme de construction, avec de gros problèmes de stockage de ce matériel ainsi que de coordination de son expression. Par exemple, on sait que les plantes dites polyploïdes (à patrimoine génétique quadruple ou octuple) tendent à avoir des feuilles énormes, inadaptées aux climats qui ne sont pas très chauds et humides. C'est pour cela qu'il est essentiel que les cellules destinées à subir un nouveau processus de fécondation passent auparavant par le processus de la méiose, ce qui a lieu régulièrement chez tous les eucaryotes.
Avec la méiose, la cellule diploïde se divise à nouveau en cellules simples, non pas les deux d'origine, mais bien un produit du brassage des gènes comme dans un paquet de cartes. Il en sort des cellules non seulement haploïdes (c'est-à-dire avec une seule copie des chromosomes originaires), mais aussi avec de nouvelles combinaisons des gènes existants. De cette façon, se forment aussi bien les gamètes (ovules et spermatozoïdes) des animaux que les spores des plantes qui donnent naissance à de nouveaux individus toujours différents par rapport à ceux dont ils tirent leur origine.

2. Ceratium concilians, *un dinoflagellé.*

3. *Encore un dinoflagellé assez semblable au précédent,* Ceratium pentagonum. *Les dinoflagellés sont des algues unicellulaires microscopiques responsables d'une bonne partie de la photosynthèse ayant lieu dans les milieux marins. Ils sont protégés par une robuste paroi de cellulose qui prend des formes variées, apparemment fantaisistes. Ils sont très abondants aussi bien dans la mer qu'en eau douce et ils constituent un chaînon fondamental de la chaîne alimentaire puisqu'ils sont la nourriture de nombreux autres micro-organismes hétérotrophes.*

4. *Une colonie sphérique de* Volvox carteri (Chlorophyta, Chlorophycae). *Le genre* Volvox *présente des colonies avec un nombre variable de cellules, de cinq cents à de nombreux milliers selon l'espèce, et en forme de sphère creuse ou de disque. Dans ces colonies, les cellules se différencient en populations spécialisées dans les activités végétatives et en d'autres populations aptes aux activités reproductrices. Ce type d'organisation semble marquer le passage de l'organisation unicellulaire à l'organisation pluricellulaire.*

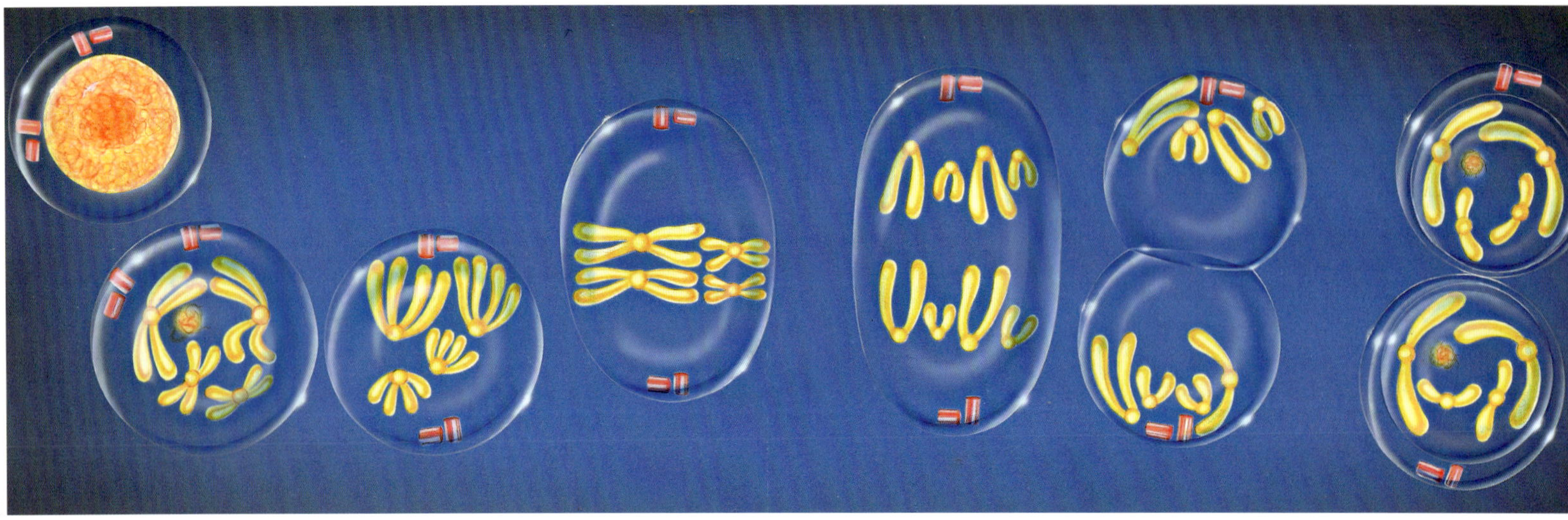

1

C'est un autre aspect positif fondamental du système fécondation/méiose, c'est-à-dire de la reproduction sexuée : par ce moyen, les caractéristiques des deux individus d'origine sont constamment mélangées et ainsi des caractéristiques positives, qui autrement resteraient isolées chez chacun des individus, peuvent se combiner. Il est donc exact que la reproduction sexuée facilite et oriente l'évolution, en mettant à la disposition de la sélection naturelle un matériel de départ de qualité et de complexité toujours croissantes.

Fécondation et méiose peuvent se succéder dans une alternance de générations ou bien dans une simple alternance de phases nucléaires comme dans l'espèce humaine et chez tous les animaux où les générations sont diploïdes (2n) et seuls les gamètes sont haploïdes (n). Il est clair que dans ce cas, la méiose représente la phase initiale de la formation des gamètes, respectivement ovules et spermatozoïdes. Les organismes qui présentent ce type de cycles sont définis comme *diplontes*.

Chez les plantes en général, s'ajoute à l'alternance de phases nucléaires l'alternance d'une génération diploïde avec une génération haploïde. Cette alternance est par exemple bien visible chez les mousses, où la génération 2n apparaît, à première vue, comme une sorte de fleur sur la plante verte haploïde, moins visible chez les fougères où la génération n est réduite à une espèce de petite feuille cachée dans la terre, encore moins visible chez les plantes à fleur où elle est représentée par le pollen, une spore avec des fonctions de mobilité qui subira quelques divisions cellulaires avant de donner lieu aux gamètes qui féconderont l'ovaire.

1. Schéma de mitose d'une cellule eucaryote. En haut à gauche, bien en évidence, le noyau avec le matériel génétique (chromatine) tout embrouillé et les centrioles en forme de petits cylindres par paires perpendiculaires ; puis la chromatine apparaît déjà divisée en chromosomes. Les centrioles vont se placer aux pôles opposés de la cellule ; les chromosomes, encore par paires, s'étendent au centre. Puis la cellule s'allonge et s'étrangle et les chromosomes de chaque paire migrent dans deux directions opposées, comme s'ils étaient « entraînés » par les centrioles respectifs. Enfin, la séparation s'accomplit et chacune des nouvelles cellules se retrouve, dans sa phase initiale, avec une série unique de chromosomes-chromatides. C'est l'authentique processus de reproduction au sens de clonage, copie pure et simple, sans aucune modification, sauf celles qui peuvent dériver d'une mutation occasionnelle.

*2. Petit crocodile émergeant de l'œuf, dessin tiré de l'*Encyclopédie *de Diderot et d'Alembert.*

CONFLIT D'INTÉRÊTS

D'où vient le processus de la fécondation ? Certains biologistes considèrent que la fusion de deux cellules pour en former une seule pourrait constituer la solution inattendue d'une tentative de cannibalisme. Les cellules plus grosses pourraient avoir tenté d'en englober et d'en consommer de plus petites de leur propre espèce mais ensuite, ayant mené à bien la première phase de cette opération, elles pourraient avoir constaté qu'il valait beaucoup mieux garder intacte la nouvelle copie du patrimoine génétique de son espèce plutôt que la digérer et de n'en utiliser que des morceaux. C'est pourquoi, au niveau de la cellule, il pourrait s'être passé encore une fois le même phénomène qui avait donné naissance à la cellule des eucaryotes : une agression opportuniste, et dans ce cas aussi cannibale, pourrait s'être transformée en fusion coopérative. C'est probablement ainsi qu'apparut le sexe, en équilibre entre un égoïsme effréné et dévorant et un altruisme fou d'auto-immolation sur l'autel de la fécondation.

2

On s'attardera encore un peu sur la fécondation pour préciser que, sauf quelques cas limités aux protozoaires, elle n'a presque jamais lieu entre cellules morphologiquement identiques (isogamie), mais normalement entre cellules un peu différentes (anisogamie) ou même très différentes soit dans leur morphologie soit dans leur taille (oogamie).

En effet deux cellules qui se préparent à fusionner pour produire une cellule unique qui sera souvent la souche d'un clone, ont deux exigences : d'abord, elles devraient être bien dotées de matériel de réserve permettant un certain nombre de divisions cellulaires en donnant lieu à une génération de cellules bien nourries et donc pleines de vie ; ensuite, elles devraient être dotées d'une mobilité suffisante pour s'approcher rapidement de la cellule choisie pour la fécondation. On comprend aisément que ces deux exigences ne vont pas du tout ensemble et que tout compromis est très difficile, voire impossible. La meilleure solution pratique est que chacune des deux cellules se spécialise : l'une recueille une grande quantité de nourriture et grandit en taille sans plus se préoccuper de mobilité, l'autre se dote d'organes de motricité et abandonne toute velléité de fournir une contribution à la nourriture. À la fin de ce processus, les grosses cellules deviennent complètement immobiles – ce sont les macrogamètes, connus sous le nom d'ovules –, les petites deviennent au contraire très mobiles – ce sont les gamètes, connus sous le nom de spermatozoïdes.

La différence de taille entre un microgamète et un macrogamète est énorme : on parle de quelques millièmes de millimètre pour le premier et pour le deuxième d'un ordre de grandeur allant de quelques dixièmes de millimètre jusqu'à plusieurs centimètres. Par conséquent, le nombre de gamètes produit dans les deux cas est très différent, bien supérieur dans le cas des petits. Il suffit de penser que, dans l'espèce humaine, les spermatozoïdes présents dans une seule éjaculation sont des centaines de milliers, tandis que les ovules produits au cours de toute la vie reproductive d'une femme sont quelques centaines. Cette situation n'est en rien propre à notre espèce, mais elle est typique de tous les animaux et elle a conduit les

3. Une autruche mâle repose à côté de son nid contenant onze œufs, probablement déposés par plusieurs femelles. L'œuf d'autruche est le plus gros macrogamète existant, avec des substances de réserve qui en portent le poids jusqu'à un maximum de 1,9 kg avec une moyenne de 1,5 kg. Les rapports sociaux entre mâles et femelles ne sont pas toujours aussi simples qu'on pourrait le croire eu égard aux idées (par ailleurs fondées) concernant les rôles respectifs des macrogamètes et des microgamètes. Souvent en effet, la situation est notablement modifiée par les pressions de l'environnement qui déterminent en dernier ressort si l'espèce sera polygynique, monogamique ou, dans de rares cas, polyandrique. L'autruche présente un système sociosexuel vraiment insolite, polygynique-polyandrique avec des nids contenant les œufs de plusieurs femelles, normalement de deux à cinq. C'est le mâle responsable de la fécondation qui a la charge de ce nid. Heureusement pour lui, les poussins sont précoces et capables de se nourrir seuls dès l'éclosion.

3

1

*1. Un petit poisson de la barrière de corail (*Gobius bucchichii*) reste à l'abri entre les tentacules d'une actinie. Chez les poissons, comme chez les amphibiens, la fécondation est externe, ce qui signifie que le mâle asperge de sperme les œufs déjà déposés par une femelle. La conséquence de cette situation est que le mâle, étant le dernier à rester sur le terrain avec les œufs fécondés, est très souvent celui qui doit s'en occuper, souvent selon des modalités élaborées et surprenantes.*

2. Un mille-pattes plat sur le sol d'une forêt tropicale africaine. Bien que les diplopodes (classe à laquelle appartiennent les mille-pattes) puissent apparaître lents et flegmatiques, ils sont néanmoins suffisamment mobiles pour pouvoir adopter la stratégie reproductrice avec sexes séparés (gonochorisme).

biologistes à d'importantes réflexions sur les différences entre les stratégies reproductrices des porteurs de microgamètes et de macrogamètes, c'est-à-dire les mâles et les femelles.

Les mâles, qui produisent au cours de leur vie littéralement des milliards de spermatozoïdes, n'ont aucune raison objective de les économiser. Après tout, un seul individu jeune et sain pourrait en théorie féconder des milliers de femelles avec les gamètes produits en un seul jour. En effet, la plupart des mâles s'agiteront beaucoup pour réaliser un tel objectif, féconder le nombre le plus élevé possible de femelles, avec un critère de choix généralement peu sélectif. La situation des femelles est bien différente, qui doivent pour ainsi dire veiller au destin d'un nombre assez limité d'ovules qui, chez beaucoup d'animaux dont les mammifères, est encore réduit par les problèmes de soins parentaux dont les petits ont souvent besoin. Dans de telles conditions, la meilleure stratégie est la prudence et une soigneuse sélection du mâle qui aura, pour ainsi dire, l'honneur d'accomplir la délicate opération de la fécondation. S'il n'était pas de la meilleure qualité possible, ce serait une grave erreur que d'accepter ses attentions. Donc, les rapports dans la nature sont structurés de façon à favoriser l'aventurisme téméraire des mâles et la sélectivité prudente des femelles. Je ne veux pas dire que ce doive être nécessairement le résultat final chez toutes les espèces, mais seulement que les pressions évolutives sont conditionnées au départ par les exigences profondément différentes des deux sexes.

En effet, c'est l'existence même des deux sexes différents qui trouve sa base logique dans les exigences de gestion différentes des différents types de gamètes. Tout bien pensé en effet, il devrait en principe être parfaitement possible que microgamètes et macrogamètes soient portés par le même individu qui, dans ce cas, serait un *hermaphrodite*. Des cas de ce genre sont communs chez les plantes et existent même chez les animaux ; en général toutefois, on les rencontre chez des animaux qui vivent immobiles (par exemple actinies, éponges, lombrics). Parmi les animaux hautement mobiles et dotés d'un comportement plus complexe, les sexes sont toujours séparés, même dans les cas où l'information pour construire les deux types de gamètes est encore disponible, par exemple chez les vertébrés. Il en est ainsi évidemment car il est très difficile de concilier dans le comportement d'un unique individu l'ardent esprit d'entreprise d'un bon mâle avec la sélectivité prudente d'une bonne femelle.

2

3

4

3. *Escargots* (Helix pomatia) *se courtisant sur un dessin de 1789-1790 de Frederick Polydore Nodder (tiré du premier volume de G. Shaw et F. P. Nodder,* Naturalist's Miscellany, *publié entre 1789 et 1813). Shaw réfute l'hypothèse naïve selon laquelle les cornes de l'escargot constitueraient une espèce de télescope naturel, qui se raccourcirait et s'allongerait en fonction de la distance de l'objet à observer. Mais par ailleurs il accepte l'hypothèse encore plus naïve qui veut que deux escargots en amour se lancent des flèches microscopiques et invisibles. Shaw observe toutefois aussi quelque chose de concret, à savoir que dans la réalité les animaux devraient être plus près. En effet le rituel de séduction est absolument « symétrique » aussi parce qu'il s'agit d'une espèce hermaphrodite.*

4. *L'escargot* Helix pomatia *photographié dans la nature, sur une grosse feuille.*

Chez les animaux statiques, évidemment, cette exigence n'est plus aussi importante et l'existence des hermaphrodites devient possible.

De prime abord, on pourrait même penser qu'un hermaphrodite peut résoudre le problème de la reproduction simplement en se fécondant lui-même ; en réalité, ce processus est tout à fait exceptionnel et il existe dans la nature de nombreux mécanismes qui visent à l'empêcher. Il est évident en effet que le résultat de l'autofécondation est nécessairement une progéniture qui à la fin possède une diversité génétique bien inférieure par rapport à celle découlant d'un simple accouplement entre deux individus génétiquement différents. Le sexe devient, dans ce cas, une modalité tout à fait inutile dans le sens que, tout en garantissant encore la double copie de l'information génétique, il ne peut plus pourvoir au brassage des caractères qui est si utile pour la mise au point de nouvelles typologies d'individus. Par conséquent, les hermaphrodites aussi doivent, en général, se trouver un partenaire sexuel qui, au moins théoriquement, peut être n'importe quel autre individu d'une population donnée puisque chacun est, à la fois, mâle et femelle.

Il reste encore une autre possibilité, à savoir le retour à la reproduction asexuée au moyen de la *parthénogenèse*. Chez les espèces parthénogénétiques, les mâles apparaissent parfois dans de brèves périodes de reproduction sexuelle, d'autres fois ils n'existent pas du tout. Les femelles déposent des œufs qui développent un embryon sans être fécondés et n'ont donc que des filles, identiques à elles-mêmes. Ce type de reproduction est particulièrement répandu chez les rotifères, animaux microscopiques très communs en eau douce et dans les lieux humides, mais inconnus de la majorité des gens. Il apparaît aussi chez d'autres espèces, y compris des espèces plus complexes et insoupçonnables, par exemple chez les lézards américains du genre *Cnemidophoris*, pour beaucoup desquels on n'a jamais trouvé de mâles. Puisque ces animaux dérivent nécessairement d'autres espèces à reproduction sexuée, on peut se demander quelles ont été les pressions sélectives qui les ont orientés vers leur singulier destin et comment et pourquoi leurs espèces ont pu se passer de sexe. Ce sont des questions ardues auxquelles on pourrait tenter de bien des façons de donner une réponse, trop facile d'un côté parce que le résultat est déjà sous nos yeux, trop hasardeuse d'un autre côté parce que rien ne garantit que ce résultat soit vraiment durable. Dans ces circonstances, il semble plus sage de se taire.

12. VIE DANS LES OCÉANS

1

L'EXPLOSION CAMBRIENNE

Même après l'apparition des eucaryotes, la vie sur la Terre resta longtemps microscopique et, en l'absence de squelettes, incapable de laisser en témoignage des restes durables dans le temps. Ce ne fut que voilà six cents millions d'années qu'elle « explosa » en un grand nombre de nouvelles formes pluricellulaires. Les paléontologues parlent d'« explosion cambrienne » puisque, selon toutes les apparences, à ce moment particulier, il se passa quelque chose qui enclencha une nouvelle phase dans l'histoire de la vie terrestre. C'est du moins à partir de ce moment-là que les paléontologues commencent à trouver des traces d'organismes vivants pluricellulaires qu'on peut appeler « animaux » ou, pour mieux dire, « métazoaires », animaux qui ont tous en commun les premières phases du développement embryonnaire. Cependant les biologistes moléculaires ne sont pas d'accord avec cette interprétation ; leur « horloge moléculaire », qui se base sur l'accumulation régulière de mutations dans le temps, indique que les métazoaires commencèrent à exister bien avant, il y a environ mille deux cents millions d'années. La dispute continue mais une solution pourrait être que les métazoaires n'étaient pas dotés de parties squelettiques et que celles-ci soient apparues à une époque ultérieure, celle précisément qu'indiquent les paléontologues. Si c'était vrai (et c'est très probable), ce qu'on appelle explosion cambrienne serait apparente et correspondrait à l'apparition de squelettes pouvant se conserver longtemps. De toute façon, dans cet inter-

2

2. L'empreinte de Spriggina floundersi, *un vers segmenté très commun dans la roche fine de Burgess.*

1. Au fond de la mer, il y a 530 millions d'années, une scène de vie reconstituée, avec un peu d'imagination, sur la base des fossiles trouvés dans le célèbre gisement de Burgess, Colombie-Britannique (Canada). Sur le sol se déplacent des organismes bizarres dont beaucoup n'ont pas laissé de descendants : en haut à gauche, Anomalocaris *qui nageait peut-être comme une raie, au-dessous* Odontogriphus *semblable à un tapis volant, dessous encore* Opabinia*, partiellement enterrée, la très cuirassée* Wiwaxia *et sous elle, l'excentrique* Marrella *avec quatre grosses arêtes en forme de cornes. À droite d'*Anomalocaris*, voici* Pikaia*, le plus ancien chordé connu et sous elle,* Canadia *tout ornée de branchies plumeuses. À droite de* Pikaia*,* Aysheaia *grimpe sur une éponge,* Ottoia *se cache dans le sable et trois* Dinomischus *paradent fièrement.*

3. Trilobites de l'espèce Basidechenella rowi *du dévonien, originaires d'Amérique du Nord (État de New York). Ce grand groupe d'arthropodes qui persistera pendant toute l'ère primaire est déjà présent dans les roches de Burgess.*

3

valle de temps, commencèrent les lignées séparées d'animaux (métazoaires et parazoaires, c'est-à-dire éponges), plantes et champignons. Ces derniers, contrairement aux apparences et à l'opinion courante, sont plus proches des animaux que des plantes.

Pour quelle raison, après une aussi longue période de vie microscopique et unicellulaire, eut soudain lieu cette apparition de si nombreux phylums d'animaux pluricellulaires, à ce qu'il semble carrément une centaine ? Difficile de le dire, difficile de reconstituer ce qui a pu se passer sur la Terre il y a presque un milliard d'années ou peut-être plus, qui aurait pu provoquer ce genre de développement. À ce sujet, il existe des théories qui toutefois, à mon humble avis, tentent de voir trop loin. Les paléontologues sont parfois d'étranges personnages, ils voudraient expliquer en détail comment la vie a commencé il y a un milliard d'années et puis, le cas échéant, contester vivement les données actuellement disponibles sur les extinctions en cours *à l'époque présente*.

L'aspect le plus singulier de cette affaire est qu'au Cambrien apparurent pratiquement tous les principaux phylums des animaux existant aujourd'hui, une trentaine, qui représentent les survivants de la centaine qui existait à cette époque. Il semble que la vie pluricellulaire ait expérimenté avec succès les plans de construction possibles pour vivre, à cette époque, exclusivement dans la mer. De tous ces plans, soixante-dix sur cent se révélèrent éphémères, la majeure partie des trente autres subit un déclin et seuls quelques-uns connurent un succès tel qu'ils remplirent d'abord les eaux salées, puis les terres émergées de leurs représentants.

Le témoignage le plus extraordinaire et le plus émouvant de ce moment particulier de l'histoire de la vie a été retrouvé et décrit en 1909 par C. D. Walcott dans les roches de Burgess (Canada), et remonte à plus de 500 millions d'années. Entre 1970 et 1980, Derek Briggs, Simon Conway Morris et Harry Whittington examinèrent à nouveau tout le matériel et reconnurent que beaucoup de ces très anciens animaux différaient les uns des autres et de tous les animaux modernes, au point de justifier la création d'un phylum séparé pour chacun d'eux. Un de ces animaux, *Hallucigenia*, était doté d'un plan structurel si peu compréhensible à première vue que, dans un premier temps, il fut interprété et représenté à l'envers. Toutefois, l'étrangeté et la variété de la vie à cette période ne signifient aucunement que l'évolution était plus créative que maintenant. Ce qu'aujourd'hui nous reconnaissons comme phylums séparés n'était au Cambrien que de bonnes espèces dont certaines n'eurent pas de succès ou l'eurent de façon éphémère pendant que d'autres consolidèrent leurs positions et laissèrent des descendants plus ou moins nombreux qui possédaient de façon évidente quelques-unes de leurs caractéristiques. Parmi les premiers on ne trouvait peut-être pas la fabuleuse *Hallucigenia* que certains zoologistes actuels placent dans le phylum *Lobopodia* avec un animal très ancien actuellement vivant, le péripate, traditionnellement placé dans le phylum des onychophores. Et peut-être pas non plus la très étrange *Halkieria evangelista* qui, selon Conway Morris, pourrait être un ancêtre commun des mollusques, brachiopodes et annélides. Nous trouvons déjà en revanche dans les roches de Burgess, parmi les plus célèbres et les plus indiscutables animaux très anciens à grand succès, les trilobites, grands arthropodes marins semblables à des crustacés, dotés de nombreuses pattes qui leur permettaient de se déplacer sur les fonds marins. Ils apparurent au Cambrien (il y a un peu moins de 600 millions d'années), prospérèrent avec un grand nombre d'espèces aux périodes suivantes (Silurien et Dévonien), puis leur déclin s'amorça, débouchant de façon définitive à l'aube du Permien sur l'extinction des dernières espèces. L'étude des trilobites fossiles a permis d'établir que certaines familles présentaient des yeux composés comme ceux des insectes actuels, que d'autres se cachaient sous le sable des fonds marins comme les soles actuelles et que d'autres encore se défendaient en se roulant en boule comme les cloportes actuels. Leur durée fut très longue, plus de 300 millions d'années, ce qui témoigne clairement de l'extraordinaire succès non seulement de leur classe particulière désormais disparue mais aussi et surtout du phylum des arthropodes toujours existant, dont ils faisaient partie.

D'autres animaux très abondants au Cambrien sont les brachiopodes, dotés d'une coquille à deux valves semblable apparemment à celle des mollusques bivalves, mais en réalité totalement différents quant à leur structure. Les brachiopodes domineront aussi la scène des mers à la période suivante, l'Ordovicien, mais ensuite commenceront à décliner lentement. Quelques espèces toutefois ont réussi à arriver jusqu'à nos jours. Dans les roches de Burgess, on a trouvé un autre animal particulièrement remarquable, *Pikaia* qui, dans son schéma corporel, ressemble beaucoup à l'actuel amphioxus (*Branchiostoma*), un parent assez proche des vertébrés qui a l'aspect d'un petit poisson aveugle et moustachu, mais dépourvu de cerveau et de boîte crânienne. Au début du Cambrien apparaissent aussi, en même temps que de nombreux phylums d'animaux désormais disparus, les deux phylums les plus importants de notre point de vue, les arthropodes et les chordés (dont les vertébrés représentent un subphylum). L'importance des chordés pour nous réside dans notre appartenance à ce phylum et dans les modifications notables que notre espèce a

1. Paradoxides gracilis *est un trilobite du Cambrien moyen, trouvé pour la première fois dans les roches qui affleurent près de Jince, dans la vallée du Litavka, sur le territoire actuel de la République tchèque. Cette localité fossilifère est une des premières dans l'absolu connues par la science : sa découverte remonte en effet à 1772. Le résultat de plus de deux siècles de recherches est une série de riches collections de trilobites, brachiopodes et autres animaux qui sont conservées en partie au musée de Prague et en partie dans d'autres centres d'études européens.*

1

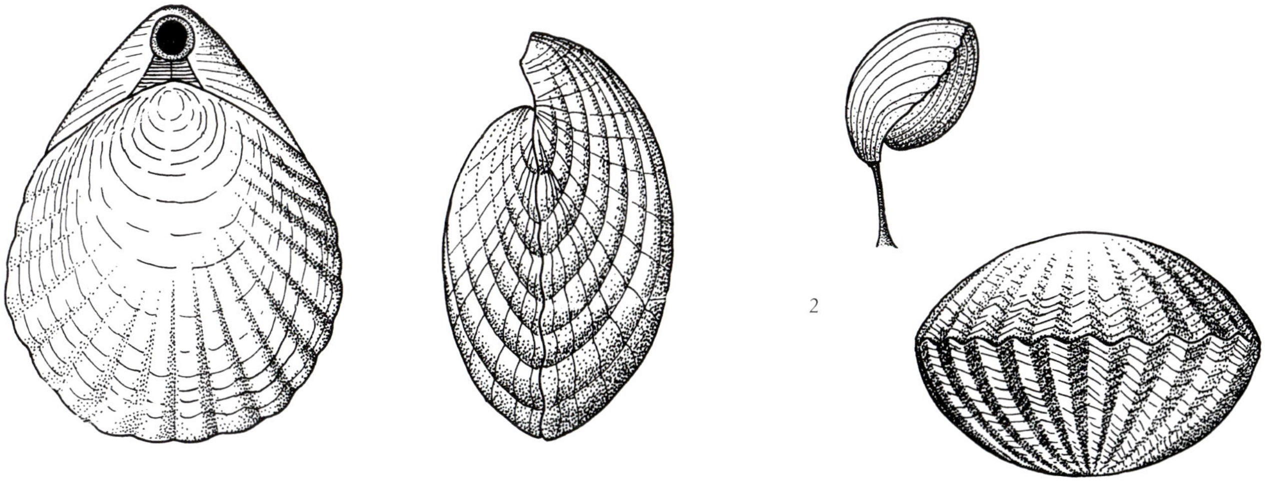

2

3

2. *Différentes vues du brachiopode* Magellania flavescens. *De gauche à droite : d'en haut, latérale, avant. Le petit dessin entre les deuxième et troisième vues montre la position dans laquelle se tenait cet animal quand il était vivant ainsi que le pédoncule qui l'ancrait au substrat.*

3. *Brachiopodes fossiles du Dévonien, de l'Ohio (États-Unis). Après la fossilisation, les coquilles calcaires de ces animaux marins se sont recristallisées en s'imprégnant finement de pyrites brillantes.*

4. *L'ostracoderme* Anglaspis.

5. *Encore un ostracoderme,* Hemicyclaspis, *de l'ordovicien. Les ostracodermes étaient des poissons cuirassés dépourvus de mâchoires qui se nourrissaient probablement de déchets sur les fonds marins. C'est un groupe très ancien dont les premiers fossiles remontent au Cambrien.*

apportées, volontairement ou pas, à la surface terrestre et aux communautés vivantes. L'importance des arthropodes réside dans leur grand succès en termes de nombre d'espèces et donc de niches écologiques occupées. Toutefois, pour des raisons de place, notre rapide panorama de l'histoire de la vie sur la Terre devra nécessairement se limiter aux vertébrés et négligera complètement non seulement les autres phylums mais aussi les autres règnes, plantes, champignons, protistes et procaryotes.

L'ÉVOLUTION DES POISSONS

4

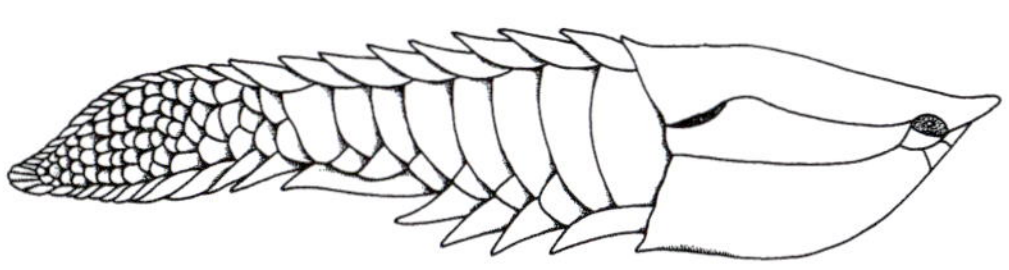

5

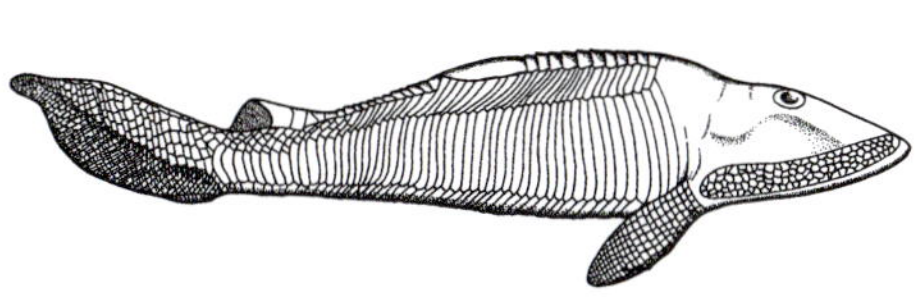

Arthropodes et vertébrés progressent rapidement au cours de l'ère primaire tandis que 70 % des autres phylums disparaissent pour toujours, en partie sans laisser de descendants. Déjà à l'Ordovicien (500-450 millions d'années), les premiers vertébrés sont bien répandus. Il s'agit des ostracodermes, poissons cuirassés dépourvus de mâchoires, que nous pouvons donc placer parmi les Agnathes, c'est-à-dire dans un groupe qui aujourd'hui ne comprend que les cyclostomes, les lamproies et les myxines. L'origine des vertébrés est cependant largement antérieure puisque des centaines d'exemplaires d'une espèce plus primitive d'Agnathes, *Myllokunmingia fengjiaoa*, ont été retrouvés et décrits dans les roches cambriennes de Chengjiang, en Chine, datant de 525 millions d'années, c'est-à-dire avant même *Pikaia*. Les cyclostomes actuels sont tous des parasites, ce qui est compréhensible dans un monde où la concurrence est déjà difficile pour ceux qui ont des mâchoires robustes ; mais il n'en était pas ainsi pour les cyclostomes anciens qui mangeaient sans doute les déchets sur les fonds marins. Ces poissons cuirassés primitifs, dépourvus de mâchoires, devaient aussi être lents et maladroits et on peut penser qu'ils étaient souvent la proie des gigantesques arthropodes marins de cette époque, les euryptérides, ancêtres des scorpions, dont certains atteignaient trois mètres !

Les premiers poissons dotés de mâchoires, les placodermes, apparaissent à la fin du Silurien (450-400 millions d'années) et se répandent partout avec un grand nombre d'espèces à la période suivante, le Dévonien (400-350 millions d'années), mais s'éteindront peu après, bien avant la fin de l'ère primaire. Les mâchoires, bien qu'encore primitives, permettent à ces animaux d'agir en prédateurs ; par exemple, l'imposant *Dunkleosteus* avec sa grosse tête armée et son corps nu fut certainement la terreur des mers de son temps. On estime que ces poissons anciens ont pu être les ancêtres des requins et des chimères, c'est-à-dire de la classe de poissons qui existe toujours et que nous appelons Chondrichtyens ou poissons cartilagineux. Ces derniers apparaissent au Dévonien tardif et persistent jusqu'à aujourd'hui, tout en étant actuellement réduits à un petit nombre d'espèces (quelques centaines), qui toutefois se font remarquer par leur taille et leur importance.

Les Chondrichtyens diffèrent de la classe plus nombreuse des Ostéichtyens non seulement par leur squelette cartilagineux (qui est probablement une adaptation secondaire liée à la nécessité de s'alléger), mais par une longue série de caractéristiques anatomiques qui représentent un curieux mélange de caractères primitifs et hautement spécialisés. La queue par exemple, fortement asymétrique (hétérocerque), est primitive, tout comme les simples fentes branchiales qui requièrent un mouvement continu de l'animal pour permettre l'arrivée d'oxygène dans le sang. On sait bien en effet qu'une façon infaillible de tuer un requin par asphyxie est de le capturer avec un filet et de l'empêcher de bouger. La peau de ces animaux est particulière : au toucher, elle a la douceur du velours, mais au microscope elle apparaît formée d'une myriade de structures minuscules qui ont l'aspect de dents et qui semblent bien telles aussi à cause de leur structure en dentine recouverte d'émail. Le système d'osmorégulation aussi est particulier chez les Chondrichtyens qui, pour contrebalancer la salinité de l'océan, gardent dans le corps une concentration élevée d'urée. Ce système, singulier et primitif, est néanmoins parfaitement fonctionnel, puisqu'il persiste chez les requins, raies et chimères actuels.

Une caractéristique remarquable et certainement non primitive des Chondrichtyens sont leurs œufs spécialisés, très riches en jaune qui, avant d'être déposés, sont enfermés dans une espèce de thèque cornée caractéristique. Cette situation requiert une fécondation externe, effectuée à l'aide d'un appareil qui comprend une nageoire qui peut être introduite dans le cloaque de la femelle pour y éjaculer du sperme. Ceci permet aussi le développement direct de jeunes dans le corps de la mère et même la mise au point d'un placenta analogue à celui des mammifères. Les Chondrichtyens

1

2

1. Le gros placoderme Dunkleosteus *(à gauche de la scène reconstituée) fut un des premiers poissons prédateurs dotés de mâchoires. Il mesurait jusqu'à dix mètres, muni d'une énorme tête cuirassée et d'un corps nu. Dans les mers du Dévonien, il y a 400 millions d'années, avec les placodermes destinés à disparaître, nageaient d'autres lignées évolutives : les premiers poissons osseux (en fond) qui se développeront considérablement jusqu'à nos jours, et les premiers poissons cartilagineux (à droite, au premier plan) parmi lesquels les futurs requins, aujourd'hui réduits à quelques espèces.*

3

2. Crâne de Dunkleosteus *du Dévonien tardif. Les mâchoires se formèrent à partir d'une paire d'arcs branchiaux, selon l'un des processus les plus surprenants qu'on rencontre dans l'évolution des vertébrés. Les dents se rajoutèrent selon toute probabilité dans une phase successive.*

3. Magnifique exemplaire de Scyliorhinus elongatus*, un requin d'à peine quarante centimètres, retrouvé dans les couches du Crétacé supérieur au Liban. La fossilisation a été si fine qu'elle a permis aussi la conservation des parties molles du corps.*

4. Dent d'un gros requin du genre Carcharodon *(le même auquel appartient l'actuel requin blanc) dans les calcaires du Miocène, dans les Pouilles. Nous sommes désormais à l'ère tertiaire et les mers sont peuplées d'espèces semblables aux espèces actuelles.*

5. Une raie (autre poisson cartilagineux de fond) du genre Cyclobatis*, retrouvée dans les calcaires du Crétacé supérieur, près d'El Hakel, au Liban.*

5

font donc partie de ce groupe vaste et hétérogène des organismes que les spécialistes en écologie appellent « K-sélectionnés », ce qui signifie qu'ils produisent une progéniture numériquement limitée mais qu'ils fournissent un fort investissement parental pour assurer la survie de la plus grande partie de celle-ci.

Les Chondrichtyens représentent toutefois un groupe collatéral, bien distinct de la lignée qui donna naissance aux vertébrés terrestres. Ils comprennent les groupes bien connus des requins et des raies avec quelques espèces carrément gigantesques (le requin baleine dépasse les quinze mètres de long, mais mange du plancton), ainsi que celui beaucoup moins connu des chimères, poissons des profondeurs qu'il est bien rare de rencontrer même sur l'étal du poissonnier.

POUMONS ET VESSIE NATATOIRE

La plupart des « poissons » qui peuplent actuellement la mer et les eaux douces appartiennent à la classe des ostéichtyens ou poissons osseux, un groupe qui apparut au début du Dévonien et précéda donc de presque cinquante millions d'années les Chondrichtyens. Il semble que les Ostéichtyens dérivent d'une autre classe de poissons singulière, celle des Acanthodes, qui apparut au Silurien, atteignit une remarquable différenciation au Dévonien et arriva avec quelques espèces au déclin définitif au Permien. Il s'agit de poissons très petits et d'aspect très insolite dont on ne sait presque rien sinon qu'ils disposaient d'une queue hétérocerque, de mâchoires très primitives et d'une singulière série de grosses nageoires sur le corps.

Les poissons osseux comptent encore aujourd'hui deux sous-classes nettement distinctes : a) celle des Sarcoptérygiens (du grec « nageoire charnue », qui furent les ancêtres directs des vertébrés terrestres mais qui aujourd'hui ne comptent que

4

quelques espèces survivantes ; b) celle des Actinoptérygiens (« nageoire rayonnée ») qui inclut la grande majorité des poissons vivants et est largement différenciée aussi bien du point de vue morphologique qu'écologique.

Il semble que les premiers poissons fréquentaient les eaux douces et étaient tous dotés, en plus des branchies, de poumons qu'ils utilisaient pour respirer l'oxygène de l'air quand l'eau venait à manquer. Aujourd'hui, les poumons sont restés chez la plupart des Sarcoptérygiens et chez quelques Actinoptérygiens primitifs tandis qu'ils se sont transformés en vessie natatoire dans la majorité des Actinoptérygiens.

La vessie natatoire est un organe de grande importance pour un poisson : elle permet de régler le flottement à différentes profondeurs. Les Chondrichtyens n'en sont pas fournis et sont donc obligés de nager continuellement s'ils ne veulent pas couler. Il est raisonnable de penser que la plupart des poissons modernes a renoncé aux poumons en faveur de cet organe nettement plus utile et fonctionnel pour un organisme qui vit toujours dans l'eau. Les Actinoptérygiens comptent aujourd'hui environ dix-huit mille espèces marines et d'eau douce, c'est-à-dire qu'ils sont de loin la classe de vertébrés la plus nombreuse, et ils présentent les formes et les dimensions les plus variées, des anguilles aux murènes jusqu'aux thons, aux morues, aux soles, aux barracudas, aux hippocampes et ainsi de suite. Tous ces poissons, la très grande majorité des Actinoptérygiens, sont placés dans le superordre des Téléostéens tandis qu'une minorité d'Actinoptérygiens primitifs constituent les superordres des Chondrostéens et des Holostéens.

1. Évolution des poissons depuis l'Ordovicien (500 millions d'années) jusqu'à l'époque actuelle. La grande feuille sur la droite montre les Téléostéens qui, jusqu'à l'ère secondaire ou mésozoïque, se sont répandus au maximum aussi bien dans les mers qu'en eau douce. À droite, deux petits rubans portent jusqu'à nous les Sarcoptérygiens tandis que sur les autres rubans à gauche apparaissent les Chondrostéens et les Holostéens, Actinoptérygiens primitifs arrivés jusqu'à nous. À gauche toujours, voici la feuille des Chondrichtyens avec requins, raies et chimères et enfin, à l'extrême gauche un autre petit ruban avec les cyclostomes dont les rares survivants actuels sont tous des parasites.

2. Le bichir africain (Polypterus bichir) *présente de nombreux caractères archaïques, par exemple ses nageoires pectorales sont soutenues par un lobe charnu et il est doté de poumons : en outre, il possède une nageoire dorsale qui se compose de nombreuses petites nageoires en forme de drapeau. Il vit dans les cours d'eau calmes et boueux tout en s'aventurant aussi dans les eaux salées.*

1

2

3

4

3. *L'esturgeon* (Acipenser sturio), *bien connu, est le représentant typique des Chondrostéens, superordre doté de caractéristiques archaïques (écailles osseuses sur la tête, intestin rectiligne, queue hétérocerque, etc.) qui domina les eaux du Dévonien jusqu'au triasique, c'est-à-dire pendant environ cent cinquante millions d'années. L'esturgeon européen peut atteindre des dimensions énormes (8,5 mètres et 1 300 kilos).*

4. *Le poisson-spatule* (Polyodon spathula) *est un petit cousin de l'esturgeon. Le genre* Polyodon *présente une queue hétérocerque, un intestin avec valve en spirale et d'autres caractères primitifs, et il comprend dix espèces répandues en Amérique centrale et du Nord ainsi que dans l'île de Cuba.*

5. *Le lépisostée osseux* (Lepisosteus osseus) *est un représentant typique de la famille des Lépisostéidés, caractéristiques holostéens nord-américains. Il est largement présent, du Minnesota et du Vermont jusqu'au golfe du Mexique et au Rio Grande. Il dépasse légèrement le mètre cinquante de longueur et pèse sept kilos, mais une autre espèce de la famille, le lépisostée alligator* (Lepisosteus tristoechus), *du sud des États-Unis du sud et du Mexique, atteint et dépasse les trois mètres et les cent kilos.*

6. *Le Tecolutla, au Mexique, est un des cours d'eau où vivent les lépisostées osseux.*

Parmi les Chondrostéens, les seules espèces bien connues du grand public sont les esturgeons, auxquels s'ajoutent les poissons-spatules *(Polyodon)* d'Amérique du Nord et les *Polypterus* africains, ces derniers dotés de poumons et superficiellement semblables à un sarcoptérygien pour ses quatre nageoires égales, semblables à des membres. Il s'agit en réalité d'une convergence évolutive due à un style de vie dans un milieu boueux tout à fait semblable.

Les Holostéens sont actuellement représentés par deux seules espèces bien connues des pêcheurs d'eau douce nord-américains, *Amia* et *Lepisosteus*, qui sont déjà assez proches des Téléostéens.

Ces derniers sont récents par rapport à tous les autres Actinoptérygiens et aux Sarcoptérygiens, puisqu'ils apparurent à l'ère secondaire et devinrent le groupe de poissons dominant au Crétacé, c'est-à-dire vers la fin de l'ère des dinosaures et bien au-delà de l'origine des mammifères (Triasique) et des oiseaux (Jurassique). À part les nageoires rayonnées et le corps recouvert d'écailles, les Téléostéens sont aussi bien connus pour une stratégie reproductrice diamétralement opposée à celle des chondrichtyens. En effet, ils déposent un nombre énorme d'œufs, d'un minimum de quelques dizaines de milliers pour des poissons relativement petits comme les harengs jusqu'à neuf millions estimés pour une seule femelle de morue ! L'individu compte bien peu chez les Téléostéens si l'on pense que, sur ces neuf millions, seuls deux ou trois réussiront à devenir adultes et à se reproduire tandis que tous les autres

5

6

termineront leur existence encore sous forme d'embryon, d'alevins ou de jeunes immatures. C'est ce que les écologues définissent comme la « R-sélection », investissement reproducteur basé sur le grand nombre, sans soins parentaux autres que le choix d'un site approprié où déposer les œufs. Tous les Téléostéens toutefois ne suivent pas cette stratégie jusqu'au bout, beaucoup donnent des soins parentaux et, dans ce cas, c'est souvent le mâle qui s'occupe de la progéniture (voir par exemple l'épinoche ou l'hippocampe). Le mâle est en effet sujet à être « abandonné » par la femelle avec les œufs fécondés, puisque la fécondation est externe et survient après la dépose des œufs.

VERS LA VIE SUR LES CONTINENTS

La sous-classe des Sarcoptérygiens présente des nageoires charnues disposées comme quatre membres, généralement des poumons (sauf dans le cas du cœlacanthe qui les a perdus secondairement), et beaucoup d'autres caractéristiques pour lesquelles on les reconnaît comme les ancêtres présumés des amphibiens et, en général, des vertébrés terrestres. Au Dévonien, les poissons osseux les plus communs appartenaient à cette sous-classe et en particulier à l'ordre des Crossoptérygiens, dont les derniers représentants connus jusqu'en 1939 avaient été retrouvés dans les roches du Crétacé. Ces anciens poissons semblaient avoir disparu en même temps que les dinosaures quand, de façon tout à fait inattendue, en 1939, on en retrouva bien vivants au large des îles des Comores. Il en fut ainsi du moins pour le dernier représentant de ce groupe, le désormais célèbre cœlacanthe. Les chercheurs igno-

1. Un banc dense de poissons de verre (Parapriacanthus guentheri) *de la mer Rouge. Des bancs de ce genre ne se trouvent pas que dans les barrières de corail, mais aussi dans les mers tempérées et froides, composés bien sûr d'autres espèces. Le comportement grégaire des poissons s'est développé pour limiter la prédation, mais en face des filets utilisés par les êtres humains, il finit par subir un effet boomerang. En effet, c'est justement parce que le poisson vit en bancs que sa capture au filet se révèle économique. Tous les poissons d'importance commerciale (thon, hareng, anchois, sardine, morue, etc.) sont en effet hautement grégaires.*

1

2. *Traditionnelle pêche au thon* (Thunnus thynnus) *sur un bateau au large de Tunis, en 1974. La journée ne fut pas particulièrement chanceuse, on ne captura que sept thons qui toutefois ensemble dépassaient les deux tonnes. Pour un thon adulte, trois quintaux est un poids moyen, les individus les plus grands pouvant atteindre quatre mètres et demi et six quintaux.*

2

3

raient tout de lui, mais les pêcheurs de la région le capturaient bien volontiers depuis longtemps car il s'agit d'un poisson de grosse taille, bon à manger même si désormais il était confiné à une petite zone de la mer et devenu très rare (on parle de quelques centaines d'individus survivants). Aujourd'hui, on connaît bien l'anatomie de ce poisson qui naturellement présente un mélange de caractères archaïques et d'autres caractères secondaires. Il ne faut pas oublier en effet que ce qu'on appelle les « fossiles vivants » ne sont pas et ne peuvent jamais être les ancêtres directs des espèces plus « modernes », puisque eux aussi vivent, mais ils sont seulement leurs cousins, pour ainsi dire de la campagne, qui ont maintenu le plus possible les anciennes traditions tandis que les autres se lançaient dans de nouvelles aventures modernistes. La présence de choanes chez le cœlacanthe a longtemps fait penser que le groupe des Crossoptérygiens était l'ancêtre le plus probable des vertébrés terrestres, mais dernièrement l'autre groupe des Sarcoptérygiens, les *dipnoi*, a été étudié plus attentivement et les paléontologues ne sont plus aussi sûrs du groupe auquel reconnaître cette paternité. De toute façon, il est évident que l'ancêtre direct des amphibiens était un sarcoptérygien ancestral, qui pouvait même être assez différent de toutes les espèces actuelles.

Ceci étant dit, ajoutons quelques remarques sur les trois espèces vivantes de *dipnoi* qu'on trouve aujourd'hui respectivement en Australie, en Afrique et en Amérique du Sud. Il s'agit de poissons vraiment à part, qui rappellent les amphibiens par leur aspect général avec quatre nageoires semblables à des membres, par leurs poumons, par leur habitude de passer la saison sèche en s'enterrant dans la boue et en utilisant leurs poumons pour respirer directement l'air atmosphérique. Par ailleurs le squelette de leur crâne est très différent de celui d'un amphibien et celui des nageoires, qui comprend un grand nombre de petits os, est encore très loin du schéma typique du membre de tétrapode qui apparaîtra chez les amphibiens et se conservera à peu près inchangé avec toutes ses parties jusqu'à nos jours.

3. *Un hippocampe* (Hippocampus sp.) *ancré par la queue à une gorgone. Chez cette espèce, le soin des petits de la part du mâle prend des formes extrêmes puisqu'il les garde dans une sorte de poche ventrale où la femelle dépose les œufs.*

4. *La fameuse* Latimeria *retrouvée dans la mer des îles Comores apparaît assurément très proche de la lignée évolutive qui donna naissance aux amphibiens. De toute façon, ce poisson présente un grand nombre d'adaptations tout à fait spéciales, en partie certainement primitives (par exemple l'intestin à valve en spirale), en partie liées à leur vie en eaux profondes (par exemple la perte de la fonctionnalité des poumons).*

4

13. TÉTRAPODES

DE L'EAU À LA TERRE

Au Silurien, les terres émergées qui jusque-là étaient restées complètement privées de vie sont enfin colonisées par les premières plantes terrestres, les psilophytes, hautes de quelques dizaines de centimètres et dotées d'un appareil reproducteur et de feuilles extrêmement simples. Cet événement, en créant pour la première fois une communauté biologique hors de l'eau, prépare les conditions pour la conquête de la terre par certains phylums de métazoaires. Parmi eux les plus importants, et de loin, furent les arthropodes et le subphylum (des chordés) vertébrés.
Les arthropodes, étant déjà dotés d'une carapace chitineuse et de membres aptes à la déambulation sur les fonds marins, étaient dans un certains sens « préadaptés » à la conquête des milieux terrestres, qui en effet fut totale et triomphale. Ils sont aujourd'hui de loin les animaux les plus nombreux sur les continents et leur phylum est le seul (si l'on exclut des phylums nettement plus petits, avec peu d'espèces survivantes) qui compte plus d'espèces sur la terre que dans l'eau.
Pour les vertébrés, les choses ne furent pas aussi faciles. Dans leur cas, la conquête des milieux terrestres demandait de repenser profondément une stratégie qui avait duré des centaines d'années. La plus importante nouveauté projetée et mise en œuvre fut le membre déambulateur classique de tétrapode dont nous pouvons nous-mêmes compter les morceaux de squelette en nous touchant un bras.
Comme cela arrive souvent dans l'évolution, au départ le membre fut sélectionné en rapport avec la locomotion dans l'eau et ensuite seulement utilisé pour se hasarder à explorer les milieux terrestres immédiatement adjacents aux étangs et aux marais où les premiers poissons-amphibiens (si nous pouvons les appeler ainsi) passaient

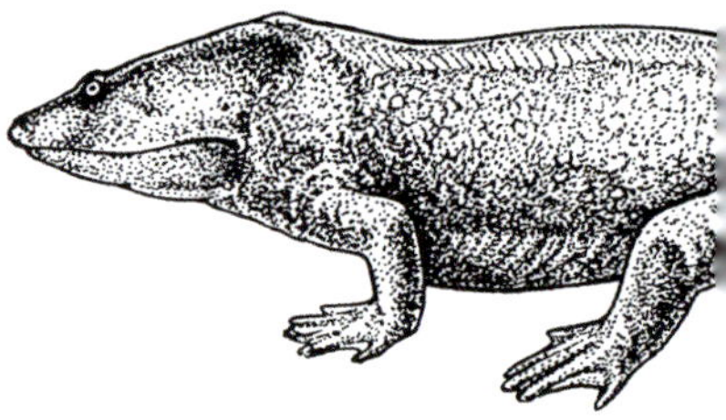

1

2

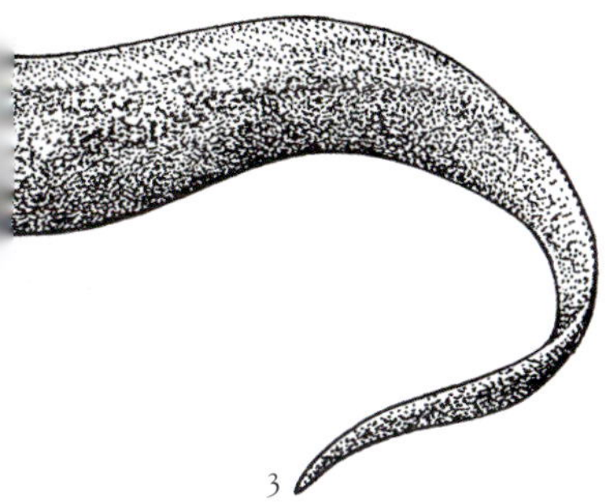

3

leur existence. Il s'agissait peut-être, au début surtout, de se déplacer d'un étang à l'autre en cas de sécheresse locale. L'aventure commença, pour autant que nous le sachions d'après les fossiles, il y a 340 millions d'années, au début du Carbonifère et, jusqu'à la fin de cette période, les amphibiens furent les vertébrés dominants en-dehors des milieux strictement aquatiques (même s'ils y étaient toujours très liés). Aujourd'hui encore, du reste, la plus grande partie des amphibiens est restée dépendante de l'eau pour la reproduction et des milieux humides pour la possibilité même de vivre. En effet, les œufs des amphibiens ne sont pas imperméables et doivent nécessairement être déposés dans un milieu aqueux, ou maintenus humides par une série de mesures qui vont du développement dans le corps de la mère à celui en petites cellules sur le dos du père jusqu'à un nid d'écume construit dans les arbres. Ces cas particuliers exceptés, les œufs donnent normalement naissance à des larves aquatiques dotées de branchies qui, en général, se transforment en l'espace de quelques mois en un jeune qui respire au moyen de poumons.

Parmi les amphibiens actuels, il n'y a, pour nous fournir une petite idée de l'aspect de leurs ancêtres, que les urodèles, salamandres et tritons, qui ont conservé la structure de base à quatre membres plus une queue avec un corps approximativement en forme de lézard, bien que moins agile et non recouvert d'écailles. Les grenouilles et les crapauds, les amphibiens actuels à plus grand succès, sont des animaux hautement spécialisés qui diffèrent de leurs ancêtres « autant qu'un homme », selon une affirmation de Romer. Le troisième ordre d'amphibiens existant, celui des Apodes, comprend quelques animaux en forme de ver, qui vivent dans la boue en milieu tropical et sont inconnus de la plupart des gens. Eux aussi se sont beaucoup éloignés des amphibiens ancestraux.

Ceux-ci étaient des animaux de taille respectable (un à trois mètres), allongés mais aussi massifs, dotés d'une grosse tête et de quatre pattes qui, dans l'eau, devenaient utiles pour la locomotion sur le fond des étangs mais qui, à terre, devaient tout juste servir pour se traîner dans la boue, avec des mouvements serpentins. Du reste, tant que les milieux terrestres ne furent pas remplis de proies possibles (arthropodes, annélides et mollusques), les amphibiens n'eurent aucune raison d'aller les explorer

1. Reconstitution hypothétique d'une forêt du Dévonien moyen, avec des plantes hautes de dix centimètres à un mètre et différents arthropodes parmi lesquels un scorpion à gauche, à demi-caché, et un myriapode à droite. Certaines plantes apparaissent déjà très semblables aux lycopodes tandis que d'autres sont particulièrement primitives, surprenantes.

2. Par rapport à la forêt en miniature du Dévonien, la forêt de fougères arborescentes du Carbonifère (345-280 millions d'années) apparaît vraiment majestueuse. Outre les grandes fougères, hautes de plusieurs dizaines de mètres, s'y dressent des équisétinées et des lycopodes presque aussi hauts et aussi bien munis de troncs en bois qui, en se fossilisant, formeront d'immenses dépôts de charbon.

3. Reconstitution de Diplovertebron*, un amphibien primitif labyrinthodonte du Paléozoïque.*

1

et ils restèrent en général dans l'eau, se nourrissant de poissons, de crustacés, de mollusques et autres. Quand les promenades terrestres se révélèrent plus intéressantes et donc aussi plus fréquentes que les quelques déplacements d'un étang à l'autre, la sélection pourvut au renforcement des membres postérieurs en constituant une ceinture pelvienne et en opérant quelques autres modifications anatomiques qui permettaient de meilleures actions à l'air.

Le membre du tétrapode (du grec « quatre pattes », définition qui s'applique à tous les vertébrés terrestres, amphibiens, reptiles, oiseaux et mammifères) est constitué par un nombre fixe d'os, plus grands et moins nombreux que les os qu'on trouvait dans les nageoires des Sarcoptérygiens. À part les modifications intervenues chez les oiseaux, chez qui toutefois les morceaux originaires sont encore reconnaissables, il est resté inchangé jusqu'aux mammifères, évidemment parce qu'il était très fonctionnel ou assez fonctionnel pour ne pas exiger des remplacements difficiles.

Au Carbonifère (350-280 millions d'années), les amphibiens se répandirent de plus en plus, y compris avec des formes de grosse taille semblables, à première vue, à des crocodiles râblés. Dans le même temps, les terres émergées se couvrirent peu à peu de luxuriantes forêts de fougères arborescentes. Les dépôts organiques de cette époque sont si importants qu'ils ont donné naissance à la plupart de réserves mondiales de charbon et de pétrole.

2

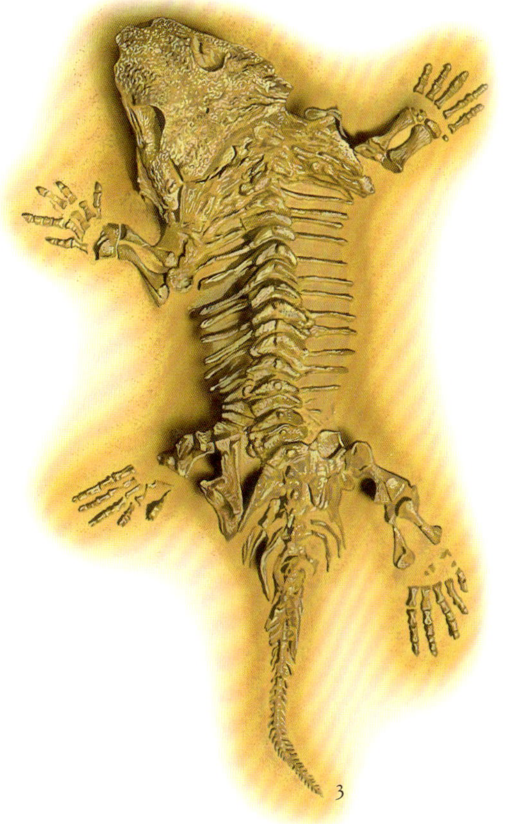
3

Le pas suivant pour les vertébrés était celui de l'adaptation complète à la vie terrestre. Il fut franchi vers la fin du Carbonifère avec la mise au point de l'œuf imperméabilisé et autonome qui peut être déposé en milieu terrestre. Les zoologues le définissent œuf *cléidoïque*. Ce nouvel objet libère (relativement) de l'esclavage de l'eau et donne naissance au vaste groupe des *amniotes*. L'œuf cléidoïque est contenu dans une coquille qui le protège et il possède en outre un jaune abondant qui permet au petit de bien se nourrir et d'émerger à la fin de l'incubation comme une sorte de réplique en miniature de l'adulte. À l'intérieur de ce gros œuf se trouvent trois membranes. La première entoure tout le contenu, en restant donc plaquée contre la coquille, la deuxième forme une chambre d'air pour accueillir l'oxygène qui pénètre grâce à la porosité de la coquille, la troisième – appelée *amnios*, d'où le mot amniotes s'applique aux reptiles, oiseaux et mammifères – renferme l'embryon dans un espace rempli de liquide qui remplace l'eau externe utilisée par les amphibiens.

Il est très probable que la mise au point de l'œuf cléidoïque n'était au début qu'un des nombreux moyens par lesquels les amphibiens essayaient de s'affranchir du milieu aquatique. Mais il s'agit d'un expédient de grand succès qui fut le point de départ de l'une des plus extraordinaires radiations adaptatives, assurément la plus importante pour nous, êtres humains, qui sommes les descendants directs de ces premiers animaux pleinement terrestres. À ce stade, au risque de sembler un peu pédant, il nous faut clarifier le sens réel du mot reptile. Jusqu'à présent en effet, nous avons parlé de différentes classes de poissons, ainsi que d'amphibiens et, chaque fois que nous avons utilisé un certain nom, nous nous sommes toujours référés à une lignée phylogénétique unique et homogène, dont les composants comprennent tous les descendants d'un ancêtre commun. Les zoologistes se réfèrent à une telle lignée comme monophylétique et, dans ce sens, toutes les classes de poissons et les amphibiens dont nous avons parlé sont des classes monophylétiques. Pour le nouveau groupe apparu avec la mise au point de l'œuf cléidoïque, les reptiles, la situation est différente.

Ce n'est pas que le concept de reptile soit difficile à définir. Comme catégorie idéale, les reptiles sont des vertébrés amniotes hétérothermes (c'est-à-dire incapables de produire la chaleur de leur propre corps et ayant donc la nécessité de l'obtenir en se réchauffant au soleil), couverts d'écailles cornées et ayant des caractéristiques squelettiques déterminées qu'il serait trop long d'énumérer ici. Toutes les tortues, crocodiles, lézards, serpents actuels et le tuatara répondent à ces caractéristiques anatomiques et physiologiques et descendent des plus anciens reptiles qui ont fait leur apparition à la fin du Carbonifère et prospéré au Permien. Toutefois, de ces reptiles anciens dérivent

1. Son intense orange brillant dénonce la toxicité de cette petite grenouille de Madagascar (Mantella aurantiaca), *familles des ranidés.*

2. Tête de spélerpès brun (Hydromantes italicus).

3. Fossile de Seymouria, *un amphibien du carbonifère tardif avec des caractéristiques squelettiques de reptile. Ses œufs toutefois étaient encore d'amphibien et pas de reptile.*

4. L'herbivore Scutosaurus *vient de déposer ses œufs. L'œuf cléidoïque des reptiles est un micromilieu autonome doté d'amnios (en bleu) qui entoure l'embryon en le maintenant dans un milieu aqueux, d'un sac vitellin (en orange) qui fournit la nourriture, d'un allantoïde (en brun) qui assure la respiration et qui est aussi un récipient où décharger les déchets azotés.*

4

deux autres groupes d'animaux que normalement personne ne classifierait comme reptiles parce qu'ils n'ont quasiment plus d'écailles mais des poils ou des plumes, parce qu'ils sont homéothermes et parce qu'ils sont dotés de caractéristiques squelettiques désormais très différentes : les mammifères et les oiseaux.

Essayons de résumer ce qui se passa. Les premiers reptiles qui vécurent au Carbonifère tardif (un peu plus de 300 millions d'années), les cotylosaures, étaient encore des animaux très malhabiles, dotés de pattes qui ne les soutenaient pas du tout mais qui servaient de rames terrestres pour avancer en rampant sur le sol. De ces premiers reptiles dérivèrent à la période suivante, le Permien, plusieurs lignées indépendantes qui ont été classifiées sur la base de la structure du crâne : a) les anapsides qui donneront lieu aux tortues, b) les synapsides qui donneront lieu aux mammifères, c) les diapsides qui donneront lieu à de nombreux autres reptiles mésozoïques, à tous les reptiles modernes sauf les tortues (qui sont anapsides) ainsi qu'aux oiseaux, d) les parapsides qui donneront lieu aux plésiosaures et aux ichtyosaures et s'éteindront à la fin de l'ère secondaire. Après cette première séparation en quatre branches, il y a environ trois cents millions d'années, les diapsides se divisent encore peu après (il y a peut-être 280 millions d'années environ) en deux. Il s'agit des Lépidosauriens qui incluent aujourd'hui tuataras, lézards et serpents et des Archosauriens qui incluent aujourd'hui crocodiles et oiseaux, outre les ptérosaures, thécodontes et dinosaures qui se sont éteints. Comme on le voit, d'un point de vue phylogénétique, la classe actuelle des reptiles n'a vraiment aucun motif d'exister car il est clair qu'elle n'est pas monophylétique mais paraphylétique. Paradoxalement, en effet, les crocodiles sont plus proches parents des oiseaux qu'ils ne le sont des lézards, pour ne pas parler de tortues qui sont presque aussi loin de tous les autres reptiles et des oiseaux que les mammifères. Cette situation, reconstituée au cours des dernières décennies, nous apprend qu'au cours de l'évolution, certains groupes peuvent conserver sur de très longues périodes des formes et des fonctions semblables à celles de leurs ancêtres tout en étant désormais très éloignés d'eux, tandis que d'autres groupes participent à des aventures profondément innovatrices.

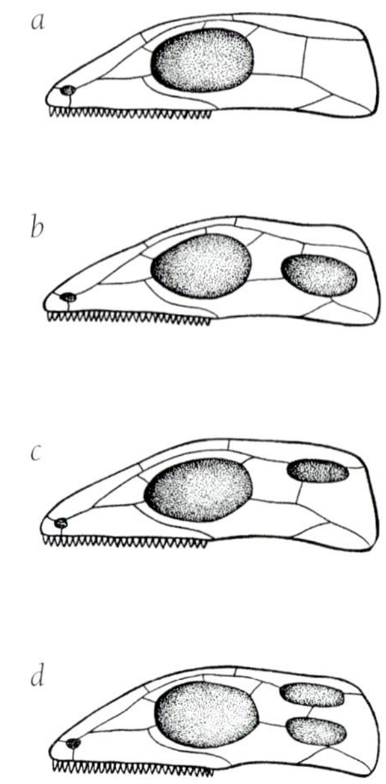

1

1. De haut en bas : les quatre types de crâne de reptiles qu'on peut trouver parmi les fossiles et qu'on distingue les uns des autres par leurs fenêtres temporales : a) crâne anapside privé de fenêtre, b) crâne synapside avec une fenêtre temporale basse, c) crâne parapside avec une fenêtre temporale haute, d) crâne diapside avec deux fenêtres temporales.

*2. Les tortues sont des reptiles très anciens, remontant à l'ère primaire, mais comptant encore trois cents espèces terrestres, d'eau douce et marines. Dans la photo ci-dessous, tortue géante des Galápagos (*Testudo elephantopus*) à El Chato, dans l'île de Santa Cruz.*

2

3

3. Superbe tortue verte (Chelonia mydas) *sur un fond marin tropical. Contrairement à d'autres espèces marines et d'eau douce, carnivores, elle se nourrit d'algues.*

4. La plus grosse des tortues marines est la Dermochelys coriacea *– 2 mètres, 400 kilos. Dans cette espèce, à première vue très différente de toutes les autres tortues, au cours de l'évolution, la carapace s'est réduite à de minuscules restes et a été remplacée par un nouvel exosquelette, formée de plaquettes osseuses, unies entre elles comme les tesselles d'une mosaïque, fichées dans une peau robuste semblable à du cuir.*

4

Commençons alors à passer en revue ces quatre groupes destinés à produire tous les animaux de plus grande taille du monde futur. Le groupe le plus conservateur de tous est celui des anapsides qui, au Permien encore, était représenté par des espèces atypiques qui s'éteignirent rapidement, mais qui, au début de l'ère secondaire, se présente muni d'une extraordinaire cuirasse d'où n'émergent que les pattes, la tête et la queue. Ce sont les tortues qui, avec cet expédient simple et, à première vue, élémentaire, ont traversé indemnes deux cent trente millions d'années et sont arrivées jusqu'à notre époque avec environ trois cents espèces.

La « cuirasse » est une carapace osseuse convexe recouverte d'une substance cornée à laquelle est soudée l'épine dorsale et qui se poursuit dans les parties inférieures par un plastron plat constitué de la même façon et soudé à son tour à la carapace. La seule variation apparue au cours du temps fut l'acquisition de la capacité de rentrer la tête, ce que la plupart des espèces font en repliant en S leurs vertèbres cervicales. Une famille australienne de tortues d'eau, les chélodines, se limite à plier son long cou sur le côté, solution assurément moins efficace.

La majorité des tortues actuellement vivantes fréquente les eaux douces qui, du reste, devaient être le milieu d'élection des reptiles les plus anciens dont elles constituent les héritières directes. Une minorité d'espèces s'est adaptée au milieu terrestre et même désertique tandis qu'une autre minorité est retournée à la mer, restant toutefois liée à la terre pour la ponte des œufs (circonstance qui aujourd'hui ne leur est certainement pas favorable dans un monde où l'urbanisation frappe surtout les côtes). Ces dernières tortues se sont parfaitement adaptées à leur vie dans la mer, transformant leurs pattes antérieures en pelles puissantes qu'elles agitent opportunément pour déplacer leur corps qui, par ailleurs, est devenu plus hydrodynamique

1

2

grâce à un aplatissement dorso-ventral notable. Les espèces marines sont les plus importantes du groupe et la gigantesque *Dermochelys coriacea*, qu'on trouve aussi en Méditerranée, peut atteindre un mètre quatre-vingts de long et peser quatre cents kilos. De toute façon, certaines des espèces terrestres, comme les tortues d'Aldabra ou des Galápagos, rivalisent sans aucun doute avec ce type de taille.

MONSTRES MARINS

Le groupe des parapsides, éteint à la fin de l'ère secondaire, avait produit les plésiosaures et les ichtyosaures, reptiles qui étaient retournés à la mer avec différents degrés d'adaptation. Les plésiosaures ont été décrits comme d'énormes animaux au corps semblable à celui d'une tortue et au cou de serpent. En effet, ils étaient très comprimés dans le sens dorso-ventral et dotés de quatre nageoires robustes avec lesquelles ils naviguaient sans hésitation, peut-être en gardant le corps immergé et leur petite tête hors de l'eau. On estime qu'ils pouvaient se traîner sur les plages comme les tortues pour pondre leurs œufs. Les ichtyosaures en revanche étaient pleinement marins, comme les cétacés actuels ; ils avaient pris l'aspect général d'un poisson, exactement comme les dauphins et, comme les dauphins ils étaient vivipares et accouchaient de leur petit de la queue à la tête. La locomotion dans l'eau de ces singuliers reptiles était semblable à celle des poissons, par ondulations latérales du tronc et de la queue. Cette dernière, à la différence de celle des dauphins qui est horizontale, est verticale comme chez les requins, mais avec les dernières vertèbres qui se plient vers le bas et non vers le haut comme dans la queue hétérocerque des Chondrichtyens.
Un autre groupe de reptiles marins (les gigantesques mosasaures) n'a en revanche rien à voir avec les parapsides ; ce sont des reptiles diapsides proches parents des varans et vaguement comparables à des orques, qui eurent un succès temporaire à la fin du Crétacé. De même que les ichtyosaures, ils disparurent probablement quand les cétacés arrivèrent sur la scène marine, à la suite de la radiation adaptative des mammifères provoquée par la disparition des dinosaures.

1. Squelette de nothosaure (Ceresiosaurus calcagnii) *long de 2,30 m, retrouvé à Monte San Giorgio, Essin, Suisse. Les schistes bitumineux du Triasique moyen de cette localité, connue dès 1854 pour la découverte d'un saurien par Emilio Cornalia, ont produit jusqu'à aujourd'hui un matériel abondant, conservé en grande partie au musée d'Histoire naturelle de Milan.*

2. Reconstitution de Ceresiosaurus calcagnii *dans son milieu naturel marin. Cette espèce de nothosaure pouvait atteindre une longueur maximum de cinq-six mètres.*

3. Un magnifique exemplaire du reptile rhynchocéphale Pleurosaurus goldfussi, *adapté à la vie aquatique, trouvé dans les schistes jurassiques de Solenhofen, en Allemagne. On notera que l'ordre des Rhynchocéphales est arrivé jusqu'à nous avec le tuatara de Nouvelle-Zélande* (Sphenodon punctatus) *qui est terrestre et a un aspect très différent de cet animal mince et allongé. Ceci peut fournir une idée de la diversification passée de certains groupes qui aujourd'hui sont représentés par une seule ou quelques formes survivantes.*

Les diapsides en général sont des reptiles plus modernes, ceux qui, étant apparus au début de l'ère secondaire, sont arrivés en bon nombre jusqu'à nos jours, donnant naissance à tous les dinosaures, les oiseaux, les crocodiles (superordre des Archosauriens), les lézards, les serpents et le tuatara (superordre des Lépidosauriens). Le tuatara est l'extrême représentant d'un ordre (rhynchocéphales) qui eut différentes espèces à l'ère secondaire mais qui semblait avoir complètement disparu, sans laisser de descendants. Mais étonnamment, on a trouvé des descendants et aujourd'hui ils habitent quelques petites îles tranquilles de la Nouvelle-Zélande où ils sont protégés comme le méritent de tels « fossiles vivants ».
À première vue, les tuataras n'ont rien de spécial : on dirait de gros lézards crêtés semblables à des iguanes, mais un examen plus approfondi montre un crâne archaïque et unique chez les diapsides vivants puisqu'il possède les deux fenêtres temporales qui ont donné son nom à cette sous-classe. Ces fenêtres se sont réunies pour n'en former qu'une seule chez les crocodiles, serpents, lézards, dinosaures et oiseaux, et cela montre à quel point les Rhynchocéphales sont archaïques. Les tuataras ont aussi quelques autres caractéristiques singulières et non communes chez les reptiles modernes : par exemple, ils sont déjà actifs à des températures de 10-12 °C seulement, ce qui pourrait être une adaptation secondaire mais aussi un état primaire d'une période où l'espace potentiel des reptiles était nettement supérieur à l'actuel.
Les autres Lépidosauriens vivants sont les squamates, lézards et serpents qui comptent plusieurs milliers d'espèces et sont les reptiles aujourd'hui les plus abondants aussi

3

1

1. Le lézard vert (Lacerta viridis) *est un des plus beaux et des plus éclatants sauriens présents en Europe aujourd'hui.*

2. Une couleuvre tesselée (Natrix tessellata), *serpent d'eau moins commun que la familière couleuvre à collier* (Natrix natrix) *et par rapport à celle-ci encore plus lié aux milieux humides, préférant se nourrir de poissons que d'amphibiens.*

3. Vipère à cornes du Sahara (Aspis cerastes), *espèce répandue dans toute l'Afrique du Nord et au Moyen-Orient, responsable de nombreux empoisonnements mortels. C'est probablement de ce serpent que se servit Cléopâtre pour se donner la mort.*

2

bien en termes d'espèces qu'en termes d'individus. Dans les régions méditerranéennes, les lézards peuvent atteindre des densités de plusieurs centaines par hectare et représentent un groupe de grande importance pour l'écologie locale. Les petits geckos voyagent facilement et arrivent dans des régions lointaines où ils tirent profit de l'éclairage humain pour capturer les insectes que celui-ci attire. Parmi les espèces des zones tropicales, les varans sont les lézards qui atteignent la plus grande taille et, parmi les varans, le dragon de Komodo est célèbre pour ses trois mètres de long, ses deux cent cinquante kilos, son alimentation à base de chèvres et de porcs, sa dangerosité potentielle pour notre espèce. On a retrouvé en Australie les restes d'une autre espèce qui vivait encore il y a quinze mille ans, qui atteignait cinq mètres et six cents kilos et devait assurément constituer un danger sérieux pour les hommes de cette époque.

Les serpents ont pris leur origine des lézards et ce processus tend à se répéter, puisque les lézards ayant perdu leurs pattes sont nombreux. Mais les serpents ont évolué dans une direction particulière et, parmi les lézards, seuls les Pygopodidés sont sérieusement comparables à eux pour les adaptations qu'ils présentent.

Parmi les serpents, des espèces gigantesques ont évolué, comme les pythons, les boas, les anacondas et d'autres espèces venimeuses avec une gradation intéressante dans l'efficacité de la méthode d'injection du venin. Chez les espèces les plus primitives (par exemple, la couleuvre de Montpellier, *Malpolon monspessulanus*), les dents du venin sont très au fond de la gueule, si bien qu'elles ne peuvent servir que pour une proie déjà capturée, quand elle est avalée. Au stade suivant, les dents arrivent en position haute, mais elles sont fixes comme toutes les autres (c'est le cas des cobras, mambas et serpents de mer). Enfin, au stade le plus avancé, les dents deviennent aussi rétractiles et cela leur permet d'être plus longues pour rendre la morsure plus meurtrière. C'est le cas des vipères et des crotales.

Normalement, le venin est utilisé pour « foudroyer » la proie qui, en général, est un petit animal qui, une fois mordu, ne peut pas aller bien loin. On comprend néanmoins difficilement pourquoi, d'un point de vue évolutif, certaines espèces sont venimeuses et d'autres pas. Une hypothèse pourrait être la venimosité des espèces les plus petites et incapables de tuer une proie par constriction ou de la capturer et de l'avaler encore vivante. Comme les vipères et les crotales sont plutôt lents et maladroits, tandis que les couleuvres sont agiles et rapides, à première vue cette idée semblerait fonctionner, mais on observe ensuite que les cobras et les mambas sont non seulement aussi agiles et rapides que les couleuvres, mais aussi plus gros et plus forts. La perplexité touche à son comble quand on sait qu'il existe deux espèces de lézards venimeux, les hélodermes du sud des États-Unis et du Mexique. Dans des circonstances comme celles-ci, il convient de rappeler que le hasard aussi entre en jeu et peut pousser dans un sens ou dans l'autre à cause d'« accidents historiques », comme l'a souligné en particulier Stephen Jay Gould.

3

*4. Encore un reptile du Sahara, le varan du désert (*Varanus griseus*), qui peut atteindre un mètre et demi de long et se nourrit d'animaux dont la taille peut presque égaler la sienne. Le zoologiste italien Giuseppe Scortecci, qui voyagea longtemps au Sahara, le surprit une fois attaquant une vipère à cornes.*

*5. L'iguane vert (*Iguana iguana*) d'Amérique centrale et du Sud (ici photographié au Honduras) a une taille encore plus imposante que le varan gris mais il est arboricole et végétarien.*

4

5

14. ARCHOSAURIENS

THÉCODONTES

Le superordre des Archosauriens est le plus inattendu car il réunit des animaux semblables du point de vue phylogénétique qui, à première vue, semblent très éloignés les uns des autres et qui en effet le sont vraiment d'un point de vue temporel et écologique : dinosaures, ptérosaures, crocodiliens et oiseaux.

Essayons de raconter leur histoire en partant du début, c'est-à-dire de la fin de la période permienne qui fut le moment décisif de l'ère primaire où apparurent les grandes sous-classes de reptiles qui – rappelons-le encore une fois – sont les anapsides, les parapsides, les diapsides et les synapsides. Il est du moins probable qu'il en fut ainsi car on connaît du Permien surtout les anapsides et les synapsides, tandis qu'on trouve dans les couches les plus anciennes de l'ère secondaire, celles de la période suivante du Triasique, les différentes espèces de diapsides primitifs caractéristiques qui ont été collectivement dénommées thécodontes. C'étaient des reptiles prédateurs qui initialement marchaient sur quatre pattes mais montrèrent par la suite une nette tendance à devenir bipèdes : leurs pattes postérieures apparaissent beaucoup plus longues et plus robustes que les pattes antérieures, la queue est longue et robuste, le cou est variable, le dos est généralement protégé par deux rangées de plaques osseuses. Dans l'ensemble, l'aspect extérieur de ces animaux est déjà très proche de celui de leurs successeurs qui seront appelés « dinosaures » (terribles lézards) par le paléontologue Richard Owen.

La bipédie permet d'atteindre des vitesses notables et d'effectuer des bonds spectaculaires. Pour équilibrer le poids du corps sur les seules pattes arrière, le bassin prend une forme particulière. L'os iliaque se soude solidement au sacrum et, pour

1

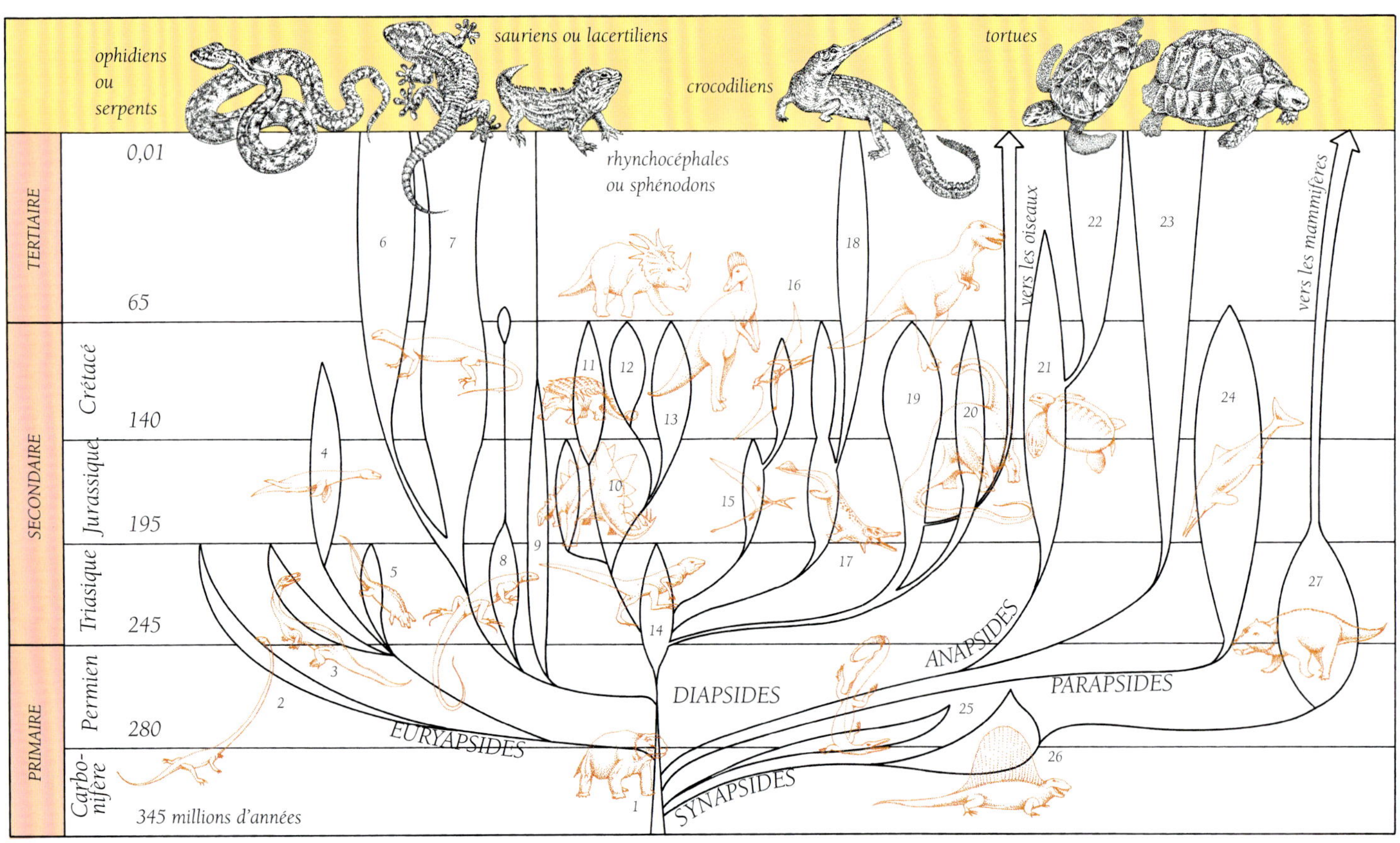

1. Arbre phylogénétique des reptiles où apparaissent aussi les ancêtres des mammifères (thérapsides, n. 27) ainsi que les oiseaux, par ailleurs non représentés mais placés parmi les diapsides. Les reptiles actuels ne constituent pas une classe monophylétique mais représentent un assemblage fonctionnel paraphylétique. Les lignées évolutives reportées ici sont : 1) cotylosauriens ; 2) protorosaures ; SAUROPTÉRYGIENS : 3) nothosaures, 4) plésiosaures, 5) placodontes ; squamates : 6) ophidiens, 7) sauriens, 8) éosuchiens ; 9) rhynchocéphales ; DINOSAURES ORNITHISCHIENS : 10) stégosaures, 11) ankilosaures, 12) cératopsidés, 13) ornithopodes ; 14) archosauriens thécodontes ; PTÉROSAURIENS : 15) rhamphorhynques, 16) ptérodactyles ; 17) mésosuchiens ; 18) éosuchiens ; DINOSAURES SAURISCHIENS : 19) théropodes, 20) sauropodes ; CHÉLONIENS : 21) amphichélides, 22) pleurodires, 23) Cryptodires ; 24) ichtyosaures ; 25) mosasaures ; 26) pélycosaures ; 27) thérapsidés.

2

2. Deux jeunes crocodiles du Nil (Crocodilus niloticus) *à Murchison Falls, en Ouganda. Les crocodiles, avec les oiseaux, sont les représentants vivants du grand groupe des Archosauriens. Il en survit une vingtaine d'espèces répandues pratiquement sur tous les continents, sauf l'Europe.*

pouvoir le faire, il prend une forme allongée typique ; le pubis et l'ischion s'allongent également pour offrir une attache efficace aux muscles du bassin et de la cuisse. C'est ainsi que se constitue le caractéristique bassin triradié qu'on retrouvera encore dans une forme très semblable chez les dinosaures plus avancés de l'ordre des Saurischiens, de la période jurassique. Les raisons pour lesquelles on considère les thécodontes comme les précurseurs des dinosaures, et peut-être même des oiseaux par « voie directe », sont donc assez évidentes.

BIPÈDES OU QUADRUPÈDES ?

La bipédie mise au point déjà par les thécodontes sera l'une des raisons du succès des dinosaures, mais cela ne signifie pas qu'elle se soit maintenue chez toutes les

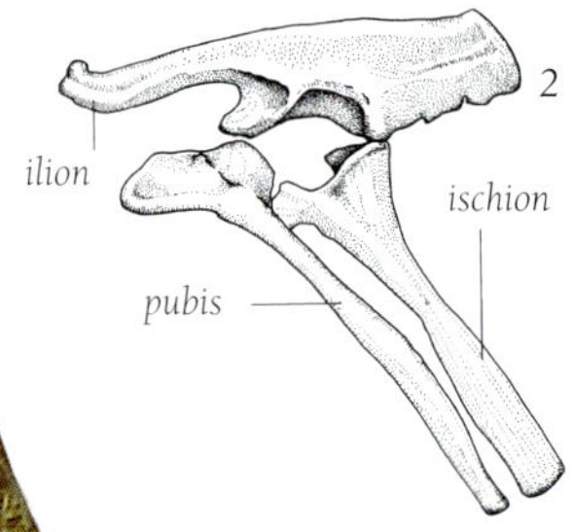

1. Reconstitution d'un stégosaure, dinosaure ornithischien qui mesurait 5 à 7 m et pesait de 2,2 à 4 tonnes, un peu plus qu'un rhinocéros actuel et beaucoup moins qu'un éléphant. Le rôle des grandes plaques qui formaient une double crête dorsale est problématique, c'était peut-être un système de thermorégulation, peut-être d'intimidation, ou autre chose encore.

2. Bassin d'un dinosaure ornithischien.

3. Comparaison entre la posture des dinosaures (à droite) et celle des autres reptiles.

4. Le tyrannosaure (Tyrannosaurus rex) *adulte était long de 13 m, haut de 4 et pouvait peser jusqu'à 7 tonnes, comme un gros éléphant mais, à la différence de ce dernier, c'était un saurischien carnivore.*

5. Bassin d'un dinosaure saurischien.

espèces de l'ordre des Saurischiens, ni même chez toutes celles du second ordre des dinosaures, les Ornithischiens, que nous allons voir maintenant.

Ceux-ci apparaissent soudain (du point de vue des restes découverts) au Jurassique et sont appelés ainsi car leur bassin présente une conformation différente de celle des Saurischiens et semblable à celle des oiseaux, c'est-à-dire qu'il est tétraradié et non triradié. Mais attention, les Ornithischiens ne sont pas les ancêtres des oiseaux qui dérivent des Saurischiens et peut-être même des thécodontes. La similitude du bassin est due à une convergence évolutive ; les Ornithischiens sont un groupe compact de dinosaures herbivores qui se sont éteints sans laisser de descendants.

Quoi qu'il en soit, les paléontologues estiment que les Ornithischiens aussi dérivent des thécodontes. Leur bassin indique peut-être une adaptation initiale encore plus poussée à la vie bipède. Dans tous les cas, ces choix bipèdes ne furent pas maintenus par toutes les espèces dans aucun des deux grands ordres de dinosaures. En particulier chez les Saurischiens, nous trouvons des bipèdes célèbres, comme les carnosaures et les tyrannosaures, mais aussi des quadrupèdes tout aussi célèbres comme les brontosaures et les diplodocus ; parmi les Ornithischiens, les bipèdes les plus célèbres sont les ornithopodes et les hadrosaures, mais tout aussi connus sont d'autres dinosaures quadrupèdes tels que les cératopsidés, les stégosaures et les ankilosaures, qui en fin de compte sont probablement la majorité de l'espèce. Il semble donc que les pressions sélectives aient joué de façon alternée en poussant tantôt dans une direction et tantôt dans la direction opposée. Il n'est même pas exact

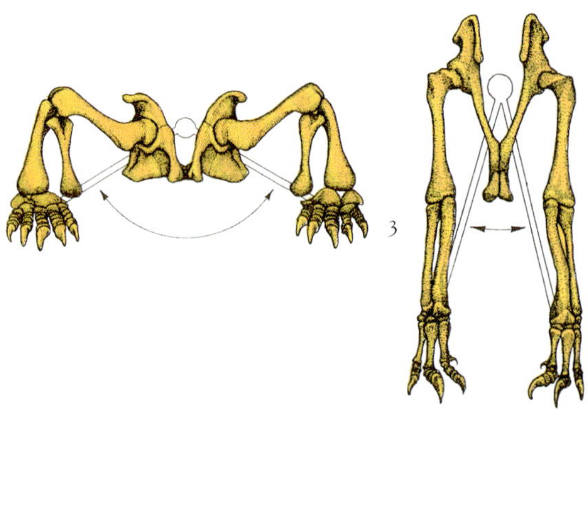

6. La tête de Tyrannosaurus rex *mesurait un mètre et demi, sa bouche était armée d'énormes dents longues d'une quinzaine de centimètres. Nous voyons ici la tête d'un* Tarbosaurus, *une forme asiatique très proche du tyrannosaure.*

7. Bayanzag, dans le désert de Gobi, en Mongolie, localité où on a retrouvé de nombreux squelettes et œufs de dinosaures, y compris le Tarbosaurus.

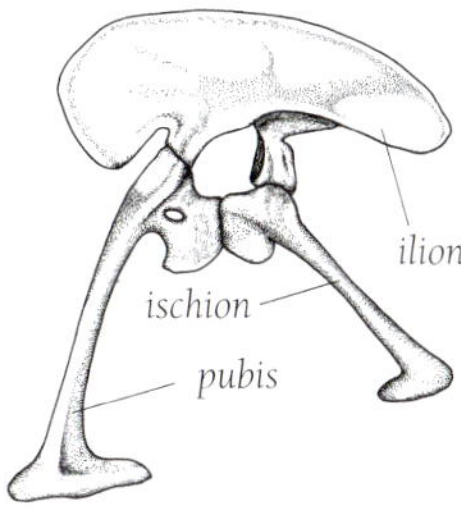

5

4

6

7

que la bipédie soit nécessairement liée à un régime carnivore car, parmi les bipèdes, nous trouvons aussi bien des types carnivores, comme les allosaures et les tyrannosaures, qu'herbivores, comme les iguanodontes, les ornithopodes et les hadrosaures. En revanche, il est exact que la plupart des quadrupèdes sont des herbivores qui se sont très probablement repliés sur la posture tétrapode pour mieux se défendre en maintenant leur ventre à couvert et en se dotant de robustes cuirasses sur le dos ou, autre solution, en atteignant des dimensions gigantesques. Il suffit de penser à l'aspect extérieur d'un tricératops, armé de casques et de cornes, ou bien à celui d'un ankilosaure, cuirassé comme un super-pangolin et doté aussi d'une queue armée au sommet d'une espèce de masse cloutée.

Les dinosaures en général sont connus pour leurs énormes dimensions et il y eut indubitablement parmi eux les espèces les plus grandes d'animaux qui aient jamais vécu sur la Terre, ainsi que les carnivores les plus meurtriers. Mais toutes les espèces ne furent pas aussi gigantesques et même la majorité fut de taille moyenne, sinon modeste. Par exemple, les Droméosauridés étaient des Saurischiens prédateurs qui toutefois ne dépassaient pas, queue comprise, les deux mètres de long et les soixante-quinze kilos ; les Fabrosauridés étaient des Ornithischiens bipèdes facultatifs qui mesuraient, toujours queue comprise, un mètre de long, et puis encore les Coelophysis, les Coeluridés, les Hétérodontosauridés étaient tous des dinosaures miniature à peine plus gros qu'un poulet qui auraient fait la joie des passionnés de terrariums, obligés aujourd'hui de se rabattre sur iguanes et basilics. D'autre part, il est évident que les dinosaures étant devenus le groupe dominant parmi les vertébrés terrestres, pour occuper toutes les niches écologiques disponibles, ils devaient nécessairement se différencier par le régime alimentaire, la taille, les milieux occupés et tout ce que nous pouvons observer aujourd'hui chez les animaux vivants.
Au cours des dernières décennies, l'écologie jurassique a fait beaucoup de progrès. Certes, les paléontologues utilisent encore beaucoup leur imagination, mais ils le font sur la base de données objectives et de comparaisons avec des situations existant dans le monde actuel. Par exemple, on sait que la distribution géographique des dinosaures était très vaste et s'étendait aussi dans des zones très septentrionales où, à leur époque aussi, le climat ne devait pas être très chaud. Pour cette raison, beaucoup de paléontologues estiment que les dinosaures les plus avancés pouvaient être capables de thermorégulation, tout comme les oiseaux, leurs descendants. On a même avancé l'hypothèse que les espèces capables de thermorégulation étaient couvertes de plumes et qu'au début les plumes sont apparues non pas pour le vol, mais pour garder au chaud le corps des Saurischiens qui en étaient dotés. Indubitablement le célèbre fossile jurassique d'*Archaeopterix*, généralement considéré comme un oiseau, est entièrement recouvert de plumes mais il a encore de nombreux caractères reptiliens, par exemple la longue queue de lézard et la bouche armée de dents. En outre, beaucoup de ses caractéristiques anatomiques sont tellement proches de celles des Coeluridés qu'elles suggèrent à la majorité des paléontologues de placer la famille des Archéoptéryx parmi les Saurischiens, c'est-à-dire parmi les dinosaures proprement dits. En définitive, *Archaeopteryx* pourrait être considéré en même temps comme un authentique dinosaure et un authentique oiseau. Par conséquent, on peut sérieusement se demander si d'autres dinosaures étaient recouverts de plumes aussi parce que, du point de vue embryologique, les

1. Brachiosaurus *était un énorme saurischien herbivore qui vivait en Amérique du Sud, Afrique et Inde, ou plutôt sur les terres qui forment aujourd'hui ces continents et sous-continents. C'était certainement un animal aquatique, comme l'indique, entre autres, la position de ses narines sur une crête située entre les yeux. Il pouvait donc rester tranquillement immergé en continuant à respirer.*

2. *Reconstitution de l'éclosion des œufs dans un nid de* Brachiosaurus. *Les adultes étaient certainement trop grands pour protéger les œufs en les couvrant mais on pense qu'ils veillaient contre les éventuels prédateurs.*

3. *L'empreinte du célèbre* Archaeopterix litographica *dans les schistes fins de Solenhofen, en Allemagne. C'est ce fossile bien connu qui a fourni un parfait chaînon de conjonction entre les reptiles et les oiseaux. L'exemplaire représenté ici est conservé au Jura-Museum d'Eichstaett.*

4. *Reconstitution hypothétique du vol d'un* Archaeopterix *au-dessus des forêts et des lacs de son époque. Cet oiseau-reptile primitif était encore doté d'une longue queue de vertèbres (et pas seulement de plumes), de dents et de griffes sur les ailes.*

2

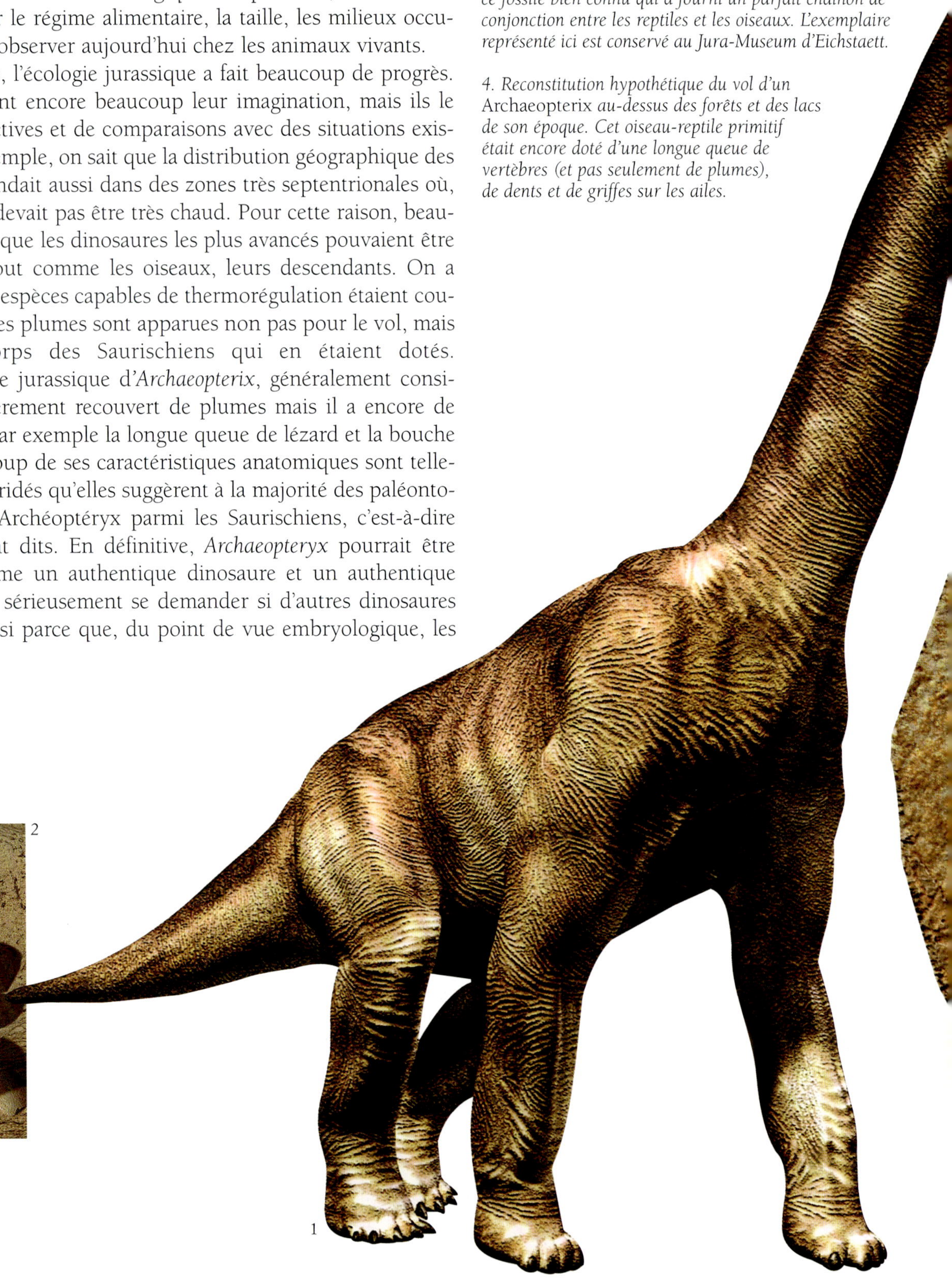
1

4

3

1

1. *Le petit, mais meurtrier, dinosaure carnivore* Deinonychus *était long d'environ 3 m, haut de 1m et ne pesait pas plus de 45 kg. Toutefois, avec sa grande gueule armée de dents effilées, ses pattes antérieures munies de trois longues et puissantes serres, ses yeux très mobiles et son cerveau bien développé, il devait être un féroce prédateur capable de tuer des animaux plus gros que lui.*

2. *Schéma des masses continentales au Jurassique.*

3. *Au Crétacé, les continents prennent un aspect proche de leur aspect actuel même si l'on note encore des différences importantes.*

plumes ne sont rien d'autres que des modifications des écailles, qui pouvaient peut-être apparaître avec une relative facilité à la suite d'une simple mutation. En même temps, on peut comprendre pour quelles raisons tous les spécialistes d'anatomie comparée insistent sur la substantielle uniformité des oiseaux qui, selon toute évidence, ne sont qu'un groupe particulier de dinosaures qui ont connu un destin profondément divergent par rapport au reste de leur groupe. Comme on l'a déjà évoqué, certains considèrent même que les oiseaux viennent directement des thécodontes et que la ressemblance de leur squelette avec celui des dinosaures est un phénomène de convergence évolutive. Mayr (2001) observe à ce sujet que les dinosaures structurellement les plus semblables aux oiseaux sont plutôt récents (110-80 millions d'années) tandis que *Archaeopteryx* est considérablement plus ancien (145 millions d'années). En outre, les trois doigts de la « main » des dinosaures sont le premier, le deuxième et le troisième tandis que ceux de l'aile d'un oiseau sont le deuxième, le troisième et le quatrième. Il s'agit là vraiment d'un argument de poids, résolument convaincant.

Quelle que soit leur origine, les oiseaux, une fois différenciés en espèces (ce qui a dû se passer assez tôt, puisqu'au Crétacé on en trouve déjà des traces très diversifiées), occupèrent largement les espaces aériens en délogeant pour toujours les Ptérosauriens, un ordre d'Archosauriens qui avait développé une aile à patagium semblable à celle des chauves-souris, donnant naissance à des reptiles volants de dimensions gigantesques. Une des espèces de Ptérosauriens du Crétacé présentait une envergure de pas moins de huit mètres !

Pour revenir aux dinosaures, le comportement de ces animaux disparus était presque certainement plus complexe que celui de la majorité des reptiles actuels. En effet, ils déposaient leurs œufs dans des nids qu'ensuite ils surveillaient comme le font encore aujourd'hui les crocodiles, mais pas les tortues ou la majeure partie des Lépidosauriens (lézards, serpents, tuataras). En outre, il paraît certain que de nombreux dinosaures herbivores vivaient en groupe pour mieux se défendre des prédateurs et que d'autre part au moins quelques dinosaures carnivores vivaient aussi en

Jurassique

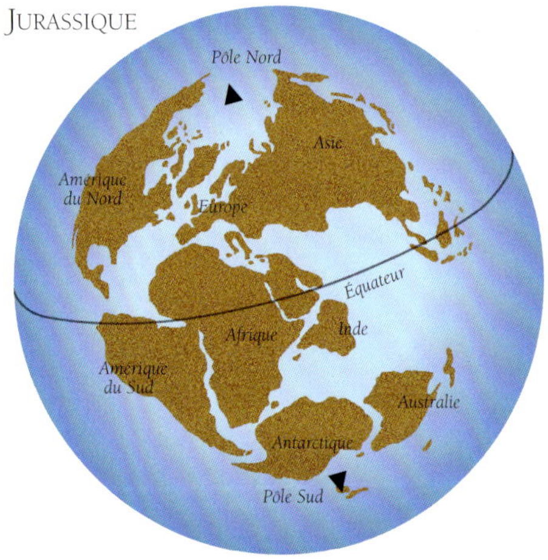

2

Crétacé

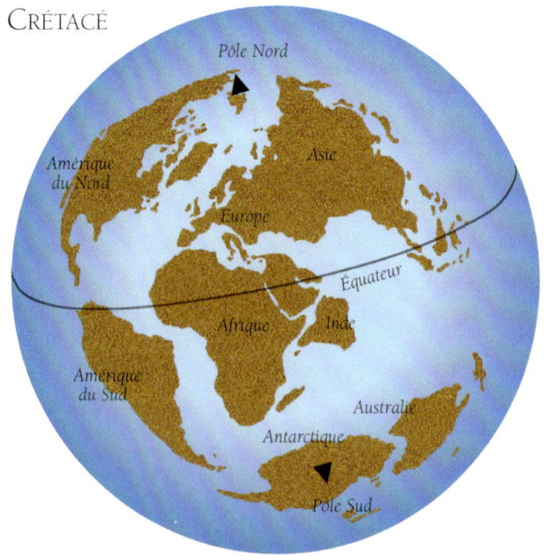

3

groupe pour chasser plus efficacement. Les dinosaures se différencièrent en un grand nombre de formes et de fonctions possibles et dominèrent littéralement la Terre pendant presque toute l'ère secondaire, c'est-à-dire pendant environ cent cinquante millions d'années. Et il n'est pas vrai que leur cerveau était si petit, au contraire, quelques espèces prédatrices comme le petit *Velociraptor* (un droméosauridé) devaient avoir des réactions très rapides et rivaliser presque avec les prestations des animaux à sang chaud (dont ils étaient peut-être vraiment). Leur disparition fut soudaine, inattendue (si ce mot peut avoir un sens rapporté à l'esprit d'un dinosaure) et problématique.

EXTINCTION DE MASSE

Il y a soixante-cinq millions d'années, a lieu une extinction de masse comparable à celle qu'avait connue la fin du Permien et tous les dinosaures disparurent. Les chercheurs continuent à débattre sur les causes qui auraient pu provoquer un tel désastre et, comme cela arrive souvent en science, penchent en majorité tantôt vers un type de solution, tantôt vers un type différent, en fonction des résultats des découvertes les plus récentes et parfois au gré des modes qui souvent règnent dans les milieux scientifiques aussi.
Pour ce qui est de l'extinction des dinosaures, les théories les plus récentes ont redonné place à l'hypothèse du désastre qui avait été à la mode il y a très longtemps et qui avait perdu de la force au XXe siècle. En effet, les traces de ce désastre pourraient avoir été retrouvées dans l'énorme concentration d'iridium (de trente à cent soixante fois) qu'on relève en passant du Crétacé au début de l'ère tertiaire. Or comme l'iridium est un métal rare sur la surface de la Terre mais relativement abondant dans les météorites, on peut raisonnablement imaginer qu'un énorme météorite (d'au moins dix kilomètres de diamètre) est tombé dans la mer, déclenchant des incendies apocalyptiques, obscurcissant le soleil avec la fine poussière dégagée par sa désintégration, déposant enfin sur la terre environ cinq cents milliards de tonnes d'iridium contenues originairement dans le météorite. Une telle hypothèse est tout

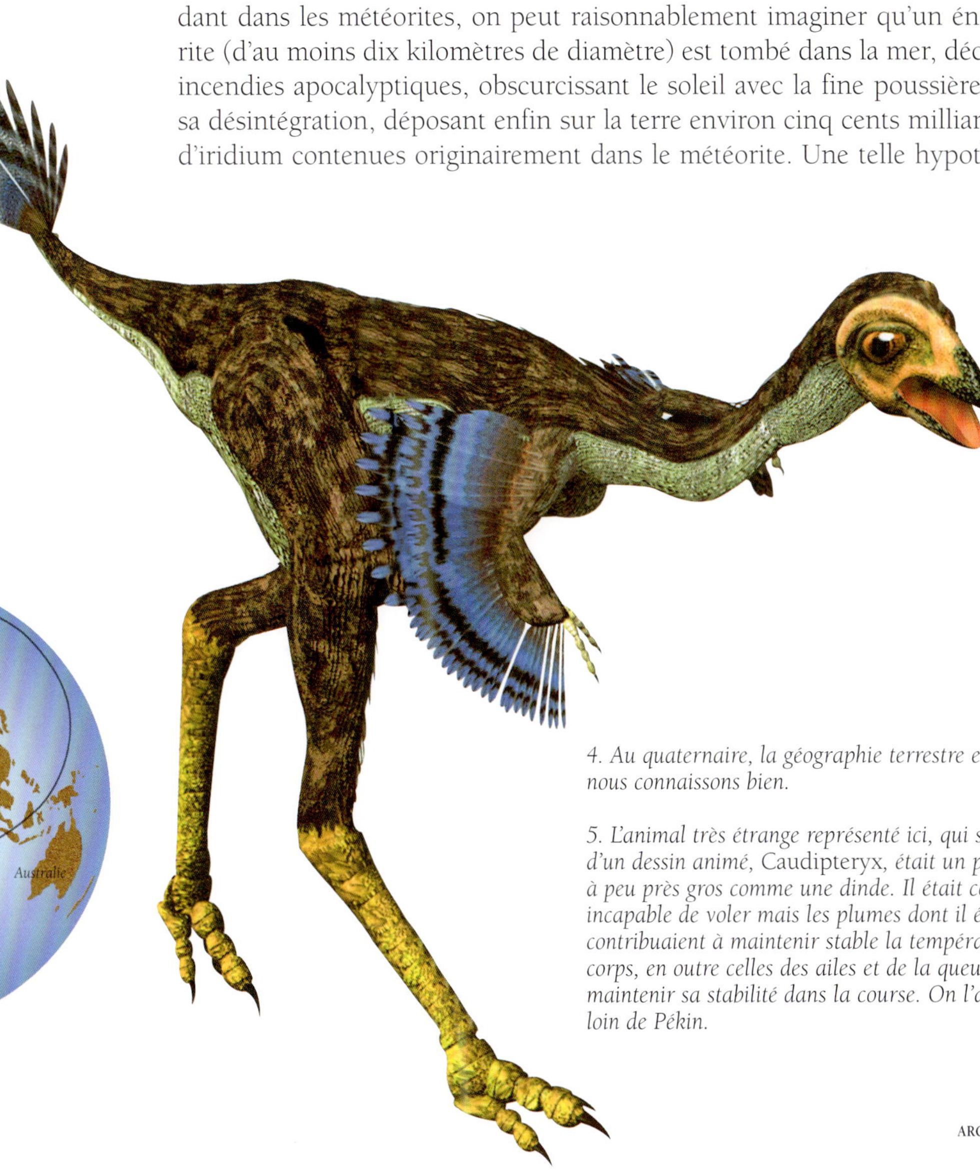

5

QUATERNAIRE

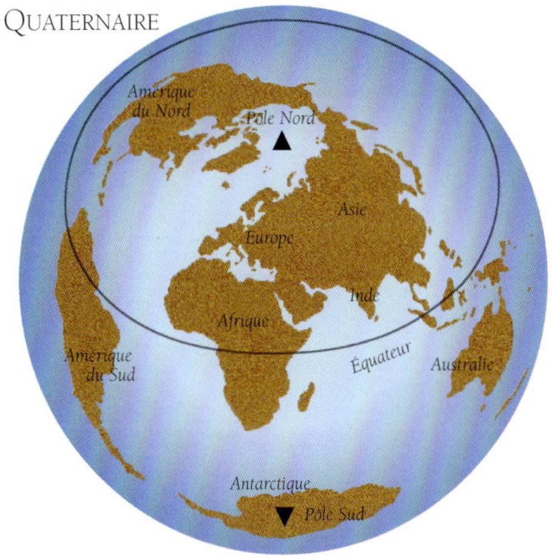

4

4. Au quaternaire, la géographie terrestre est celle que nous connaissons bien.

5. L'animal très étrange représenté ici, qui semble sortir d'un dessin animé, Caudipteryx, *était un petit dinosaure à peu près gros comme une dinde. Il était certainement incapable de voler mais les plumes dont il était recouvert contribuaient à maintenir stable la température de son corps, en outre celles des ailes et de la queue l'aidaient à maintenir sa stabilité dans la course. On l'a retrouvé non loin de Pékin.*

1

1. *Un bel exemplaire de Solenhofen du minuscule reptile volant jurassique* Pterodactylus elegans *(son crâne ne mesure que 4,1 cm).*

2. Compsognathus *était un petit dinosaure saurischien très semblable à* Archaeopteryx.

3. *Le squelette d'*Archaeopteryx *ressemble davantage au petit dinosaure* Compsognathus *qu'aux oiseaux actuels.*

4. *Un oiseau actuel. On remarquera la perte du squelette de la queue, la modification de la main, la carène sur le sternum et le bec dépourvu de dents.*

5. *La tête inquiétante d'un crocodile du Nil* (Crocodylus niloticus) *photographié au Tsavo National Park, au Kenya. Les crocodiliens sont, parmi les reptiles actuels, les plus proches parents des oiseaux.*

6. *Crocodilien de l'espèce éteinte* Steneosaurus bollensis, *retrouvé dans les schistes à Posidonia du Jurassique inférieur de Holzmaden. Cet exemplaire mesure 1,5 m.*

2

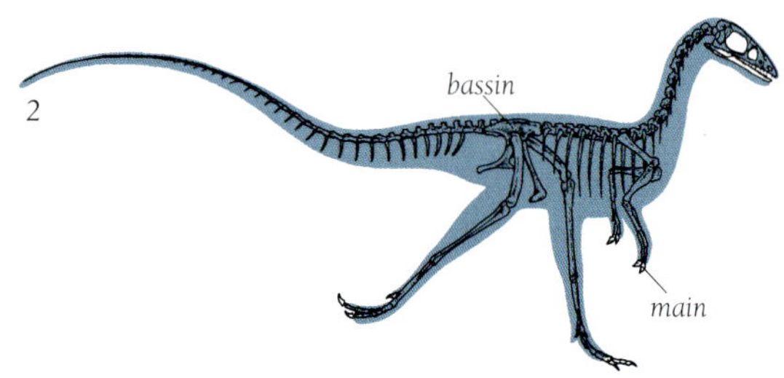

3

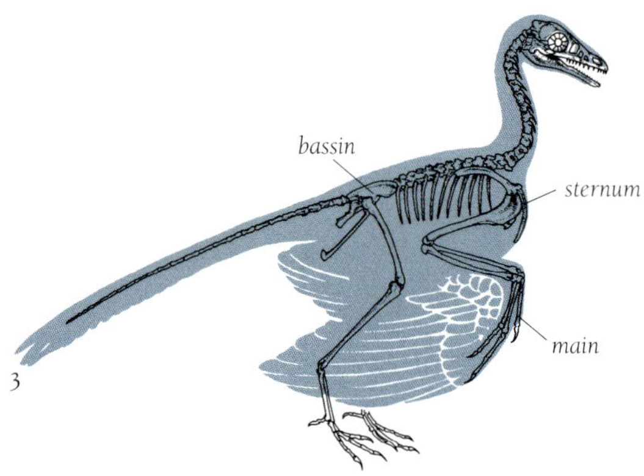

4

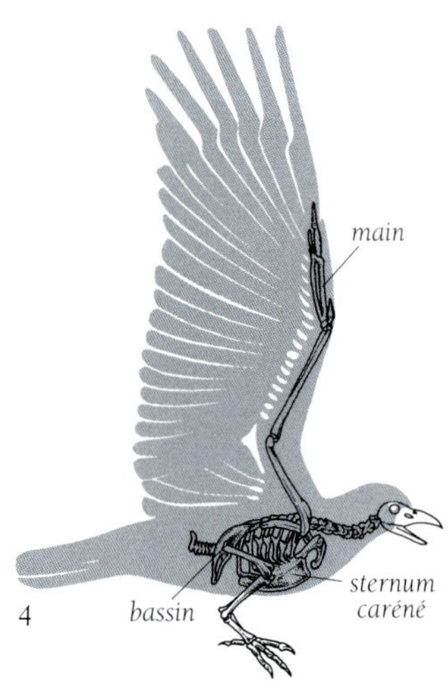

à fait raisonnable, y compris sur la base de ce qu'on sait de la fréquence à laquelle les météorites heurtent d'autres planètes moins privilégiées que la nôtre. On a vu au chapitre huit que la protection de Jupiter a beaucoup réduit, et continue de réduire, la fréquence de ces impacts désastreux et périodiques qui probablement ont eu lieu à la fin du Permien et du Crétacé, provoquant des extinctions massives. Sans la protection de Jupiter, ces impacts auraient été beaucoup plus fréquents, au moins un tous les vingt millions d'années, et comme le temps nécessaire pour l'évolution d'un nouveau cadre de vie après un tel désastre est de deux ou trois millions d'années, il est probable que sous le feu d'un tel bombardement, la vie n'aurait pas pu évoluer dans les nombreuses formes qui aujourd'hui habitent la terre.

Mais ce n'est pas la seule hypothèse que les chercheurs ont formulée. Il y en a au moins trois autres, dont la première met l'accent sur les essaims de comètes qui tomberaient sur la Terre à intervalles d'environ vingt-six millions d'années à cause des attractions provoquées par une étoile invisible qui s'approcherait cycliquement. La deuxième invoque une activité volcanique exceptionnelle, elle aussi cyclique, à intervalles de vingt-six millions d'années, provoquant des dommages immenses à chaque épisode de crise. L'iridium en effet est très abondant, non seulement dans les météorites, mais aussi dans les profondeurs de la Terre et donc sa provenance pourrait être de ce genre. La troisième enfin est celle, écologique et climatique, qui affirme qu'à un certain moment, les conditions écologiques, qui pendant environ cent cinquante millions d'années avaient permis l'existence des dinosaures, vinrent progressivement à manquer.

5

6

Il est difficile d'opter en connaissance de cause aussi parce que les différentes hypothèses sont formulées par des scientifiques de formation différente, dont chacun voit d'une façon particulière les possibilités qu'il connaît de près à la suite de ses travaux particuliers. Il est certain qu'au début du Triasique, on trouve brusquement que les grands reptiles terrestres et marins, dinosaures, ptérosaures, ichtyosaures, plésiosaures et mosasaures ont tous disparu, que les ammonites (céphalopodes dotés d'une coquille en spirale caractéristique) ont disparu des océans et que parmi les nouveaux fossiles, on ne trouve pas d'animaux d'un poids supérieur à vingt-cinq kilos. Que s'est-il passé ? Nous ne tenterons pas de prendre position, nous nous limiterons à prendre acte que l'histoire de la vie a connu un nouveau changement de chapitre et que la Terre, libérée de la longue domination des reptiles géants, peut commencer un nouveau et dur chemin vers de nouveaux buts, et peut-être de nouvelles tragédies.

ARCHOSAURIENS SURVIVANTS

Certains ont quand même réussi à passer le dur goulet et ont pu continuer leur chemin après la crise du Crétacé. Ces survivants sont les Crocodiliens et les oiseaux, dont le premier groupe est arrivé jusqu'à nous avec une dizaine d'espèces, le second avec presque dix mille espèces très différenciées dont personne à première vue ne dirait de quel incroyable passé elles émergent.

1

3

2

4

Les oiseaux sont les authentiques héritiers des dinosaures non seulement parce qu'ils descendent d'eux mais aussi parce que, comme leurs ancêtres, ils se sont amplement différenciés et comptent aujourd'hui presque dix mille espèces écologiquement très différentes les unes des autres même si elles sont assez uniformes du point de vue morphologique.

1. Un vautour indien (Gyps indicus), une espèce encore très abondante il y a quelques années, mais qui récemment a connu une mortalité désastreuse à cause d'un médicament anesthésique utilisé dans les abattoirs.

2. Le tarier pâtre (Saxicola torquata) est un petit oiseau passériforme assez commun dans les milieux marginaux en Europe.

3. Un pélican brun (Pelecanus occidentalis), le plus célèbre des deux représentants américains de cette famille. La photo a été prise sur l'île d'Aruba, aux Petites Antilles.

4. Un harfang des neiges (Nyctea scandiaca), strigidé de la toundra arctique.

6

5

5. Un délicieux estrildidé africain de l'espèce Uraeginthus ianthinogaster photographié dans le parc de Masai Mara, au Kenya. La famille des Estrildidés comprend de nombreux petits oiseaux granivores qui se nourrissent de graines d'herbes.

6. Un couple d'amazones diadème (Amazona autumnalis), espèce du groupe peut-être le plus connu de perroquets, photographiées au Honduras.

Les Crocodiliens sont des reptiles particuliers, non seulement parce qu'ils ont un cœur de type très avancé, divisé en deux oreillettes et deux ventricules, mais aussi parce qu'ils ont des poumons plus efficaces que ceux des autres reptiles actuels, parce qu'ils pratiquent les soins parentaux et parce qu'ils sont adaptés à une vie amphibie, ce qui pourrait avoir été une raison de leur survie à une époque de grave crise terrestre. Comme survivants d'une ère de grands reptiles, ce sont des animaux éminemment respectables. Ils ne sont pas bipèdes ni terrestres comme les plus gros dinosaures carnivores, mais avec les six à huit mètres d'un crocodile marin, ils sont ce qui est resté de mieux au jour d'aujourd'hui pour nous donner au moins une vague idée de leurs proches parents disparus.

Enfin, les authentiques héritiers directs ou indirects des dinosaures sont les oiseaux qui pourraient dériver d'un groupe spécialisé de Saurischiens ou peut-être directement des thécodontes. Ils se sont différenciés en une vingtaine d'ordres différents que les anatomistes considèrent comme très uniformes et même « ennuyeux » de leur point de vue. « Avec leurs chants et leurs plumages, écrit Alfred Romer, les oiseaux ont beaucoup à offrir aux spécialistes du comportement, en revanche ils offrent bien peu à ceux qui s'intéressent à la structure et à la fonction en anatomie. » Les différences entre les ordres, insiste l'anatomiste, ne sont pas supérieures à celles qu'on rencontre au niveau des familles chez les mammifères. C'est peut-être une exagération, car les oiseaux présentent des adaptations du squelette particulières en

1

1. Un flamant rose (Phoenicopterus ruber) *marche dans l'eau cristalline de la plage d'Aruba, aux Petites Antilles. Cette espèce est répandue pratiquement sur tous les continents et vit dans les lagunes d'eau salée.*

2

2. *Touraco à queue barrée* (Crinifer zonurus) *au repos sur un figuier dans le parc national de Queen Elizabeth, en Ouganda. Cette espèce n'est répandue que dans une région limitée d'Afrique orientale mais en revanche, elle n'est pas très sélective en matière de milieu et de nourriture.*

lien avec le vol. Leurs os se sont remplis de cavités, devenant particulièrement légers. Dans leurs pattes, le tarse et le métatarse ont fusionné et sont devenus tibia (qu'on appelle tarse en effet chez les oiseaux) et le tibia est devenu cuisse ; la véritable cuisse s'est retirée à l'intérieur du tronc et tout l'ensemble a servi à constituer un efficace train d'atterrissage. Les doigts ont disparu presque entièrement, le membre antérieur s'est transformé en aile et la manipulation des objets est obtenue avec une nouvelle structure (qui toutefois n'était pas complètement nouvelle pour les reptiles) : le bec. Celui-ci se différencie en de très nombreuses formes selon le régime alimentaire des oiseaux. Leur taille est très variable, elle va de deux grammes environ pour un colibri à cent kilos pour une autruche. Les oiseaux volants toutefois ne pèsent jamais plus d'une quinzaine de kilos. Et enfin, du point de vue écologique, les oiseaux sont magnifiquement différenciés, s'adaptant aux milieux terrestre, arboré, rupestre, aérien au sens étroit, aquatique, marin et tout ce qu'on peut imaginer puisqu'ils ne manquent dans aucun type de milieu, des pôles à l'équateur, des forêts aux villes. Les oiseaux ont brillamment résolu le problème du vol en prenant l'espace aérien aux Ptérosauriens et en contraignant les chauves-souris à la vie nocturne (que toutefois certains d'entre eux aussi pratiquent). Leur plein succès est sans aucun doute lié aussi à leur homéothermie, ainsi qu'au succès des insectes qui, pour beaucoup d'espèces, constituent une ressource alimentaire importante que certaines capturent même en plein vol.

1. Poussins de goéland pontique (Larus cachinnans), *l'un tout juste séché et l'autre au moment de l'éclosion, dans la réserve de l'Isola delle Femmine, Palerme.*

2. Fou de Bassan (Sula bassana), *adulte avec un gros poussin désormais proche de l'envol, à Bass Rock, Écosse.*

15. MAMMIFÈRES

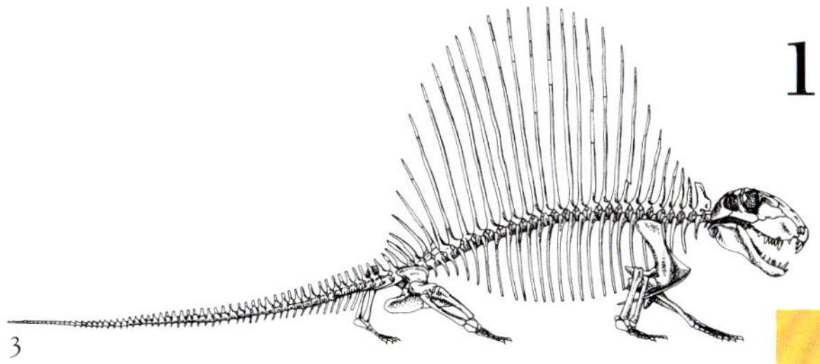

3

4

3. *Un squelette de pélycosaure carnivore du Permien inférieur* Dimetrodon *retrouvé au Texas. L'animal mesurait trois mètres et était doté d'une singulière crête dorsale très haute, soutenue par des rayons osseux. Ce qui toutefois apparaît de plus extraordinaire chez lui est son crâne : bien qu'il s'agisse d'un animal ayant vécu il y a plus de trois cents millions d'années, la ressemblance générale de sa tête avec celle d'un mammifère est assez évidente.*

4. *Une scène imaginaire représentant deux petits mammifères semblables aux actuels insectivores qui attendent la nuit pour sortir de leur tanière où, toute la journée, ils sont restés à l'abri d'une rencontre possible avec les dinosaures. Nous sommes au Jurassique, les opportunités de radiation adaptative de cette classe sont encore loin, elles arriveront après l'extinction des dinosaures, à l'ère tertiaire. Les mammifères ont été un des rares groupes qui, après une période de succès avec les thérapsides, entre le Permien et le Triasique, a connu une crise à cause de l'arrivée des premiers dinosaures (ou plutôt de leurs prédécesseurs, les thécodontes), a frisé l'extinction, a survécu dans l'ombre très longtemps et enfin a saisi une seconde chance, ce qui normalement n'est jamais donné. Grâce à cette histoire évolutive longue et tourmentée, le passage des reptiles thérapsides aux mammifères est très bien documenté par la paléontologie : les mammifères apparaissent lentement et sûrement, avec des caractéristiques squelettiques de plus en plus évidentes, la capacité de thermorégulation, une fourrure, de grands yeux, un odorat fin, une nouvelle articulation des mâchoires et ainsi de suite.*

Retournons en arrière de trois cents millions d'années, jusqu'à la période du Carbonifère (ère primaire), pour retrouver le fil de l'écheveau de la quatrième sous-classe des reptiles, celle des synapsides. C'est à cette époque lointaine, en effet, qu'apparaissent les plus anciens reptiles connus de ce groupe, les pélycosaures qui, c'est évident, sont encore structurellement très primitifs mais, d'un autre côté, montrent déjà des caractéristiques anatomiques qui les désignent comme des prédécesseurs des mammifères. Au Permien, les pélycosaures se différencient amplement et deviennent plus nombreux. Un de leurs représentants typiques, *Dimetrodon*, était un reptile massif de deux à trois mètres de long, doté d'une crête dorsale haute comme une voile soutenue par une série de mâts osseux. La fonction de cette structure n'est pas claire, certains pensent qu'il s'agissait d'une espèce de panneau solaire pouvant optimiser le réchauffement du sang aux premiers rayons du soleil. C'est une hypothèse fascinante car elle suggère que ces animaux primitifs réalisaient une espèce d'expérimentation pour mettre au point un système de quasi-homéothermie.
Au Permien tardif et au début du Triasique, les pélycosaures sont remplacés par les *Thérapsides*, connus aussi comme reptiles-mammifères, qui furent des animaux assez répandus à leur époque et nettement plus avancés. Le progrès notable des thérapsides par rapport à leurs prédécesseurs consiste dans la rotation du coude et du genou vers le corps, avec pour résultat le passage d'une posture rampante à une posture

1

1. *Reconstitution de* Lycaenops*, un surprenant reptile-mammifère du Permien supérieur retrouvé en Afrique du Sud. La ressemblance de son crâne avec celui de* Dimetrodon *est évidente, mais aussi le progrès notable vers une structure de prédateur agile. Les reptiles-mammifères vivant à cette période étaient de taille modeste, les prédateurs pas plus gros qu'un loup ; les herbivores, qu'un bœuf.*

2. *Squelette de* Lycaenops*. Les synapsides avaient une posture caractéristique soulevée de terre qui, déjà dans ce lointain passé, les séparait nettement des autres reptiles. Les mammifères modernes toutefois se distinguent des reptiles par quelques caractères qu'on ne peut pas relever dans les formes fossiles : température constante, métabolisme élevé, pelage, viviparité, allaitement des petits. On peut présumer que les reptiles-mammifères du permien étaient encore loin de tels objectifs ; de toute façon, à cause de ces difficultés, les paléontologues ont fixé le passage des reptiles aux mammifères proprement dits dans le changement de l'articulation entre mandibule et crâne.*

2

franchement dressée sur quatre pattes et donc aussi à une vitesse nettement supérieure. Ils sont donc d'habiles prédateurs et, vers la fin du Triasique, montrent de nouveaux changements dans la structure du crâne, la dentition et les pattes, qui les rapprochent encore plus des mammifères. À ce stade (il y a 180 millions d'années), toutefois, quelque chose se passe qui stoppe l'ascension prometteuse de ces animaux sur la scène de notre planète : les dinosaures apparaissent et occupent rapidement presque toutes les niches écologiques existantes. Tout le groupe des thérapsides semble disparaître dans le néant ; en réalité il survivra sous forme de mammifères primitifs ovipares nocturnes, timides et de petite taille, et il devra traverser son très long moyen âge mésozoïque avant de retrouver la chance qui lui avait échappé d'un cheveu au moment de la radiation adaptative des dinosaures, ses concurrents victorieux.

On retrouve des fossiles de petits mammifères épars çà et là dans les strates mésozoïques. Aujourd'hui, les seuls mammifères ovipares survivants sont les monotrèmes, les ornithorynques et les échidnés australiens qui présentent des adaptations particulières qui les différencient notablement de leurs lointains prédécesseurs. Ceux-ci devaient ressembler peut-être aux opossums, marsupiaux à succès qui, en Amérique, ont réussi à résister même à l'invasion des mammifères placentaires plus modernes, ou peut-être, épines à part, aux insectivores comme le hérisson.

3. *Ces quatre crânes montrent l'évolution des mammifères depuis trois cents millions d'années : du pélycosaure* Dimetrodon *du début du Permien, au thérapside* Scymnognathus *du Permien tardif, au thérapside* Cynognathus *du Triasique, jusqu'au* Canis *contemporain.*

4. *Ornithorynque* (Ornithorhynchus anatinus)*, le plus célèbre représentant des monotrèmes, les quelques mammifères qui pondent encore des œufs.*

5. Zaglossus sp. *de Nouvelle-Guinée, un autre monotrème semblable à l'échidné.*

6. *Kangourou roux australien* (Macropus rufus)*, typique représentant du groupe des kangourous géants. Avec la queue, il atteint une longueur de 220 cm.*

3
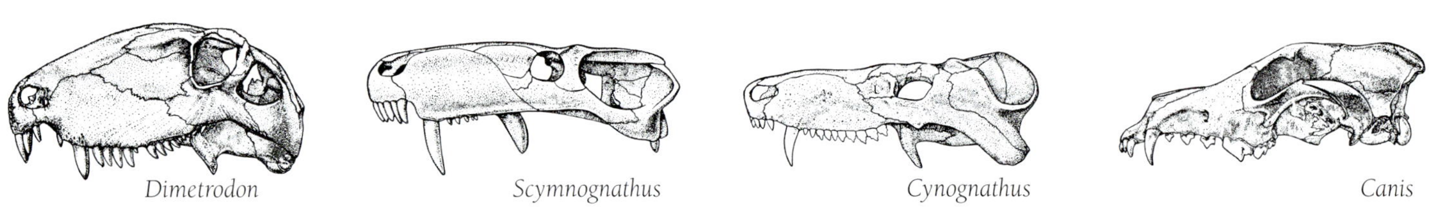

4

5

6

1

LA RADIATION ADAPTATIVE

Les mammifères mènent cette vie modeste et obscure pendant une durée inimaginable pour nos critères d'attente, environ cent quarante millions d'années au cours desquelles ils réussissent aussi à se différencier en marsupiaux et placentaires, avec deux types de physiologie et de stratégie reproductrice bien différents. À la fin du Crétacé, quand les placentaires ne sont pas encore arrivés en Australie, celle-ci se sépare des autres continents et dès lors continue seule son histoire biologique. L'extinction des dinosaures laisse la place nécessaire pour la radiation adaptative des mammifères qui, à ce stade, a lieu de façon indépendante en Australie et dans le reste du monde. En quelques millions d'années, les deux groupes (marsupiaux et placentaires) ont donné naissance à une incroyable richesse de formes et de fonctions souvent étroitement parallèles, mais les marsupiaux, en dehors de l'Australie, perdent vite de l'influence, ne survivant même qu'en Amérique avec un petit groupe d'espèces primitives mais très efficaces : les opossums. Pendant ce temps, les placentaires ont littéralement explosé en une énorme diversité : que l'on pense aux baleines, aux

1. Un lama devant le paysage grandiose du Machu Picchu au Pérou. Des quatre Camélidés qui aujourd'hui peuplent l'Amérique du Sud, deux seulement, le guanaco (Lama guanicoë) *et la vigogne* (Vicugna vicugna), *sont des espèces sauvages. Le lama* (Lama glama) *et l'alpaga* (Lama pacos) *n'existent qu'à l'état domestique et de nombreux zoologistes estiment qu'ils sont simplement des formes domestiques venues du guanaco, tout comme ça pourrait être le cas pour le dromadaire par rapport au chameau.*

2. La distribution géographique de l'hippopotame nain (Choeropsis liberiensis) est limitée à une bande côtière d'Afrique de l'Ouest et l'espèce, liée non seulement aux eaux mais aussi aux forêts, à la différence de l'hippopotame « amphibien », est devenue très rare. Cet animal a environ la taille d'un cochon et ne pèse pas plus de deux quintaux et demi contre les deux ou trois tonnes de son cousin plus commun et plus répandu.

2

1

2

chauves-souris, aux éléphants, aux rhinocéros, aux pangolins, aux lémurs, aux singes. Pour les rares grands reptiles survivants, ce dut être le coup de grâce. Ils disparaissent presque entièrement ; survivent aujourd'hui le tuatara en Nouvelle-Zélande (en l'absence de mammifères) ; les crocodiles dans les fleuves et les lacs tropicaux ; jusqu'à 15.000 ans en arrière aussi un varan gigantesque de six cents kilos (aujourd'hui éteint) en Australie – ceci, notons-le, en l'absence de mammifères placentaires. La majeure partie des reptiles survivants seront des lézards et des serpents de taille modeste et au mode de vie retiré, exactement comme les mammifères au mésozoïque.

Il y a 40-50 millions d'années, tous les grands ordres de mammifères étaient déjà présents sur la Terre (dont la géographie est désormais très proche de l'actuelle), y compris les primates. C'est sur ce groupe particulier, celui qui comprend notre espèce, que nous nous concentrerons maintenant pour continuer notre histoire.

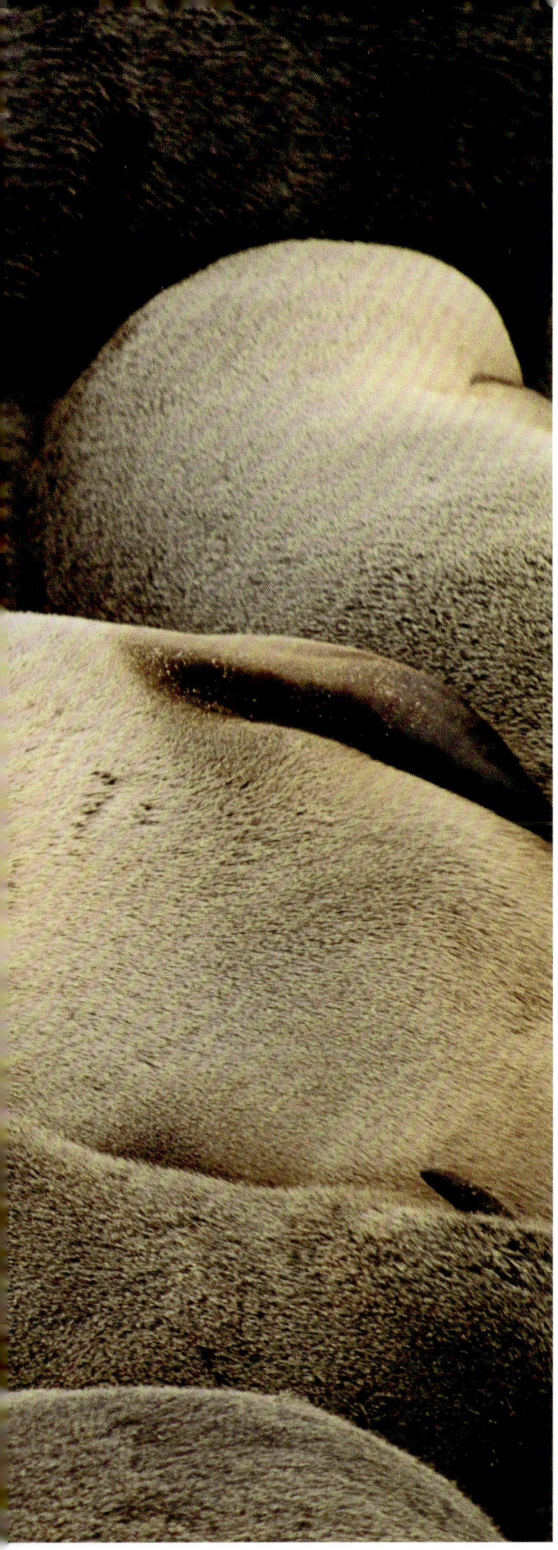

4

3

1. Otaries du Cap (Arctocephalus pusillus) *à Cape cross, en Namibie.*

2. Cerfs (Cervus elaphus) *à Richmond Park, à Londres.*

3. Phoques gris (Halichoerus grypus) *sur l'île de May, Écosse.*

4. Éléphant africain (Loxodonta africana) *dans le parc national d'Amboseli, au Kenya.*

1

2

1. *Un gnou* (Connochaetes taurinus) *portant deux piquebœufs à bec jaune* (Buphagus africanus) *sur sa croupe au parc national de Tsavo, au Kenya.*

2. *Encore un groupe de gnous paissant en ordre épars dans le parc national du Tarangire, en Tanzanie. Dans l'évolution très vive des gazelles et antilopes en Afrique, le gnou représente une tentative bien réussie d'émuler les bisons d'Amérique. Comme les bisons, les gnous sont extrêmement grégaires et, bien que beaucoup plus petits, ils ont un peu pris l'aspect des bisons comme le reconnaît l'adjectif* taurinus *de leur nom latin.*

Les primates sont les descendants directs des plus anciens mammifères placentaires, les insectivores. Aujourd'hui encore, dans les forêts tropicales asiatiques, on trouve un animal arboricole qu'on pourrait considérer soit comme un insectivore avancé, soit comme un primate très primitif, le tupaïa. Il a un museau long et fin comme une musaraigne, deux grands yeux sombres et une queue d'écureuil. Ses adaptations reproductrices sont vraiment singulières : quand la femelle accouche, elle dépose ses petits dans un nid différent de celui où elle va dormir ; elle ne va voir sa progéniture que toutes les quarante-huit heures, l'allaite avec un lait particulièrement nourrissant et s'éloigne au bout de quelques minutes. Ce système est très différent de celui

3

5

3. *Purgatorius est le plus ancien primate connu à ce jour : il vécut il y a 70 millions d'années, dans la région d'Amérique du Nord qui aujourd'hui s'appelle le Montana. C'était un petit animal semblable à l'actuel toupaïa, qui se nourrissait d'insectes, de feuilles et de fruits.*

4. *Sifaka de Verreaux* (Propithecus verreauxi) *dans la réserve de Kirindy, près de Morondava, à Madagascar. Les lémuriens auxquels cette espèce appartient sont des primates qui toutefois diffèrent des singes proprement dits pour avoir, entre autres, l'odorat bien développé et des habitudes nocturnes.*

5. *Un lémurien catta* (Lemur catta) *dans la réserve Anja d'Ambalavao, à Madagascar. Le catta est le lémurien le plus commun à Madagascar et c'est aussi l'espèce la plus sociale. Ses habitudes sont partiellement diurnes.*

4

1

1. Colobe roux (Colobus badius) *dans la forêt de Jozani, à Zanzibar, en Tanzanie. Malgré une large diffusion géographique à l'origine, ce singe est aujourd'hui devenu rare et localisé, et il court un risque sérieux d'extinction.*

2 et 4. Deux magots (Macaca silvana), *celui de gauche photographié à Gibraltar. C'est le seul singe d'Afrique du Nord et le seul qui a aussi une petite population européenne, justement sur le rocher de Gibraltar. Des fossiles du Pléistocène semblent démontrer que cette population n'est pas artificielle, comme l'hypothèse en avait été faite, mais un réel vestige.*

3. Tamarin doré (Leontopithecus rosalia), *un des petits singes du Nouveau Monde (famille des Callitricidés) à plus grand risque d'extinction à cause de la destruction de son habitat forestier au Brésil et aussi de la persécution directe. En 1981, on estimait la population totale de cette espèce à environ deux cents individus. Le prince Maximilien d'Autriche, qui guida une expédition au cœur du Brésil, avoue naïvement dans son journal en avoir mangé souvent. Cette image fait partie d'une série d'illustrations d'animaux du Brésil publiée par le prince lui-même en 1822-1831.*

5. Un jeune babouin (Papio cynocephalus) *mâle de la réserve de Budongo, en Ouganda. Ce singe robuste, qui s'adapte à tout type de milieu est encore très commun dans toute l'Afrique subsaharienne, à part dans les grandes forêts.*

des primates proprement dits qui ont renoncé à construire un nid et emportent leurs petits avec eux, solidement accrochés à la fourrure de leur ventre grâce au pouce opposable, comme du reste le font d'autres mammifères qui ne sont pas très éloignés d'eux, les lémuriens volants asiatiques (Dermoptères) et aussi les chauves-souris. Il semble donc que l'abandon de la construction d'un nid et le choix de la femelle de transporter son petit (normalement un seul pour des raisons pratiques évidentes) toujours avec elle, aient été effectués de façon très précoce dans l'histoire évolutive des primates, au point d'être partagés par tous les composants du groupe (tupaïa exclu, si on le considère comme tel) et par d'autres groupes assez proches d'eux aussi comme exigences (il s'agit d'animaux arboricoles ou carrément volants, c'est-à-dire très mobiles).

Les primates sont donc des mammifères directement dérivés des insectivores les plus primitifs, mais adaptés à une vie plus ou moins étroitement arboricole. Ce qui signifie qu'ils habitent un espace à trois dimensions et ont besoin d'une excellente vue stéréoscopique pour évaluer avec beaucoup d'exactitude les distances entre deux branches et donc calculer l'énergie à imprimer à un saut. Ils ont aussi besoin de bien distinguer les couleurs pour découvrir les fruits mûrs dans un océan de verdure et c'est une capacité qu'ils partagent avec les oiseaux, mais pas avec les autres mammifères qui ne distinguent absolument pas les couleurs. Ces exigences ont poussé vers une augmentation progressive du cortex visuel, et la croissance du cerveau a permis d'organiser de nouveaux modes de vie plus créatifs qui n'avaient guère de précédents.

2

3

5

4

Les primates vivant aujourd'hui peuvent être subdivisés en prosimiens et en singes proprement dits. Le premier groupe comprend lémurs, tarsiers, galagos et autres animaux nocturnes semblables (en Afrique, les galagos sont appelés « enfants des bois »), le deuxième comprend à son tour deux groupes, celui des singes afro-asiatiques (Catarhiniens, c'est-à-dire singes à nez étroit) et celui des singes sud-américains (Platyrhiniens, c'est-à-dire singes à nez plat). La divergence entre ces deux groupes doit être très ancienne et de toute façon pas inférieure à vingt-cinq millions d'années, datation du plus ancien fossile connu de singe platyrhinien en Amérique du Sud. Il est néanmoins plus probable que cette divergence ait eu lieu bien avant, peut-être quarante millions d'années en arrière, car les primates apparaissent dans l'Ancien Monde et la traversée de l'Atlantique devait être beaucoup plus facile en des temps reculés, quand l'Afrique et l'Amérique du Sud n'étaient pas encore aussi éloignées et que devaient exister encore dans l'Atlantique de nombreuses îles pouvant servir de pont pour les colonisateurs les plus aventureux.

Dans le Nouveau Monde, les primates suivront des chemins évolutifs parfois parallèles à ceux de l'Ancien Monde, mais plus souvent originaux avec des espèces de petite taille (les Callitricidés), souvent à queue préhensile (singe araignée), souvent nocturnes aux grands yeux (douroucoulis) et ainsi de suite. Dans l'Ancien Monde (Afrique et Asie) en revanche, ils se différencient également en nombreuses espèces mais avec une tendance récurrente à augmenter en taille. Cette histoire, qui s'est révélée ensuite si importante pour nous êtres humains, mérite que je m'y arrête un peu.

Les singes sont dotés de pouces opposables, mais ceci ne signifie pas qu'ils soient bipèdes. Ils ont le buste droit quand ils sont assis et, occasionnellement, ils se dressent aussi sur leurs membres postérieurs pour atteindre un objet haut, mais ils marchent à quatre pattes comme tous les autres mammifères. Étant sur quatre pattes, ils sautent aussi d'une branche à l'autre dans le style de l'écureuil. Du moins ils le font avec désinvolture tant que leur poids ne dépasse pas un certain seuil. En effet, chez les espèces de plus grande taille, des sauts de ce genre commencent à devenir téméraires. Les branches oscillent dangereusement et risquent continuellement de rompre. C'est pour cette raison que, au cours de l'histoire de la vie, les primates de grande taille ont abandonné ce style de déplacement en faveur d'un autre système plus prudent : ils se suspendent aux branches et avancent en déplaçant un bras après l'autre comme si c'étaient des jambes à l'envers. Les spécialistes des singes (primatologues) appellent ce type de mouvement la brachiation.

La brachiation a pour conséquence de garder le corps dans une sorte de position dressée, même si c'est une position « suspendue » et non en appui sur les membres

1

1. Une lithographie en couleurs représentant un orang-outan (Pongo pygmaeus), *tirée du volume* The Zoology of the Voyage of H. M. S. Samarang : Under the Command of Captain Sir E. Belter, 1848-1850. *On remarquera que la représentation anatomique de l'animal est plutôt soignée, même si la position debout et l'utilisation d'un bâton apparaissent à première vue plutôt fantaisistes. Il faut noter toutefois que l'utilisation de bâtons comme instruments a été récemment observée chez les chimpanzés et aussi chez les gorilles et que l'orang-outan est encore le moins étudié des grands singes anthropoïdes.*

2. Le mythique gorille (Gorilla gorilla) *est le plus grand des primates vivants puisque le mâle peut atteindre jusqu'à trois cents kilos. Il est strictement végétarien et vit en familles polygyniques, caché au cœur de forêts épaisses, dans la montagne (dans les Virunga, entre Ouganda, Rwanda et Congo) ou en plaine (dans le vaste bassin du fleuve Congo). Malheureusement, cette espèce est encore l'objet d'un braconnage obstiné, surtout dans les plaines du Congo où son potentiel économique éco-touristique est encore complètement inconnu.*

3. Un chimpanzé regarde le photographe du haut d'un grand arbre dans la réserve de Budongo, en Ouganda. Parmi les grands singes anthropoïdes, le chimpanzé (Pan troglodytes) *et le bonobo* (Pan paniscus) *sont les plus proches de notre espèce du point de vue génétique. Habitants des forêts tropicales, ils sont capables d'utiliser des instruments simples pour ouvrir des noix, « pêcher » des termites dans leurs nids, menacer leurs adversaires et probablement faire beaucoup d'autres choses.*

2

3

postérieurs. En tout cas, c'est un changement de posture qui a pour conséquence d'introduire des pressions sélectives vers un changement progressif des formes du corps. En premier lieu, ces grands singes brachiateurs tendent à perdre leur queue qui n'a plus sa fonction originaire de timon pendant les dangereux sauts en longueur et qui est donc devenue un inutile, voire encombrant, appendice. Puis, leur corps prend une allure verticale, perd la compression latérale caractéristique des autres mammifères pour en adopter une dorso-ventrale. Les vertèbres de la queue disparue se replient vers le bas pour constituer le sacrum qui contribuera au soutien des entrailles, lesquelles maintenant pèsent sur l'aine. À ce stade, l'évolution donne déjà un primate de type anthropoïde, comme les actuels orangs-outans et gibbons asiatiques, gorilles, chimpanzés et bonobos africains.

1

L'histoire suivante se déroulera, d'après ce qu'on peut déduire des fossiles retrouvés jusqu'à aujourd'hui, avec une migration stratégique entre Afrique et Asie, aller et retour. Il y a environ vingt millions d'années, un anthropoïde arboricole qui pouvait être *Kenyapithecus* (un fossile africain) migra de l'Afrique vers l'Asie, peut-être en réponse à une des périodes récurrentes de sécheresse en Afrique. En Asie, les descendants de ces primates brachiateurs donnèrent naissance aux ancêtres des gibbons et de l'orang-outan tandis qu'en Afrique, les brachiateurs qui n'avaient pas migré s'éteignaient complètement. Par la suite, il y a une dizaine de millions d'années, un nouvelle migration de retour s'effectua entre l'Asie et l'Afrique, intéressant cette fois une espèce qui devait être assez proche d'*Ouranopithecus* (un anthropoïde fossile asiatique). En Afrique, les migrants de retour s'établirent dans les forêts, donnant lieu aux actuels anthropoïdes (gorille, chimpanzé, bonobo), et aussi dans les savanes, donnant lieu à *Australopithecus*, c'est-à-dire à la lignée qui évoluerait en direction de notre espèce. *Australopithecus* possédait une mosaïque de caractères qui peuvent en partie être considérés comme proprement humains (station debout, type de pied, dentition) mais qui sont en partie encore très proches de ceux d'un chimpanzé (forme du crâne, volume de la boîte crânienne, stature). La série qui conduit de cette espèce primitive de la savane africaine jusqu'à nous est bien documentée du point de vue fossile, mais sa description détaillée dépasserait le propos du présent ouvrage. Tout comme il serait trop complexe d'évoquer le débat sur les pressions sélectives qui ont pu conduire un singe de savane hors des rails écologiques habituels du groupe auquel il appartenait, pour l'amener peu à peu à une croissance du cerveau hors de toute prévision possible, à l'invasion progressive de toute la planète et,

1. Aube sur la savane de Masai Mara, au Kenya.

2. Reconstitution de Kenyapithecus, *le dernier anthropoïde brachiateur ayant vécu en Afrique avant la migration en Asie qui sauva de l'extinction la lignée des ancêtres de l'homme.*

3. Coucher de soleil sur la savane et ses baobabs.

*4. Lucy, l'*Australopithecus afarensis *découvert en Éthiopie en 1974 par Coppens, Johanson et Taieb. Cette espèce était capable de marcher debout.*

2

3

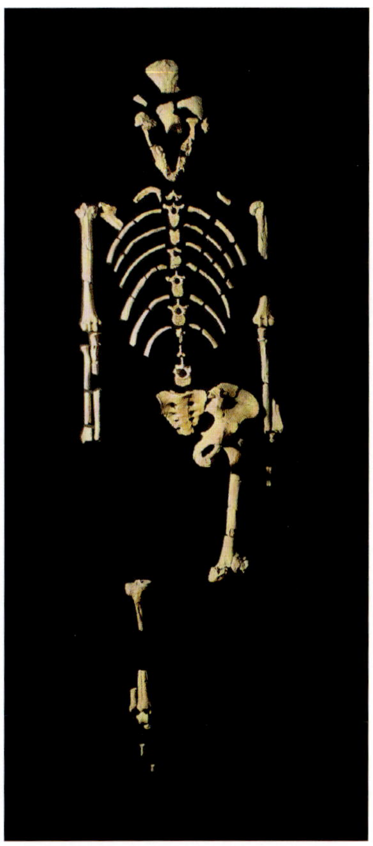

4

en définitive, à un destin qui, quel que soit le point de vue dont on le juge, doit être considéré comme très particulier.

Il suffira de dire que, dans la lignée des primates qui donne naissance à notre espèce, ce qu'on appelle *évolution culturelle* revêt une importance primordiale (nous entendons par culture l'ensemble des comportements qui ne sont pas codifiés génétiquement mais, au contraire, appris par imitation sociale). Il s'agit d'un phénomène qui existe aussi chez de nombreux animaux, sur lequel existent beaucoup d'études sérieuses et auquel l'éthologue italien Danilo Mainardi a consacré un ouvrage de divulgation très intéressant. Dans notre espèce toutefois, la culture prend une plus grande importance que dans toutes les autres, et l'évolution culturelle finit par devancer, et dans un certain sens conditionner aussi, l'évolution biologique. Par exemple, la découverte du feu a permis de cuire les aliments, mais la consommation d'aliments cuits a indubitablement modifié certaines pressions sélectives, avec pour résultat de modifier la denture, l'allégeant peu à peu et diminuant aussi de plus en plus la mandibule par rapport au reste du crâne. L'importance de l'évolution culturelle de notre espèce nous donne aussi l'illusion d'échapper aux lois de la nature qui conditionnent la vie de tous les autres animaux. En réalité, ce n'est qu'une illusion qui risque de nous donner des indications erronées sur nos perspectives. L'évolution culturelle nous a permis de construire des appareils électroniques avancés et de réfléchir sur nous-mêmes et sur l'univers, mais aussi de dégrader la couche d'ozone et d'augmenter le taux d'anhydride carbonique dans l'atmosphère, de déclencher des guerres destructrices et de faire peser de lourdes hypothèques sur notre avenir. On ne pourra en aucun cas remédier à ces problèmes avec de nouvelles technologies ; la seule réponse adéquate reste l'éthique, que l'évolution biologique par sélection naturelle ne saurait produire.

16. INTELLIGENCE

IMPRESSIONS HUMAINES

Donc, l'évolution n'a pas de fins délibérées et ne se déroule pas selon des plans prédéterminés, mais cela ne signifie pas qu'elle soit dépourvue de *tendances*. Par le biais des pressions sélectives, elle pourvoit à la construction des organes qui servent aux différents buts : une série de membres ou de nageoires, une oreille, une bouche, des yeux simples ou composés et ainsi de suite. Pour ce qui est des yeux, on a même dit que la tendance à les former est presque une obsession évolutive, puisque ces organes ont évolué de façon indépendante entre quarante et soixante fois au cours de l'histoire de la vie !

En réalité donc, le hasard apparent et l'absence de finalité de l'évolution relevés par certains chercheurs semblent n'être qu'une impression humaine dérivant une fois de plus de l'anthropomorphisme, c'est-à-dire de la non-coïncidence de la logique et des principes de construction de la nature avec ceux des hommes. La nature n'a pas de plans préétablis dès le début ; elle écrit ses plans au fur et à mesure qu'elle construit les objets, en les adaptant progressivement aux exigences présentes. Elle re-projette chaque jour, mais elle le fait sur la base du matériau déjà disponible, et pas en repartant de zéro, comme cela arrive parfois aux ingénieurs humains. La nature a le matériau adapté et ses objectifs sont pour ainsi dire inscrits en elle. Les prestations particulières des organismes – vue, vol, nage, course, saut, etc. – sont des concepts biologiques et physiques à poursuivre en partant du matériau le plus varié qui se puisse imaginer et en utilisant la stratégie la plus économique et la plus vertueuse possible, celle de la correction jour après jour. Technique extrêmement simple, certes, mais non exempte de problèmes, comme toutes les choses de la nature qui sont merveilleuses justement parce qu'elles ne relèvent pas de la magie. Et pourtant peut-être, parmi toutes les tendances évolutives possibles, il en existe une plus extraordinaire que toutes les autres, celle qui plus qu'aucune autre évoque une sorte d'aventure mystique : l'*évolution de l'intelligence*. Beaucoup se demanderont si une telle affirmation a un sens en dehors du cas très particulier de l'homme. Bien que les idées mécanistes de Descartes sur le monde des animaux soient définitivement écartées, les gens n'ont pas très envie de faire des concessions sur une question aussi importante que l'unicité de l'intelligence de l'espèce humaine. Certaines personnes seront disposées à dire de leur chien qu'« il ne lui manque que la parole », mais au fond elles veulent dire que cette parole qui lui manque a une extrême importance comme élément de discrimination entre leur chien et elles. Je me souviens, voilà de nombreuses années, avoir vu dans un zoo du sud de la France un spectacle où toute une famille de chimpanzés s'asseyait à table et mangeait dans des assiettes en utilisant correctement les couverts. C'était extraordinaire et, aujourd'hui encore, j'en ai un souvenir très vif. Pourtant ce spectacle fut suspendu car les défenseurs des animaux protestèrent, estimant qu'une telle scène portait atteinte à la dignité des ces animaux. On en déduit donc que ces militants pensaient qu'un repas avec assiettes, fourchette et couteau pouvait être digne d'êtres humains mais pas de chimpanzés qui, d'après eux, devraient manger naturellement, en se comportant comme des bêtes. Évidemment, selon eux, les animaux ne sont que des animaux et, pour manger à table, il faut appartenir au genre humain.

LANGAGE DES SOURDS-MUETS

Descartes a fait son temps et les défenseurs des animaux peuvent penser ce qu'ils veulent ; en réalité, l'intelligence, ou mieux, la capacité de se construire des modèles

Photomontage provocateur à partir du Déjeuner dans l'atelier *d'Édouard Manet, 1868, Staatsgalerie, Munich.*
« C'est sur le jeune homme au premier plan, écrit un critique, que se concentre toute l'attention, sur son visage en pleine lumière, sur l'atmosphère d'attente que son regard fixé dans le vide donne aux autres personnages. »
Un jugement qui ne semble appeler aucune correction.

1

1. *La primatologue Jane Goodall avec un chimpanzé dans la réserve de Gombe, en Tanzanie. Goodall a été une pionnière et ses études permirent de cerner les comportements des chimpanzés, considérés auparavant de façon erronée et conventionnelle.*

2. *Tête de la chauve-souris insectivore* Trachops cirrhosus *avec ses grands pavillons auriculaires adaptés à l'écholocalisation. C'est Donald Griffin qui, dans les premières années de son activité, découvrit la capacité des chauves-souris de percevoir des objets dans l'obscurité la plus totale au moyen de l'écho d'ultrasons.*

3. *Le pionnier de l'éthologie cognitive, Wolfgang Koehler, à droite, son pardessus sur le bras, avec un groupe de collègues pendant un colloque.*

mentaux des situations pour les affronter de façon créatrice, ainsi que la conscience d'exister et d'agir dans le monde, ne sont pas, d'après les éthologues cognitifs d'aujourd'hui, des caractéristiques exclusivement humaines. De nombreux travaux montrent désormais, au-delà de tout doute raisonnable, qu'on trouve ces capacités à des degrés divers chez les singes, les cétacés, les otaries, différents mammifères insoupçonnables et même chez certains oiseaux.

On connaît les travaux sur les singes anthropoïdes qui furent entamés dans les années 1940 par Wolfgang Koehler et Eugen Teuber dans la Station prussienne de Tenerife pour l'étude des primates. Le jeune Koehler, en collaboration directe avec le directeur de la Station, réalisa une étude classique sur les capacités cognitives des chimpanzés, en se servant d'une série de crochets, d'une chaise et d'un bâton. Il suspendait des bananes au crochet et laissait le chimpanzé trouver la solution du problème. Au début, quand les bananes n'étaient pas placées trop haut, le chimpanzé utilisait la chaise ou le bâton séparément ; quand elles furent placées plus haut, il utilisa conjointement chaise et bâton et enfin, quand elles furent placées trop haut pour être atteintes ainsi, il fut capable d'empiler deux chaises pour atteindre son objectif.

Plusieurs décennies plus tard, cette expérimentation classique fut suivie de travaux beaucoup plus complexes, entrepris dans les années 1970 par un couple américain, les Gardner. Ils voulurent explorer jusqu'au bout le potentiel intellectuel du chimpanzé et dans ce but, ils élevèrent un petit chez eux exactement comme ils l'auraient fait avec un enfant sourd et muet.

Pourquoi sourd et muet ? Parce que quelques années auparavant, les Hayes avaient tenté d'apprendre à parler à un jeune chimpanzé mais le résultat avait été assez modeste : quatre modulations différentes seulement en six ans de dressage ! Les Gardner estimaient que ce résultat négatif était lié à l'impossibilité pour le chimpanzé d'émettre des sons articulés complexes plutôt qu'à son incapacité de reconnaître les objets. C'est ainsi qu'ils s'employèrent à apprendre le langage des sourds-muets à leur jeune élève, Washoe. Cette expérimentation qu'ils poursuivirent pendant de nombreuses années, avec différents ajouts et variantes, fut un réel succès : déjà au bout de vingt-deux mois, Washoe avait appris à s'exprimer en utilisant trente-quatre des différents gestes du langage des sourds-muets. Le succès des Gardner ouvrit la voie à toute une série de travaux sur les capacités cognitives des singes anthropoïdes, en premier lieu les chimpanzés, mais aussi les gorilles, qui furent poursuivis surtout aux États-Unis. Par exemple, Premarck (1971) apprit à un jeune chimpanzé à s'exprimer au moyen d'une série de tablettes colorées en plastique ;

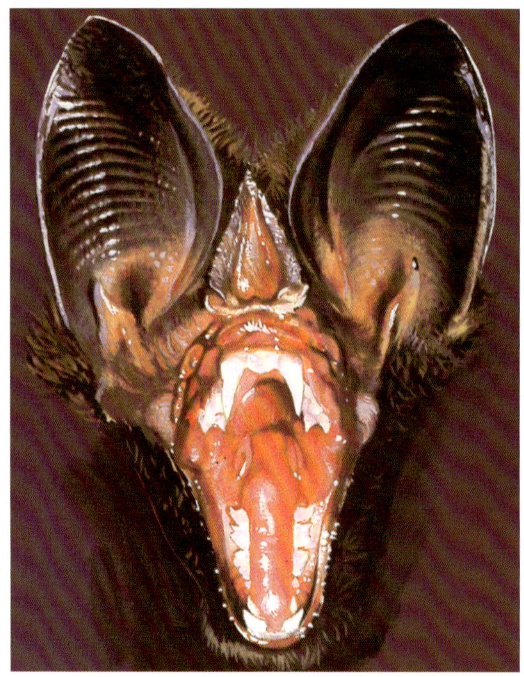

2

3

4 

Rumbaugh et ses collaborateurs (1980) utilisèrent un ordinateur spécial qui produisait des figures géométriques représentant des mots ou des idéogrammes ; Patterson (1978) et Terrace (1979) dressèrent respectivement un jeune gorille et un jeune chimpanzé en utilisant eux aussi le langage des sourds-muets. J'ai pour ma part eu l'occasion de voir une vidéo montrant différents moments des travaux de Patterson et j'ai été très impressionné. Ce qui n'a pas été le cas des humanistes et des linguistes qui, au fur et à mesure que les animaux montrent le niveau auquel ils peuvent arriver et donc leur potentiel intellectuel méconnu, se hâtent de redéfinir le concept de langage pour pouvoir isoler notre espèce dans une catégorie unique.

OISEAUX CRÉATIFS

À cet égard, l'histoire de Donald Griffin est paradigmatique. Dans un premier temps, ce naturaliste américain, professeur de zoologie à la Rockefeller University, se forgea une solide réputation avec ses travaux pionniers sur l'écholocalisation des chauves-souris et sur l'orientation des oiseaux migrateurs, mais ensuite ses articles et ses livres, publiés à partir de 1976, furent l'objet de violentes critiques ; il y soutenait, de façon de plus en plus cohérente et convaincante, l'idée selon laquelle les animaux possèdent des capacités cognitives dans une mesure bien supérieure à ce qu'on attend généralement. Après son départ à la retraite en 1986, il continua à écrire sur les capacités cognitives des animaux, et publia en 1992 un ouvrage pionnier très intéressant, *Animal Minds*. Dans cet ouvrage, Griffin a patiemment examiné la littérature déjà publiée sur le comportement des animaux, en essayant de réinterpréter certains faits étranges à la lumière de son idée de la large diffusion des capacités cognitives. Avec beaucoup de patience, il énumère une série de faits plus ou moins importants qui, pris tous ensemble, constituent un puissant témoignage en faveur de ses idées. Par exemple, il cite le comportement singulier d'un épervier qui, ayant capturé un étourneau, oiseau de complexion très robuste et de taille plutôt grande par rapport au petit

4. Vautour percnoptère (Neophron percnopterus), *petit vautour connu pour sa capacité de casser les œufs d'autruche en les frappant avec une grosse pierre.*

5. Deux aras bleus (Ara ararauna) *dans le parc national d'Aruba, Antilles hollandaises. Grâce à leurs capacités tout à fait hors du commun, les perroquets sont un des sujets préférés des travaux d'éthologie cognitive.*

 5

rapace (environ la moitié de son poids), saisit fermement sa tête avec une patte et la plongea sous l'eau dans une flaque pour pouvoir le tuer plus facilement par noyade. Devant une telle façon, tout à fait insolite, d'affronter une situation nouvelle, l'hypothèse selon laquelle l'épervier comprend que dans l'eau on se noie et qu'en se noyant on meurt et que donc on n'oppose plus de résistance, est la plus simple que l'on puisse formuler.

Un autre cas bien connu d'esprit brillant chez les oiseaux est la mouette de Cape Cod aux États-Unis. Ces oiseaux ont appris à utiliser une route goudronnée abandonnée pour casser les coquilles des mollusques en les laissant tomber de haut sur une surface dure. C'est un comportement que, à ce qu'il semble, les mouettes mettent en pratique normalement en jetant les mollusques contre les rochers. D'autres oiseaux sont bien connus pour des comportements analogues : par exemple, les vautours barbus laissent tomber les os sur les rochers pour pouvoir en manger la moelle, les vautours percnoptères utilisent les pierres pour casser les œufs d'autruche, le pinson-pic des Galápagos utilise une arête pour déloger les insectes des fentes des troncs et pouvoir ainsi les capturer.

On connaît bien aussi les prestations intellectuelles de divers corbeaux, corneilles et pies, mais une des expériences les plus surprenantes a été effectuée par Gavin Hunt (1996) sur la corneille de Nouvelle-Calédonie : cet oiseau s'est montré capable de projeter et de construire un outil en forme de crochet en tordant de façon adéquate un morceau de fil de fer qui lui avait été fourni, pour récupérer de la nourriture dans un récipient trop étroit pour son bec.

Du reste, sans déranger les corneilles géniales de Nouvelle-Calédonie, on peut évoquer un modeste oiseau africain, lointain parent des pics, appelé indicateur de miel. Cet oiseau, petit et discret mais doté d'un cri très caractéristique et facile à reconnaître, est bien connu pour son association symbiotique avec le ratel (*Mellivora capensis*), mustélidé africain noir et blanc, semblable à un blaireau qui, comme l'indique son nom latin, se nourrit principalement de miel. L'indicateur se fait remarquer par le ratel et suivre le long d'un parcours qui va d'un arbre à l'autre dans la savane ouverte. À un certain moment, il s'arrête en « indiquant » un arbre où est située une ruche. L'indicateur apprécie beaucoup le miel mais ne peut oser défier les terribles abeilles africaines, ce qu'en revanche le ratel réussit tout à fait tranquillement grâce à son épaisse fourrure et probablement aussi à une certaine immunité. Une fois la ruche pillée, dans la panique générale et l'écroulement des défenses, il reste assez de miel pour l'indicateur.

Jusque-là, tout bon critique de la cognition pourrait parler d'un « instinct » bien coordonné, c'est-à-dire d'un comportement coordonné génétiquement sans intervention particulière de centres nerveux supérieurs. Le fait est toutefois que l'indicateur, si les ratels deviennent rares, ce qui est malheureusement souvent le cas aujourd'hui, essaient de s'associer avec l'espèce humaine que, d'une certaine façon, ils reconnaissent comme intéressée par le miel et capable d'accomplir l'entreprise difficile de le recueillir malgré les abeilles. La question se pose alors : comment fait l'indicateur pour comprendre tout cela ?

LES TRAVAUX SUR ALEX

S'agissant de chimpanzés et de gorilles, on peut toujours penser que ces primates sont en fin de compte très proches de nous, êtres humains, et que sur le chemin de l'acquisition d'une intelligence cognitive, il est même logique qu'on doive passer par un stade du type de ces singes pour arriver au niveau humain. Mais quand on considère les cétacés ou les oiseaux, il faut reconnaître que ces animaux ont développé leur esprit de manière complètement indépendante de nous, puisqu'ils divergent de notre lignée depuis au moins, respectivement, cinquante (cétacés) et trois cents (oiseaux) millions d'années.

1. Le fameux Alex, le perroquet jaco (Psittacus erithacus) *de la chercheuse Irene Pepperberg au travail avec formes et couleurs.*

2. Un perroquet jaco à l'entrée de son nid dans la réserve de Budongo, en Ouganda.

3. Encore un tableau d'Édouard Manet de 1866 (Metropolitan Museum of Art, New York) qui montre une jeune femme du XIXe siècle aux prises avec un perroquet jaco. Les capacités cognitives des perroquets sont tellement poussées et évidentes, et sont si bien connues depuis l'Antiquité romaine que, pour les dévaloriser, il a fallu construire une sorte de mythologie sur la stupidité de ces oiseaux et sur leur aptitude à répéter n'importe quel mot ou phrase sans en comprendre la signification. Des éleveurs et des observateurs attentifs de ces oiseaux ont depuis longtemps un avis diamétralement opposé. On peut remarquer par exemple que le perroquet ne dit « salut » que quand quelqu'un apparaît à sa vue ; qu'il dit « allô » quand le téléphone sonne (et le perroquet est capable de généraliser des sonneries différentes) ou bien quand quelqu'un a le téléphone à la main ; qu'il demande « nourriture » quand il a faim ; et quand on lui tend quelque chose à manger, il l'identifie exactement (« raisin », « pain », « pâtes ») avant de le recevoir. Les mots (ou les sons) et les actions correspondantes qu'un bon perroquet peut apprendre sont très nombreux et nous offrent une excellente vision des possibilités et aussi des limites de sa pensée particulière.

1

2

3

Une idée se présente alors, qui est tout à fait logique et défendue avec conviction par Simon Conway Morris (2003) : un esprit capable de prestations cognitives est une des nombreuses tendances de l'évolution biologique. Tout comme l'œil et le vol, il est apparu plusieurs fois dans l'histoire de la vie sur la Terre. La particularité de notre espèce réside dans le fait que cet esprit très développé s'est trouvé fonctionner sur un corps particulier qui permettait de pousser très avant les réalisations technologiques concevables. Plus explicitement, les dauphins ont un grand cerveau et une grande capacité de compréhension, mais ils ne sont pas dotés de mains préhensiles et de plus, ils vivent dans l'eau. Comment auraient-ils pu développer une technologie dans ces conditions ? Quant aux oiseaux, avec leurs membres supérieurs transformés en ailes, il est évident que leur latitude d'action est bien plus étroite que celle des primates. Parmi les oiseaux, toutefois, il existe un groupe qui d'une certaine façon rappelle les primates par leurs habitudes arboricoles et forestières et par leur capacité à « manipuler » des objets, bien entendu avec les membres postérieurs et le bec qui est préhensile, presque comme un troisième membre. Il s'agit des perroquets qui, d'ailleurs, sont bien connus du public pour la capacité de nombreuses espèces d'imiter la voix humaine. Simplement une vulgaire imitation ? Pour les traditionalistes, la réponse affirmative est évidente, pour le public les perroquets sont « drôles », éventuellement amusants, rien de plus.

Et pourtant, le simple bon sens nous indique que dans la nature, il ne peut rien exister de « drôle » en soi ; il ne peut exister que des choses merveilleuses qui sont aussi fonctionnelles. Pourquoi donc un oiseau devrait-il être doté de la capacité de reproduire les sons avec la plus grande fidélité si ensuite, dans la pratique, cela ne lui servait à rien ? La nature ne produit pas de plaisanteries ou de gags ; jamais une espèce (ou, mieux, toute une famille) qui n'utiliserait pas la communication acoustique avec une capacité élevée de discrimination, n'aurait développé la capacité d'imiter les sons de façon soignée.

Dans les années 1970, cela devint une espèce d'idée fixe pour une jeune biologiste américaine, Irene Pepperberg qui décida de consacrer sa vie à ce sujet. L'état de la question n'était pas encourageant. Dans les années 1950, un psychologue américain, O. H. Mowrer (1969), avait déjà essayé d'établir une communication avec différentes espèces d'oiseaux – perroquet jaco, amazone à front jaune, perruche ondulée et aussi mainate, pie et autres espèces de Corvidés – en utilisant la méthodologie classique dite du « conditionnement actif » en grande vogue à cette époque. En pratique, cette méthode consiste à « conditionner » le sujet en lui offrant une récompense (nourriture) en échange d'une prestation déterminée. Mais le protocole expérimental installé par le chercheur était si rigide et si dogmatique en termes behavioristes, c'est-à-dire comportementaux, dominants à cette époque, que l'expérience aboutit à un retentissant fiasco. Naturellement, Mowrer ne pensa aucunement qu'il avait pu se tromper mais seulement que les oiseaux étaient incapables de comprendre.

Un quart de siècle plus tard, quand Irene Pepperberg décida d'affronter le même problème avec une nouvelle méthodologie, le scepticisme de ses collègues n'aurait pas pu être plus total. Malgré les incitations à renoncer qui lui arrivaient d'un peu partout, la chercheuse décida de se mettre au travail avec un perroquet jaco, pas un individu particulier mais un quelconque, acheté dans un magasin d'animaux et même choisi par le vendeur afin de limiter au maximum le doute qu'un éventuel résultat positif soit dû à l'exceptionnalité d'un sujet déterminé ou d'un rapport déterminé (même si, à bien y regarder, une telle objection aurait été vide de sens ; l'exceptionnalité n'est rien d'autre que l'excellence d'une qualité commune ; un homme peut être exceptionnel d'intelligence ou dans la pratique du saut en longueur, mais pas dans celle du vol sans une machine auxiliaire).

Ayant éliminé toute idée de conditionnement actif, Irene Pepperberg se consacra d'abord au perfectionnement d'une technique mise au point quelques années plus tôt par D. Todt (1975), la méthode dite du modèle/rival. Le chercheur parle avec un auxiliaire (humain) en présence du perroquet, lui montre un objet et lui demande quel est son nom. L'auxiliaire répond en fournissant le nom juste et le chercheur en retour lui donne l'objet que l'auxiliaire tourne et retourne entre ses doigts s'il s'agit d'un stylo ou éventuellement mange, s'il s'agit d'une pomme ou d'une banane.

Or quiconque a eu un perroquet chez soi, sait bien qu'en face d'une telle scène, celui-ci montre de la curiosité et de l'intérêt. Pour l'oiseau, il ne s'agit pas seulement de trouver une façon de se faire donner la pomme ou la banane, mais surtout de participer à une activité sociale dont il se sent exclu et où il veut être impliqué. Au bout de quelque temps, le perroquet articulera un mot ressemblant à « banane » et apprendra que c'est le nom d'un fruit précis avec une certaine forme et une certaine couleur. Avec beaucoup de patience et de détermination, Irene Pepperberg réussit non seulement à apprendre à son Alex le nom d'un certain nombre d'objets, mais elle prouva aussi sa capacité à indiquer les formes, les couleurs et le type de matériau dont ils étaient faits. En outre, elle prouva qu'Alex était capable d'utiliser correctement le mot « non » pour indiquer que l'objet qu'on lui demandait ne figurait pas dans le groupe d'objets examiné.

Au bout de presque vingt ans de travail, Irene Pepperberg a résumé les résultats de ses recherches dans un ouvrage (1999) où, chapitre après chapitre, elle répond aux questions suivantes : Pouvons-nous communiquer avec un oiseau ? Un perroquet peut-il apprendre l'usage référentiel de la langue anglaise ? Un perroquet possède-t-il la notion de catégorie d'objets ? Un perroquet peut-il apprendre les notions semblable/différent ? Un perroquet peut-il répondre à l'absence d'information ? Jusqu'où un perroquet peut-il comprendre et utiliser les notions numériques ? Et ainsi de suite, abaissant de plus en plus la barrière qui, selon les néo-cartésiens, devrait séparer les animaux des êtres humains.

Le livre d'Irene Pepperberg est une splendide aventure intellectuelle qui prouve quelque chose qui, par ailleurs, était déjà plutôt évident, non pour les scientifiques (qui, dans ces cas se sont souvent hâtés de parler d'« anthropomorphisme »), mais

1

1. *Un perroquet jaco* (Psittacus erithacus) *portant la nourriture à son bec avec sa patte qu'il utilise comme une main.*

2

2. *Irene Pepperberg avec les deux perroquets jaco Griffin et Kyaaro qui se sont ajoutés récemment à Alex dans son laboratoire de Phoenix, en Arizona.*

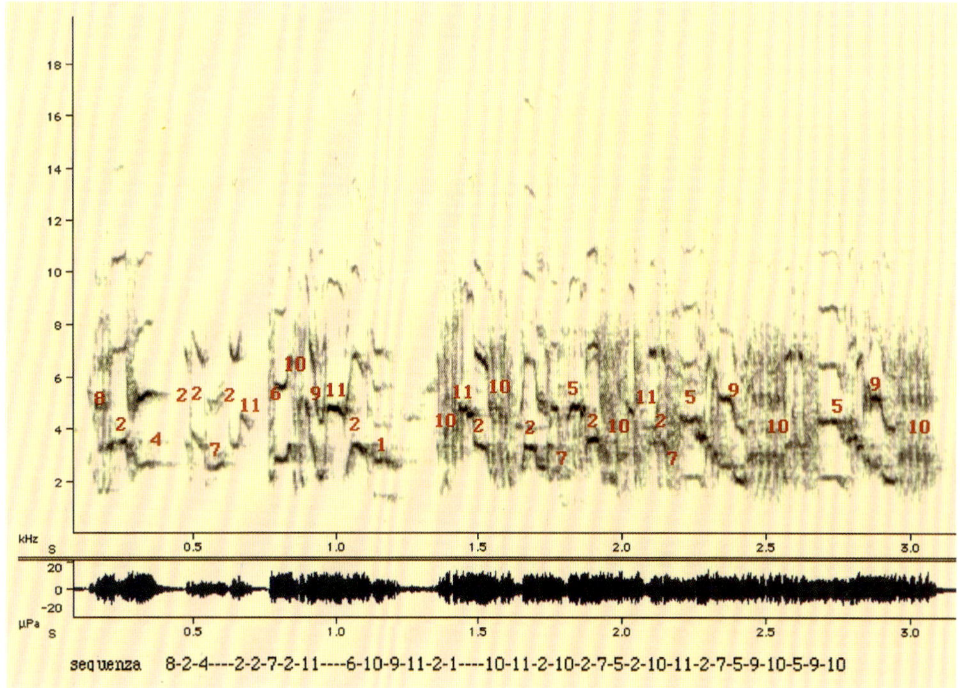

4

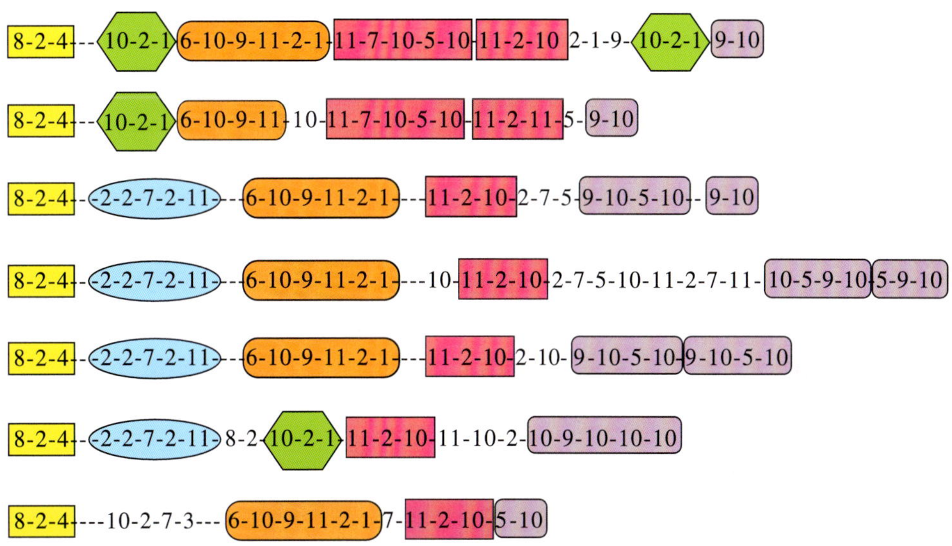

5

3. Des expériences analogues à celles d'Irene Pepperberg ont aussi été effectuées à la faculté de sciences de l'université de Milan Bicocca. Ici, un chercheur analyse la capacité d'un perroquet de Jardine (Poicephalus Gulielmi) de différencier à la demande différentes formes et couleurs.

4-5. Le « décodage » (en bas) d'un sonogramme (en haut) dérivant de l'enregistrement d'un duo de perroquets de Jardine (Poicephalus gulielmi). Les syllabes (indiquées par un simple chiffre) se suivent avec des séquences bien déterminées (mises en évidence dans le schéma), comme si elles devaient former des mots ayant un sens. On remarquera que tous les motifs commencent avec les trois syllabes 8-2-4 qui ensuite ne reviennent plus. Il est donc sensé d'attribuer à la séquence de ces trois syllabes la valeur d'un mot comme « j'y vais » ou « je commence ». De cette façon, en étudiant le contexte, il est possible, avec une certaine prudence, de tenter de traduire les propos des perroquets.

3

pour les personnes normales qui ont eu la chance de vivre quelque temps avec un perroquet. Ces travaux ont donné une forte impulsion à l'éthologie cognitive qui aujourd'hui n'est plus une discipline minoritaire comme il y a un quart de siècle, mais qui commence à occuper la place qui lui revient dans ce qu'on appelle la *hard science* et que nous pourrions peut-être traduire par « science sérieuse ». Voilà qui est bel et bon ; pour ma part, possédant un perroquet jaco et ayant possédé dans le passé de nombreux autres oiseaux, mammifères et reptiles, je n'ai jamais douté que les animaux possèdent des concepts et que chez certains animaux, ces concepts peuvent être organisés en une sorte de langage. Je dirai plus : je trouve injuste et peu rationnel que la charge de la preuve revienne à ceux qui veulent prouver que les animaux pensent, et pas le contraire. Il est raisonnable de penser qu'un perroquet qui trouve un arbre chargé de fruits pense : « Tiens, tiens, il y a à manger par ici », et qu'éventuellement il ait envie d'avertir sa compagne qui n'est pas loin, en émettant un son qui pourrait signifier : « Viens ici, il y a à manger » ou même : « Viens, il y a un dattier. » Je ne vois rien là d'extraordinaire ; c'est raisonnable, c'est rationnel et c'est économique. C'est plus rationnel qu'un réflexe aveugle qui n'aurait pas de plasticité pour être utilisé au mieux. Notre imagination devrait nous permettre, quand nous sommes en face d'un autre animal, de percevoir ce que nous avons de commun, et ce qui est spécifique, à lui et à nous. Par exemple, nous ne volons pas, nous ne dormons pas sur les branches des arbres, nous ne passons pas plusieurs heures par jour à nous lisser les plumes, d'ailleurs nous n'avons pas de plumes. Mais nous avons deux yeux, un nez, une bouche et un cerveau même si aucun de ces organes n'est identique chez nous et chez eux. Pour reprendre Conway Morris que j'ai déjà cité, nous pourrions conclure que, en plus de nous, les hommes, un certain nombre d'autres animaux aussi a pris la voie vers la conscience de soi : une catégorie humaniste à laquelle maintenant on découvre aussi une base naturaliste. L'évolution ne s'arrête pas et elle se présente à nouveau avec ses lois générales que nous ne connaissons pas encore.

La reconnaissance d'une intelligence animale dérive d'une approche comparée avec l'homme.

Comme nous le dit un des auteurs de *Aux origines de l'homme* (P. Picq, Y. Coppens, Fayard, 2001) : « Soyons clairs : l'approche comparée ne nie pas l'homme, mais elle montre qu'il partage certains comportements avec quelques autres espèces et nous amène à redéfinir notre place dans la nature » et, ajoute-t-il, « il ne s'agit nullement d'un procédé de déconstruction. Le but est seulement de mieux comprendre ce que nous sommes et si possible en quoi nous sommes humains. »

Ici un des textes les plus célèbres de Teilhard de Chardin vient à notre aide ; *Le Phénomène humain* énonce une différence entre le comportement qui montre une intelligence et l'avancée qui nous conduit à acquérir la « conscience de se replier sur soi-même et à prendre possession de celle-ci comme d'un objet doté de sa consistance et de sa valeur particulière, non plus seulement connaître, mais savoir qu'on connaît, non plus seulement savoir, mais savoir qu'on sait. »

Chez Teilhard, tout ceci est replacé dans un cadre très large qui inclut l'évolution biologique elle-même.

Même si on ne veut pas suivre la fresque extraordinaire de Teilhard, il faut reconnaître que la merveilleuse histoire de l'évolution nous conduit jusqu'à l'homme. Biologie et paléontologie nous accompagnent et nous amènent sur la pointe des pieds devant une espèce qui d'un côté, continuera à évoluer biologiquement et, de l'autre, s'exprimera et évoluera culturellement en nous donnant l'art, les religions, la philosophie et les civilisations, avec les grandes constructions et destructions dont l'homme a été capable.

Avec l'évolution, nous racontons une histoire naturelle de la Terre, de la vie et aussi de l'homme, mais avec l'homme, nous nous posons une question, celle de son *proprium*, à laquelle il ne faut pas contraindre la science à répondre car elle devrait répondre à la question de savoir comment surgit la question elle-même, et cette question surgit en dehors de la science de l'évolution, car elle concerne justement celui qui a construit cette science, c'est-à-dire l'homme.

1. Coucher du soleil sur l'île Isabela, aux Galápagos. Combien de fois voyons-nous des animaux recevoir avec force et inquiétude l'atmosphère, la lumière, la chaleur ou la couleur d'un spectacle naturel ! Serions-nous les seuls, nous les humains, à tressaillir devant les merveilles d'un crépuscule comme celui-ci ? Mais il nous est propre de nous interroger sur le sens de ces merveilles.

1

2

2. L'orchestre de l'Opéra, un tableau d'Edgar Degas de 1868-1869, musée d'Orsay, Paris. Qu'y a-t-il de véritablement unique dans notre espèce ? Peut-être les capacités musicales, comme le suggère cette œuvre ? Ce n'est pas convaincant car de nombreux animaux ont un goût extraordinaire pour le son et même si, pour des raisons évidentes, ils ne peuvent pas écrire ou peindre des tableaux, ils sont en mesure d'apprécier le son et les images. Peut-être les règles de comportement ? Cette idée semble meilleure même si des règles existent dans toutes les sociétés animales. Par exemple, les oiseaux se rangent à la queue de façon hiérarchique pour se laver dans une flaque d'eau, les lions mâles d'une horde donnée n'essaient pas de s'accoupler avec une femelle en chaleur qui a déjà été monopolisée par un autre mâle, et ainsi de suite. Une complexité sociale plus poussée, alors ? La perception du problème qui nous tenaille est posée par notre conscience d'exister et par le fait qu'il n'y a pas d'explication scientifique ultime du monde, dont toutefois nous nous demandons la raison d'être. L'humilité nous invite à reconnaître notre responsabilité morale, « humaine », à laisser ouverte cette question. Une question qui a caractérisé toute l'histoire humaine et qui, au moment où nous ne savons rien du progrès historique qui nous attend, nous invite au respect de toute réponse donnée à partir de cette même humilité.

17. UN REGARD CRITIQUE ET HISTORIQUE

1

ANCÊTRES ET COUSINS

Dans le bref résumé de l'histoire de la vie sur la Terre retracé jusqu'ici, j'ai nécessairement dû aller du simple au complexe et en particulier des bactéries jusqu'à l'homme. Ce dernier choix est évidemment anthropocentrique car, de toute évidence, l'homme ne représente pas le sommet de l'évolution plus qu'un dauphin, un éléphant, un perroquet ou un oiseau du paradis. En effet, chacun de ces animaux se trouve au sommet d'une progression du plus simple vers le plus compliqué et chacun représente

1. Tête de singe vert (Cercopithecus aethiops), *le singe africain le plus commun, dans le parc national d'Amboseli, au Kenya.*

une adaptation poussée, supérieure à toutes les précédentes. Nos ancêtres directs ne furent évidemment ni les chevaux ni les oiseaux ni les lézards, qui se trouvent sur des branches différentes de celles qui arrivent jusqu'à nous. J'aurais pu parler de l'évolution du cheval, de la baleine, du tuatara ou du cœlacanthe, puisque ces fossiles vivants sont des animaux qui existent maintenant et qui ont donc eux aussi une histoire évolutive, encore que plus conservatrice en termes de phénotype que la nôtre.

Ce qui nous conduit au deuxième point qu'il convient de souligner : dans ce qu'on appelle l'échelle zoologique actuelle, nos ancêtres ne sont plus là mais seulement des espèces qui leur ressemblent et que nous pouvons considérer comme nos cousins plus ou moins lointains. Dans un ouvrage récent, Dawkins (2004) parle en effet de *concestors* et non d'*ancestors*. Les bactéries actuelles, les *dipnoi* actuels, les singes actuels aussi ne sont que des *concestors*. Il y a cinq millions d'années, le chimpanzé et l'homme ont eu un ancêtre commun qui toutefois aujourd'hui a disparu. L'évolution ne peut pas être décrite en disant que « l'homme descend du singe » si ce n'est par une grossière simplification, une distorsion même, puisque « le singe » n'est pas une espèce mais un ordre entier avec des centaines d'espèces vivantes parmi lesquelles nous n'avons aucun ancêtre direct.

LE PROGRÈS

Ceci dit, je veux néanmoins ajouter qu'à mon avis, on ne saurait nier le concept de progrès au cours de l'évolution. Un progrès en éventail, naturellement, mais un progrès effectif du plus simple et moins adapté au plus complexe et mieux adapté. Un progrès que Dawkins (2003) aussi reconnaît et même définit comme « la tendance des lignées évolutives à améliorer globalement leur degré d'adaptation à leur mode de vie particulier en augmentant le nombre de caractères qui se combinent en des ensembles adaptatifs ». Et le grand biologiste évolutionniste Ernst Mayr définit quant à lui l'évolution comme l'acquisition d'une meilleure adaptation. Or, tout en reconnaissant que sur la Terre les bactéries constituent encore aujourd'hui sans doute la plus grande partie de la biomasse, qu'il existe des animaux et des plantes de nombreux

2

2. Fleur de Thonningia sanguinea *(famille des* Balanophoraceae*). Cette plante étrange de la forêt tropicale africaine, dépourvue de chlorophylle et parasite d'autres plantes, n'a pas de feuilles ni aucune autre partie hors de terre sauf sa fleur, qui sort à l'improviste du sol, dans sa stupéfiante beauté, pour pourvoir à la reproduction. En général, les parasites vivent dans des conditions différentes des conditions ordinaires des autres espèces, parfois même à l'intérieur d'autres espèces, et elles ont moins d'occasions de se reproduire. C'est pourquoi elles produisent souvent des quantités énormes de gamètes pour compenser, par le petit nombre des rares qui auront du succès, la multitude qui ne parviendra jamais à réaliser une union. Dans ce cas, la fleur est particulièrement voyante et sera capable d'attirer des insectes spécialisés qui transporteront le pollen sur d'autres fleurs de la même espèce.*

1

2

3

4

phylums différents apparus à des époques différentes mais tous opportunément adaptés à leur style de vie particulier, nous devons remarquer aussi que l'évolution a suivi une tendance du plus simple au plus compliqué ; nous devons aussi rappeler qu'elle tend à récompenser les symbioses les plus efficaces et à construire plusieurs fois des organes et des organismes analogues pour affronter des situations analogues, montrant ainsi clairement une merveilleuse flexibilité de la matière dans certaines directions et pas d'autres, et répétant parfois avec une facilité stupéfiante des organismes hautement complexes, des dessins compliqués et des formes impensables.

Je n'ai aucunement l'intention d'expliquer ce que tout cela peut signifier. Je voudrais seulement dire que, sans vouloir en aucune façon revenir aux théories obsolètes de l'orthogenèse, à savoir d'une « tendance interne » au progrès (vu parfois de façon ridiculement anthropomorphe) posée sans plus d'explication, sans vouloir nous réfugier dans la téléologie la plus naïve, nous devons honnêtement reconnaître que la matière est dotée de propriétés émergentes inimaginables dont, pour l'heure, nous n'avons qu'une très vague idée.

Cinq moments de l'histoire de la Terre, du Précambrien jusqu'au Quaternaire actuel.

1. Nous sommes au Néo-Protérozoïque, il y a environ 3 500 millions d'années. La surface des terres émergées est complètement stérile et tourmentée par une intense activité volcanique. Mais dans les mers sont déjà apparus des procaryotes, des bactéries et des algues bleues qui commencent aussi à construire des stromatolithes. En apparence, les choses sont immobiles mais au niveau moléculaire, elles changent rapidement.

2. Ère primaire : de gauche à droite, la scène change en partant du Cambrien avec des organismes marins comme les trilobites, les méduses et les vers plats Odontogryphus*, en passant par l'Ordovicien avec des Gigantostracés et des agnathes primitifs, le Silurien avec les ostracodermes, le Dévonien avec les placodermes dans l'eau et les plantes primitives (psilophytes) sur la Terre.*

3. Ère secondaire : c'est le grand moment des dinosaures. Au premier plan à gauche, on note le synapside (reptile-mammifère) Cynognathus *qui disparaîtra bien vite, laissant la place à différents dinosaures terrestres, aériens et marins qui domineront la scène jusqu'à la fin du Crétacé.*

4. Fin de l'ère tertiaire (du Miocène ou Pliocène) : la scène est désormais semblable à ce que nous connaissons aujourd'hui, même si les espèces sont différentes des espèces actuelles. Sur la droite, on voit Australopithecus*, le plus ancien des hominidés.*

5. Ère quaternaire actuelle : Homo sapiens *est apparu et, dans certaines régions comme sur cette photo d'une prairie de Mongolie, il a encore des modes de vie très traditionnels et il utilise des chevaux pour se déplacer et de grandes tentes (yourtes) où vivre quand il ne se déplace pas.*

LES CINQ THÉORIES DE L'ÉVOLUTION

Ernst Mayr a exposé avec clarté un autre concept important, dans son récent ouvrage sur l'évolution : dans l'œuvre fondatrice de Darwin, on trouve réunies, sous le dénominateur commun de l'évolution, non pas une mais cinq théories différentes, *toutes* régulièrement confirmées au cours des presque cent cinquante ans qui se sont écoulés entre 1859 et aujourd'hui : 1) l'existence d'un monde en perpétuel changement ; 2) la descendance commune de tous les organismes vivants ; 3) le gradualisme de l'évolution contre ce qu'on appelle le saltationnisme qui est apparu dans la première moitié du XXe siècle ; 4) la multiplication des espèces ; 5) la sélection naturelle. Il n'est pas inutile de nous attarder sur le contenu de chacune de ces théories et aussi sur les différents épisodes de l'histoire de leur réception par la communauté scientifique de 1859 à nos jours.

MONDE EN PERPÉTUEL CHANGEMENT. Cela semble aujourd'hui complètement évident à la lumière de l'évolution biologique mais aussi de la théorie géologique sur la tectonique des plaques et la « dérive » des continents, ainsi que des théories physiques sur l'origine et l'évolution de l'univers. Mais il n'en a pas toujours été ainsi et, à l'époque de Darwin, la plupart des gens, y compris cultivés, étaient convaincus que le monde s'était formé à une époque récente dans l'état où il se présente aujourd'hui, carrément pourvu d'animaux domestiques créés exprès pour la convenance du genre humain. Le changement de point de vue ne pouvait être plus radical.

DESCENDANCE COMMUNE. Darwin avait aussi deviné que tous les organismes vivants dérivent d'un ancêtre commun. Cette hypothèse est aujourd'hui largement accréditée par l'existence d'un code génétique unique pour la traduction de l'ARN en

1

2

3

3. Gravure rupestre préhistorique des monts Yinshan, Mongolie intérieure, représentant un troupeau de chèvres paissant sous la garde d'un chien.

4. Chevaux harnachés sur la place principale d'Innsbruck, en Autriche.

Les animaux domestiques occupent une place très importante dans l'évolution culturelle de l'homme. Sans eux, le passage de la phase de la chasse et de la cueillette à celle de l'élevage et de l'agriculture, qui a ensuite permis la croissance démographique et la technologie, n'aurait jamais été accompli.

*1. Jeune Mongol avec ses deux chameaux de la Bactriane (*Camelus camelus*) à deux bosses.*

2. Moutons au repos sur le Berlinghera, Monti Lariani, Lombardie.

4

protéines chez les plantes, les animaux, les champignons, les protistes, les procaryotes. Car, comme on l'a vu, le code génétique existant ne dérive pas d'une condition biochimique objective mais il constitue un pur et simple accident historique tout à fait arbitraire dans son essence chimique. Il est évident qu'il a dû apparaître une seule fois, car sa complexité ne permet pas de répétition, et d'autant moins à courte échéance. Évidemment, à l'époque de Darwin il n'existait pas la moindre notion de code génétique et les suppositions sur l'origine commune ne pouvaient se baser que sur des études morphologiques.

GRADUALISME. La troisième théorie de Darwin consiste en l'hypothèse selon laquelle les transformations évolutives se font toujours de façon graduelle, et jamais brusque ni soudaine. Cette idée fut vivement combattue par ceux qu'on appelle les saltationnistes, généticiens de la première moitié du XXe siècle, qui continuèrent à soutenir l'idée opposée en s'appuyant sur la découverte des mutations qui surviennent, justement, de façon brutale. Il fallut de longues années de travaux avant que les généticiens puissent se rendre pleinement compte du fait que les effets d'une mutation génétique isolée sont rarement visibles dans l'aspect extérieur des organismes. Comme cela arrive souvent dans ces cas, gradualisme et saltationnisme furent professés par deux écoles de pensée différentes, la première formée presque exclusivement de naturalistes, la seconde de généticiens. Le mérite d'avoir introduit le

1-4. Ces quatre planches tirées de l'ouvrage de Gaston Bonnier, Flore complète illustrée en couleurs de France, Suisse et Belgique, *Paris 1911-1935, présentent quelques-unes des plus belles espèces de la famille des Liliacées, classe des Monocotylédones. Une observation même peu approfondie de ces illustrations alimentera au moins trois des idées de base de l'évolution de Mayr, présentées dans ce chapitre : descendance commune, gradualisme et multiplication des espèces. L'observation de la figure 1) présentant cinq espèces différentes de tulipes, toutes très semblables dans les détails de leurs feuilles et de leur fleur, suggère indéniablement la descendance commune. La figure 2) présente, outre quelques tulipes, des fritillaires et on peut remarquer que leur fleur, davantage que chez les tulipes, tend à retomber et que leurs feuilles sont plus fines. Sur la figure 3) apparaissent quatre espèces de lis*

1

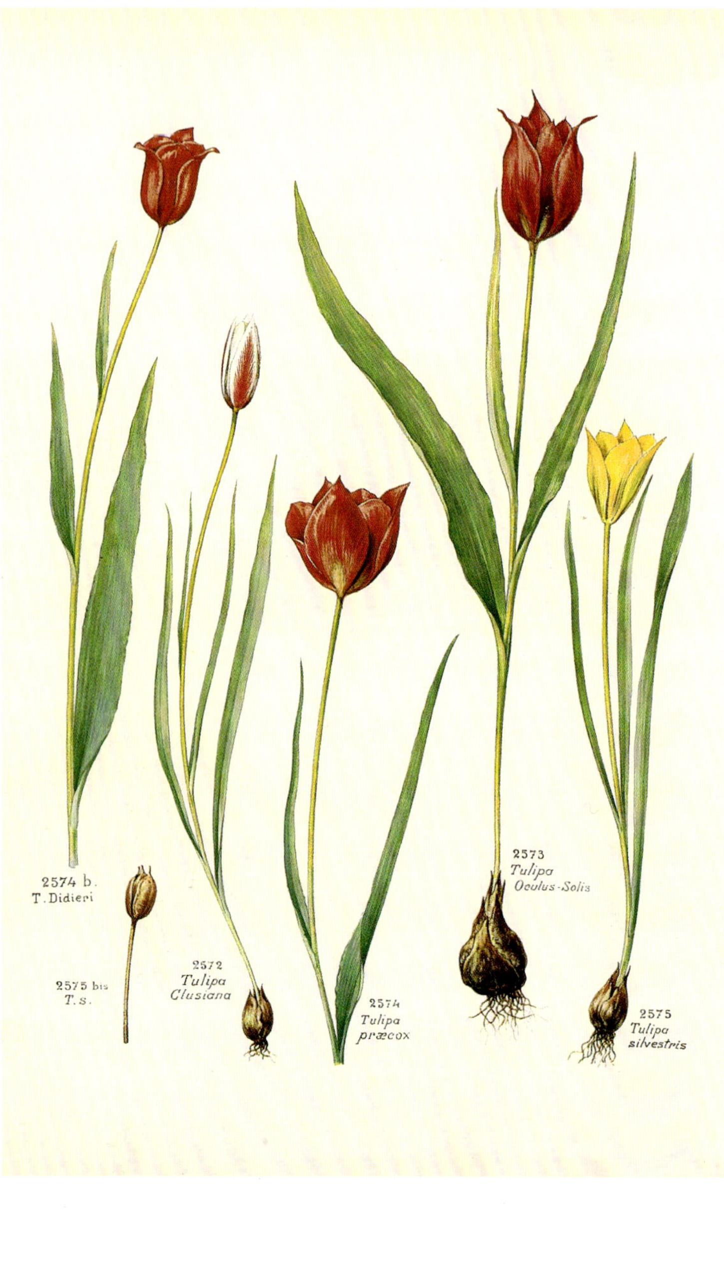

2

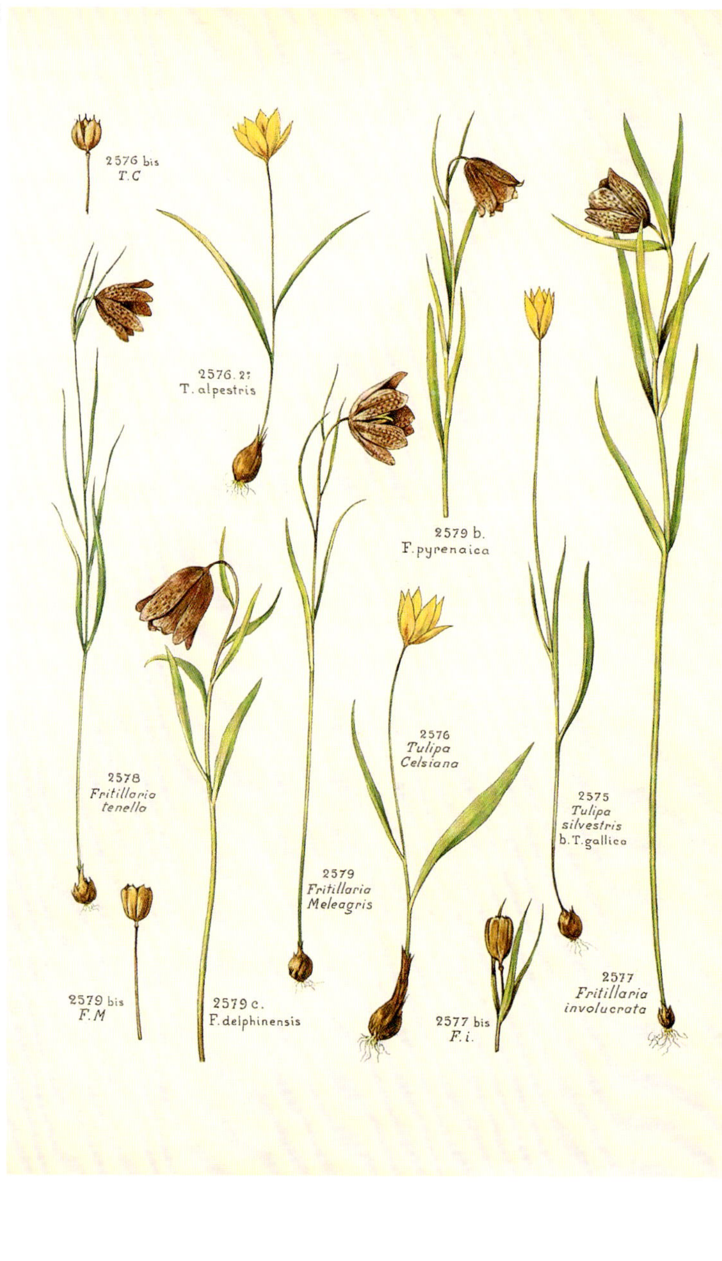

gradualisme dans la génétique revient à Theodosius Dobzhansky, naturaliste russe, devenu généticien associé avec Morgan en Amérique, qui, en 1937, publia *Genetics and the Origin of Species*, ouvrage de référence qui contribua pour beaucoup à convaincre les généticiens des bonnes raisons des naturalistes.

MULTIPLICATION DES ESPÈCES. La théorie de Darwin explique aussi pour quel motif il existe aujourd'hui sur notre planète un nombre si élevé d'espèces, à ce qu'on peut supputer au moins dix à trente millions, et peut-être plus. Aujourd'hui, nous savons aussi que, outre le temps écoulé, d'autres facteurs entrent en jeu. Le fractionnement d'une masse terrestre initialement unique (Pangée) en plusieurs continents, chacun bien différencié en zones climatiques distinctes, fournit un nombre d'habitats possibles de plus en plus grand et multiplia aussi sans arrêt les niches potentielles où pouvaient s'insérer de nouvelles espèces. Le problème de la multiplication des espèces fut longtemps ignoré par les paléontologues et ne fut affronté qu'en 1972 par Eldredge et Gould qui par ailleurs sont davantage connus pour leur théorie des « équilibres ponctués » (*punctuated equilibria*), qui représente une espèce de réédition modérée du « saltationnisme ». Aujourd'hui, en pleine ère d'étude de la biodiversité, le thème de la multiplication et de la crise des espèces est devenu central et on s'est rendu compte que Darwin l'avait traité avec une grande lucidité.

bien différenciées entre elles et par rapport aux espèces précédentes. La figure 4) présente encore des lis et d'autres petites plantes, moins voyantes.
On peut dire que la connaissance approfondie de la systématique et des espèces vivantes prises séparément suggère sans conteste que les espèces dérivent les unes des autres, que cette dérivation est lente et graduelle et qu'on a une augmentation des espèces dans le temps. Concernant la variété, c'est ce que savent bien les éleveurs et les cultivateurs.

3

4

1. Hypothétique (mais probable) histoire évolutive de la girafe (Giraffa camelopardalis) *et de l'okapi* (Okapia johnstoni), *les seules espèces actuellement vivantes de la famille des Girafidés. Les populations de leur ancêtre commun se séparent géographiquement en s'adaptant l'une à la forêt pluviale, l'autre à la savane. Avec le temps, la sélection naturelle augmente leurs différences jusqu'à arriver à la situation actuelle où l'okapi est confiné au bassin du Congo et la girafe a une vaste distribution dans les savanes, du Sahel jusqu'à la province du Cap.*

2. Tête de girafe.

3. L'hirondelle noire (Progne subis) *d'Amérique du Nord s'est si bien adaptée à nidifier dans les maisonnettes en bois qu'elle a abandonné toute autre modalité de nidification, évoluant par conséquent comme un hôte obligé des sociétés humaines.*

1

2

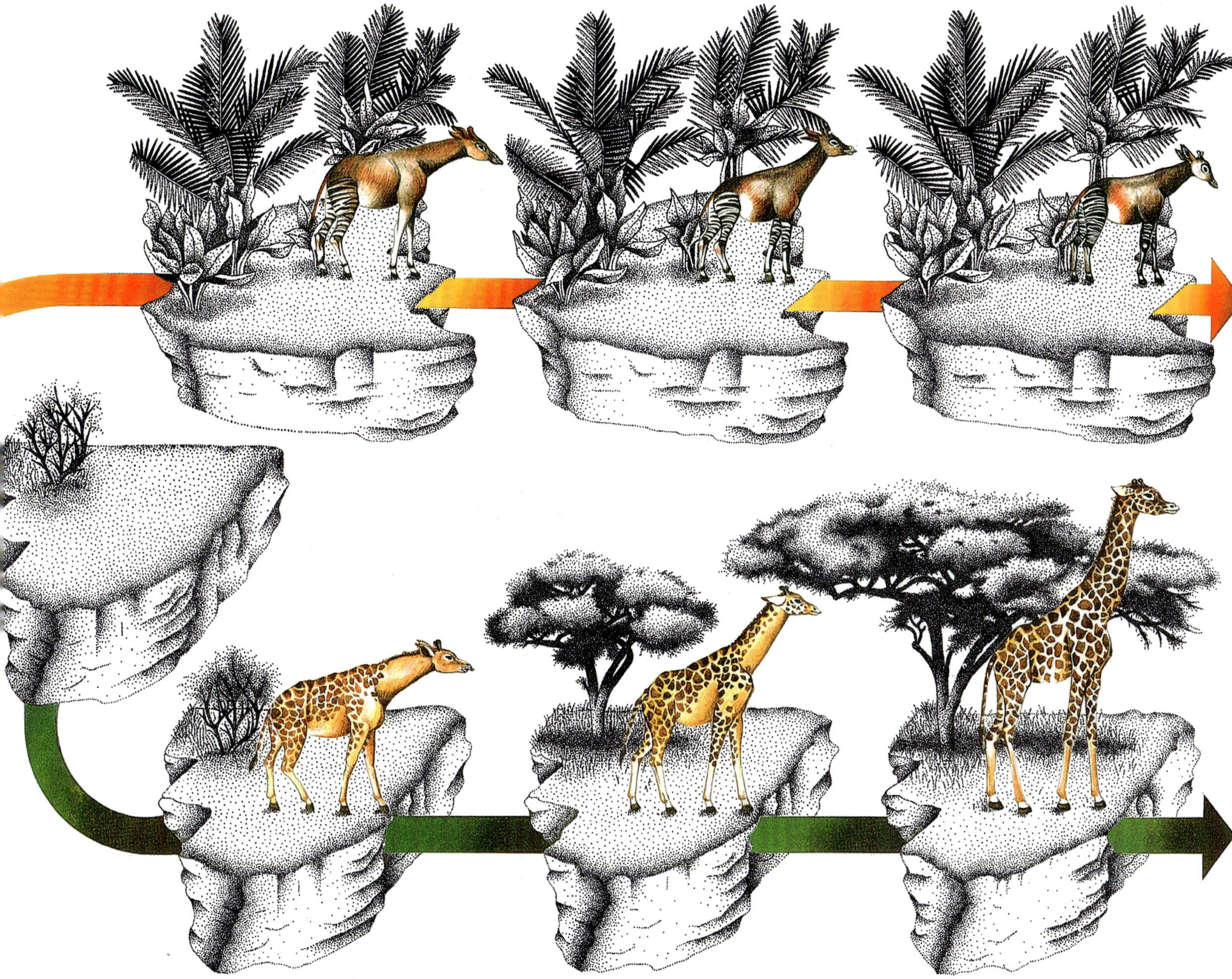

3

SÉLECTION NATURELLE. Le concept de sélection naturelle représente le cœur même de la théorie de Darwin. Darwin, avec Wallace, fut sûrement le premier à saisir l'extrême importance de ce phénomène naturel extrêmement simple et, vu à posteriori, absolument évident, qui permettait d'éliminer toute trace de finalisme des mécanismes purs et simples qui déterminent l'évolution. Le concept de sélection naturelle était une extension directe de celui de sélection artificielle que Darwin, en éleveur de pigeons passionné, connaissait très bien. Mayr observe aussi que la reconnaissance de la sélection naturelle implique à son tour d'autres corollaires : en premier lieu l'existence continue d'un surplus reproductif (super-fécondité) ; en deuxième lieu l'hérédité des différences individuelles ; en troisième lieu, la séparation des différents déterminants de l'hérédité génétique. Pour apprécier l'intuition de Darwin, il faut se souvenir qu'à son époque, on n'avait encore aucune idée des mécanismes de l'hérédité et que le travail de Gregor Mendel ne fut « redécouvert » qu'au début du XXe siècle.

1

2

La théorie de la sélection naturelle, justement parce qu'elle était neuve et originale, fut celle que les adversaires de Darwin combattirent le plus ; Mayr rappelle qu'avant 1900 elle ne fut acceptée par aucun biologiste expérimental. C'est ainsi que s'approfondit le fossé imaginaire construit entre la biologie expérimentale et les sciences naturelles basées sur l'observation et sur la reconstitution historique. En réalité, Darwin non plus ne fut pas un partisan absolu de la théorie de la sélection naturelle puisque, tout en la soutenant avec conviction, il continua d'admettre aussi la possibilité de l'hérédité des caractères acquis avec l'usage ou perdus avec le non-usage. C'était la théorie de Lamarck et elle fut le seul point faible des idées de Darwin car aujourd'hui nous savons que c'était sûrement une hypothèse infondée. L'hérédité des caractères acquis n'est jamais possible du moment que le flux d'information est unidirectionnel et va seulement de l'ADN aux protéines et jamais en sens contraire. Si on coupe la queue d'un chien, ses petits continueront à naître avec une queue et il est de l'expérience commune que les enfants d'un aveugle naissent avec des yeux tout à fait en état de fonctionner.

Enfin, la sélection naturelle est un mécanisme justement naturel, qui n'a rien d'extraordinaire ni de miraculeux en soi. Elle agit progressivement et est sujette à des limites et des imperfections, tant et si bien que même les organismes les mieux adaptés finissent fatalement par s'éteindre.

1. *Un moineau domestique* (Passer domesticus) *posé sur une maisonnette-nid, dans un parc de Berlin. Actuellement, les moineaux nidifient presque exclusivement sous les tuiles ou dans d'autres endroits abrités des habitations humaines et sont les hôtes de notre espèce, se nourrissant de déchets de toute sorte. Il s'agit dans ce cas d'une sorte d'évolution culturelle qui s'est effectuée depuis la révolution agricole, quand les moineaux ont trouvé commode de se rapprocher d'une espèce qui amassait d'énormes quantités de graines.*

2. *Bec-ouvert indien* (Anastomus orientalis). *Le vide entre les deux mâchoires est une adaptation particulière produite par la sélection naturelle pour faciliter la pêche de petits animaux dans les eaux où ils vivent (il en existe un analogue en Afrique).*

3. *Tête en bronze d'August Weismann, un des plus grands biologistes du* XX*e siècle qui a éclairci, entre autres, les rôles des cellules germinales et des cellules somatiques, prouvant ainsi l'impossibilité de l'hérédité des caractères acquis ; il redécouvrit aussi les travaux de Mendel.*

4. *Theodosius Dobzhansky, le généticien américain d'origine russe qui contribua à la réconciliation des généticiens et des naturalistes en prouvant que le gradualisme est la règle et que l'évolution rapide peut être une rare exception.*

5. *Un biologiste au travail dans un laboratoire. L'ère moléculaire a confirmé la théorie de l'évolution, d'un très grand nombre de points de vue.*

3

L'ACCEPTATION DU DARWINISME

L'histoire de l'acceptation progressive des « cinq théories de l'évolution » commence en 1859, date de publication du premier ouvrage de Darwin, mais elle continue ensuite à travers quelques dates cruciales. La première est 1883, année où August Weismann (le plus grand évolutionniste après Darwin, selon Ernst Mayr) prouve clairement l'impossibilité de l'hérédité des caractères acquis. Libérée ainsi de sa seule erreur, la théorie est appelée néo-darwinisme. On a ensuite la redécouverte de l'œuvre de Mendel (1900) qui eut toutefois moins d'impact qu'on aurait pu le prévoir car les principaux généticiens de l'époque non seulement refusèrent fermement l'idée de sélection naturelle mais adoptèrent aussi le « saltationnisme » contre le gradualisme darwiniste. Il fallut attendre 1937 pour arriver à une synthèse satisfaisante, avec la publication de l'ouvrage déjà cité de Dobzhansky, *Genetics and the Origin of the Species*. Peu après cette synthèse, il y eut aussi la « révolution moléculaire » de la biologie avec la découverte d'Avery (1944) que le matériel génétique était constitué d'ADN et, ensuite, la découverte de la structure à double hélice de l'ADN par Watson et Crick (1953). Ce dernier résultat contribua à résoudre d'innombrables problèmes théoriques et pratiques de la théorie et la transforma en authentique science « dure ». À cet égard, une phrase de Dobzhansky prononcée après la synthèse de l'ère moléculaire est significative : « Rien n'a de sens en biologie sinon à la lumière de la théorie de l'évolution. »

4

5

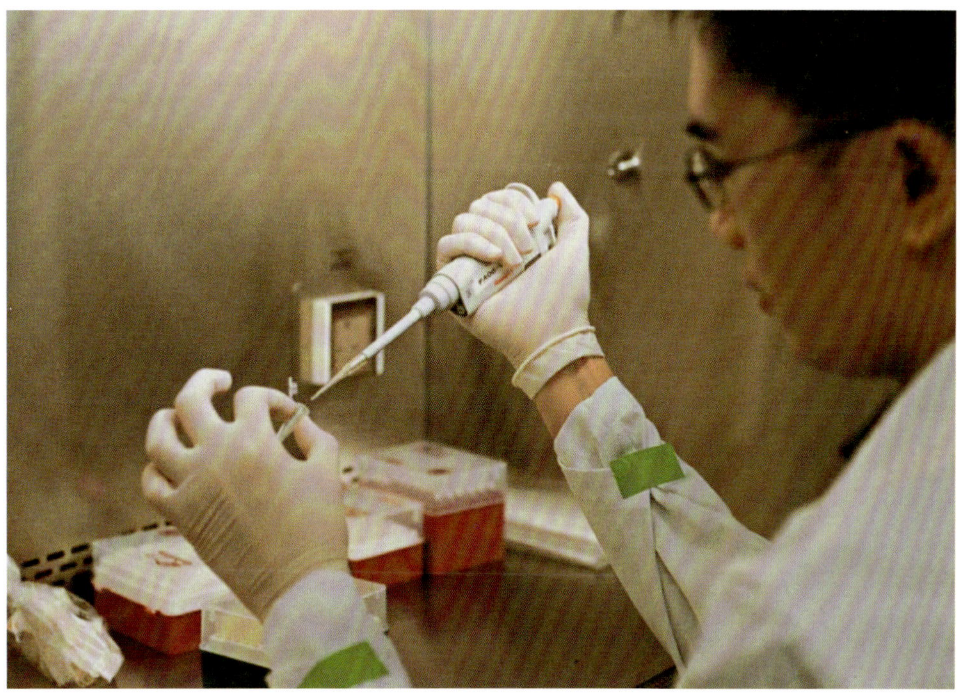

18. CONSERVATION

1

Il y a une nouveauté dans l'histoire évolutive de ces dernières années (ou, pour mieux dire, de ces derniers millénaires avec une accélération notable au cours des derniers siècles) : aujourd'hui est en cours une crise d'extinction en tout et pour tout comparable, quant à son importance, aux plus grandes déjà connues des paléontologues : celle du Permien où disparurent 95 % de toutes les espèces animales de l'époque, et celle du Crétacé où disparurent les dinosaures ainsi que les trois quarts de toutes les espèces existant à leur époque. La crise en cours n'est pas inférieure : les espèces menacées d'extinction d'ici la fin du XXIe siècle sont des millions et

1. L'île de Bartolomé, dans le parc national des Galápagos. Malgré l'augmentation progressive de la surface formellement protégée à partir de l'institution du premier parc national du monde (Yellowstone, 1872), il n'a pas été possible jusqu'à maintenant d'arrêter la perte de biodiversité au niveau de la diversité génétique, des espèces et des paysages.

2

2. Coucher de soleil dans la réserve ornithologique de Bharatpur (Keoladeo Ghana, Inde). Parcs et réserves couvrent un peu plus de 6 % de la surface terrestre et, bien que vitaux et intéressants, ils ne suffisent pas à résoudre le problème de la conservation.

représentent pas moins des deux tiers des organismes vivant actuellement sur la Terre. Je dis cela non pas parce qu'on est capable de mesurer directement le taux d'extinction actuel mais parce que l'ordre de grandeur de ce phénomène est déductible du taux de destruction des habitats naturels des espèces vivant sur la Terre. Les biologistes savent que la plupart des espèces ne peuvent pas s'adapter à des habitats autres que ceux où elles ont évolué et où actuellement elles vivent. Le taux d'extinction déduit du taux de destruction des habitats naturels constitue une mesure réelle et fiable, même s'il ne s'agit pas d'une mesure directe.

1

2

3

À la différence des autres crises qui furent probablement causées par l'impact sur la surface terrestre de gigantesques météorites provenant de l'espace, la crise actuelle a été déclenchée par notre espèce qui, depuis l'époque de la découverte du feu d'abord et de la révolution agricole du Néolithique ensuite, modifie radicalement la couverture de la surface terrestre, détruisant les habitats d'un grand nombre d'espèces de petite et de grande taille. Les marais disparaissent, ainsi que les forêts, les savanes, les prairies et de nombreux autres types de milieu naturel et, avec eux, disparaissent la plupart des espèces animales et végétales qui s'y trouvent. Les espèces sont transportées avec désinvolture d'un bout de la planète à l'autre, parfois elles font souche dans les endroits où elles arrivent et souvent provoquent des bouleversements écologiques à travers les phénomènes de la compétition et de la prédation. Le résultat de ces phénomènes est que les peuplements en flore et en faune de notre planète sont aujourd'hui complètement différents, dans la composition d'espèces et dans les rapports numériques entre les populations des différentes espèces, de ceux qui existaient il y

Quelques espèces symboles de la conservation, à des titres divers :

1. Le bouquetin (Capra ibex) *était réduit dans les années 1920 à une population de deux cents individus dans la région du Grand Paradis ; aujourd'hui, il en existe des dizaines de milliers dans tout l'arc alpin.*

2. Le tigre (Panthera tigris) *n'a pas eu autant de chance et a continué à diminuer même après l'institution de nombreux parcs et réserves.*

3. Le grand-duc (Bubo bubo) *résiste bien là où existe encore son habitat sauvage de ravins et forêts.*

4

5

4. *Otaries* (Zalophus wollebaeki), *île de Baltra, au large de Santa Cruz, Galápagos.*

5. *La tortue léopard* (Testudo pardalis) *africaine craint surtout le braconnage à fins de commerce illégal.*

a seulement dix mille ans, une période que, en termes évolutifs, on peut considérer comme très courte. De nombreuses espèces ont disparu, d'autres ont énormément restreint leur aire de diffusion, d'autres encore se sont multipliées énormément et se laissent observer partout. Ce qu'on appelle les « listes rouges » de la IUCN (International Union for the Conservation of Nature) répertorie en tout plusieurs milliers d'animaux et de plantes à risque plus ou moins imminent d'extinction, mais la réalité est nettement plus tragique que ces lignes ne peuvent le suggérer. Pour chaque gros organisme bien connu qui s'éteint, d'autres milliers de petits, ou tout petits, peu connus sinon souvent totalement inconnus, s'éteignent aussi. De nombreux spécialistes sérieux et compétents ont estimé que cette tragédie concerne quelque chose comme vingt à trente mille espèces par an et que, d'ici deux ou trois décennies, un tiers de toutes les espèces vivant aujourd'hui sur la Terre pourrait s'éteindre. D'autre part, il existe de nombreux signes, qu'on peut interpréter quand on est familier des sciences naturelles ou simplement quand on a vécu quelque temps hors des villes,

1

que quelque chose de terrible se passe actuellement. Tout a changé en quelques milliers d'années. Notre vie même, depuis les maisons où nous vivons jusqu'aux bureaux où nous travaillons et aux moyens de transports privés et publics avec lesquels nous nous déplaçons d'un bout à l'autre d'une ville ou de la planète, est complètement différente de celle de nos ancêtres pré-agricoles, dont les problèmes pratiques quotidiens ressemblaient peut-être plus à ceux des animaux sauvages qu'aux nôtres. Même par rapport à l'époque de nos grands-parents, les choses se passent différemment et le paysage que nous avons sous les yeux s'est radicalement modifié.
Comment tout cela a-t-il pu se passer ? Quelles sont les perspectives possibles de cette situation dans une optique évolutive ? Et dans une optique anthropocentrique ? Malgré toutes ses conquêtes culturelles, *Homo sapiens* reste un vertébré, un mammifère et un primate et, même si les prestations individuelles de quelques sujets particuliers apparaissent exaltantes dans le domaine de l'éthique, de la science ou de l'art, son comportement à un niveau de population apparaît en général décevant. Comme l'évolution, nous l'avons souvent répété, est un phénomène qui a lieu au niveau de la population, on peut se demander à quel destin s'attendre pour notre espèce, en d'autres termes, si les tendances évolutives en cours pourraient faire de

2

1. La réserve de Bass Rock, en Écosse, littéralement couverte de fous de Bassan (Sula bassana) *en train de nidifier.*

2. Un chercheur montre une grosse Calvatia maxima *dans la réserve de Monks Wood, en Angleterre.*

3

4

5

3. *Dune dans le désert du Namib, en Namibie.*

4. *Gardien de parc avec son chien dans le Val di Cogne, parc national du Grand Paradis.*

5. *Visiteurs en barque dans la réserve de Keoladeo Ghana, en Inde.*

1

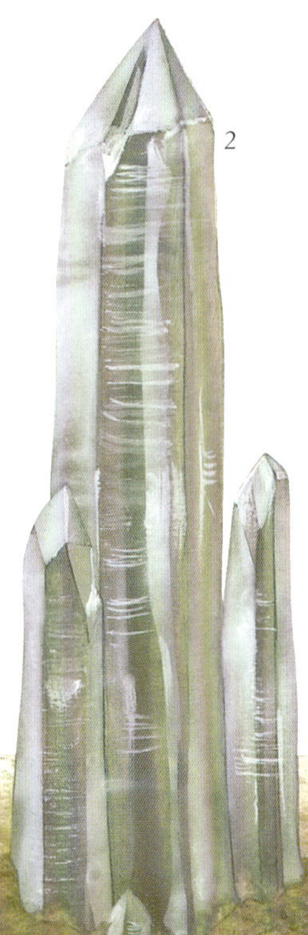
2

3

4

1. Aqueduc romain à Ségovie, en Espagne.

2. Cristal de quartz (oxyde de silicium). L'importance de la silice dans la microélectronique est semblable à celle du carbone dans le vie.

3. Techniciens devant une série de moniteurs.

4. Un téléphone portable, d'un design aujourd'hui obsolète.

5. Un mino de Dumont (Mino dumontii) *de Nouvelle-Guinée aux prises avec une canette de Coca-Cola.*

6. Cormorans huppés (Phalacrocorax aristotelis) *au repos dans la réserve de Bass Rock, en Écosse, tandis que sur l'horizon se profile la silhouette d'un pétrolier.*

6

nous quelque chose de plus réussi – je parle toujours évidemment en termes de population – au sens éthique ou bien si la sélection naturelle, même modifiée par les conditions de vie actuelles, nous emportera dans une autre direction.

Tout scientifique sérieux ne peut répondre à ces questions si difficiles que par un haussement d'épaules. Nous n'en avons pas la moindre idée. La biologie et l'histoire ne peuvent que nous rendre profondément pessimistes, mais l'abîme devant nous est si profond qu'il faut bien marcher sur le sentier qui le surplombe avec quelque espoir. L'évolution culturelle est évidemment à la base de notre activité frénétique de transformation de la planète. La lignée évolutive à laquelle notre espèce appartient, à partir des premiers hominidés en station debout, a constamment réalisé une croissance volumétrique (et qualitative) de l'encéphale, qui s'est accompagnée d'une capacité technologique toujours plus grande. Cette capacité technologique croissante constitue, selon moi, la caractéristique naturaliste la plus importante distinguant un être humain de tout autre animal, y compris des primates qui lui sont le plus proche comme le gorille et le chimpanzé. La paléoanthropologie débute quand on commence à trouver des outils en forme de pierres grossièrement taillées. Mon opinion personnelle est que le langage aussi s'est développé de façon progressive comme support pour le progrès technologique et que, par conséquent, il existait déjà il y a un ou deux millions d'années même si, comme c'est évident, il revêtait des formes plus élémentaires qu'aujourd'hui. Tous les autres animaux, même quand ils utilisent des outils simples, le font dans une mesure minime par rapport à notre espèce et, de toute façon, ils ne sont pas en mesure de modifier les milieux de façon radicale. L'homme n'aurait pas existé sans la technologie ; notre espèce a trouvé en elle une formidable niche écologique qui lui a permis d'atteindre une population d'environ sept milliards de personnes sur la planète. Mais aujourd'hui, paradoxalement, la technologie risque d'emporter l'homme, en même temps qu'un grand nombre d'autres espèces auxquelles elle a nui. Dans l'ensemble, cette situation est difficile à diagnostiquer pour la plupart des gens car les problèmes s'articulent dans une dimension temporelle et souvent aussi spatiale qui n'est pas aisément perceptible par les êtres humains, et encore moins par ceux qui habitent les villes. En outre, comme les problèmes naissent au niveau de la population et pas au niveau des individus, il est évident qu'ils ne peuvent pas être affrontés par les individus mais qu'ils devraient être résolus au niveau de la population, objectif jusqu'à aujourd'hui très éloigné du champ des possibilités malgré son urgence absolue et dramatique.

L'espèce humaine est en train de détruire tranquillement les milieux naturels mêmes d'où elle est sortie et elle le fait avec la conviction ferme, bien qu'implicite, de ne plus en avoir besoin. En effet, l'homme s'est peu à peu dégagé du lien direct avec son

5

1

2

milieu naturel depuis l'époque de la découverte du feu, c'est-à-dire il y a peut-être un million d'années déjà et, de toute façon, assurément pas moins d'un demi-million d'années en arrière. Le contrôle du feu a dû avoir comme première conséquence la réduction de la surface des forêts en faveur des prairies et des savanes. Notre espèce vivait beaucoup mieux dans les savanes que dans les forêts car c'est un milieu où il est plus facile de se défendre des prédateurs et aussi de repérer le gibier. L'abondance de prairies dans des régions comme l'Amérique du Nord, l'Asie centrale et l'Afrique du Sud est probablement une situation secondaire due à l'intervention de l'homme. Toutefois, tant que les populations de notre espèce restèrent de petites tribus de chasseurs-cueilleurs, la densité de population ne put jamais dépasser la limite de quelques habitants au kilomètre carré (en moyenne, moins de un ; on calcule que la population de la planète il y a dix mille ans était en tout d'environ cinq millions).

Il y a quelques milliers d'années (de dix mille en Mésopotamie et en Chine à cinq mille en Amérique centrale), ce qu'on appelle la révolution agricole du Néolithique bouleversa complètement ces rapports écologiques traditionnels d'une espèce avec son milieu, même si c'était un milieu qu'elle était déjà capable de modifier en incendiant des forêts et en favorisant la multiplication des herbivores dans les savanes. Le

3

4

1. Effets de la pluie acide sur une forêt de conifères en République tchèque. Dans ce cas, le problème de la pollution par des substances nocives dans l'atmosphère est amplifié par l'effet de destruction presque complète d'un milieu naturel avec tous les organismes qui y vivaient.

2. Vue d'une plage touristique à Rarotonga, îles de Cook. L'effet du tourisme sur une aire peu préparée à le recevoir peut être dévastateur, et pas seulement de ce point de vue.

3. Percée d'une nouvelle route en Amazonie. Le nombre des incendies augmente avec les kilomètres de route.

4. L'explosion de la première bombe à hydrogène dans l'atoll d'Eniwetok, dans le Pacifique sud, le 31 octobre 1952.

1

2

3

1. *Une exploitation agricole romaine sur une mosaïque d'Uthina, l'actuelle Oudna, en Tunisie.*

2. *Une des quatorze lunettes du* XVI*ᵉ siècle peintes sur commission du grand-duc de Toscane Ferdinand Iᵉʳ par Justus Utens. Elle montre la Petraia, une exploitation agricole transformée en villa. La collection des quatorze lunettes, conservée au musée Firenze com'era de Florence, est aujourd'hui un document de grande importance pour la compréhension de l'architecture du jardin du* XVI*ᵉ siècle.*

3. *Plantations d'ananas de la Standard Fruit Company au Honduras. L'aspect de cette aire agricole est ordonné et plutôt agréable, l'observateur fortuit se rend difficilement compte de la perte de naturalité causée par la destruction de la forêt pour réaliser la plantation. Le terrain agricole est en général perçu comme « bon » en opposition aux terres incultes, qu'elles soient ou non recouvertes de forêts, qui ne peuvent être que « mauvaises », quelle que soit leur richesse en espèces. Cette philosophie a dominé en Europe jusqu'à ce que, aux États-Unis, en apparaisse une opposée, avec des défenseurs d'exception comme Emerson, Thoreau et Muir, qui soulignèrent non seulement la beauté mais aussi la valeur éthique des milieux naturels.*

développement progressif de l'agriculture et la pratique du stockage des céréales pour pouvoir en disposer dans les périodes de manque de nourriture multiplia par cent, et même par mille, le nombre de personnes qui pouvaient vivre dans une unité déterminée de surface. Par exemple, sur un seul hectare de terrain cultivé aujourd'hui dans le tiers monde avec des méthodes traditionnelles, on peut produire environ une tonne de céréales par an qui peut alimenter directement une demi-douzaine de personnes. Si on voulait rassembler une quantité analogue de ressources au moyen de la chasse et de la cueillette, il faudrait disposer d'environ six mille hectares (soixante kilomètres carrés) et les six habitants par hectare (six cents par kilomètre carré !) se réduiraient à 0,001 (0,1 par kilomètre carré). Il est clair que, dans ces conditions, l'existence des petites tribus de chasseurs-cueilleurs devient absolument impossible. Elles se retrouvent en net désavantage numérique et sont inévitablement balayées avec comme résultat une rapide progression en tache d'huile de la révolution agricole, des villes et de la civilisation urbaine.

En définitive, le rapport de notre espèce avec le milieu après la révolution agricole du Néolithique devint semblable à celui des différentes espèces d'animaux qu'elle avait domestiquées pendant la même période. L'homme d'aujourd'hui peut être comparé, du point de vue écologique, à un animal domestique. En effet, toute la production écologique du territoire (plantes alimentaires à consommer directement ou à utiliser comme fourrage pour les animaux domestiques) dans les zones cultivées fut complètement détournée *ad usum delphini*, avec pour résultat en premier lieu d'augmenter le nombre des êtres humains et des organismes domestiqués, animaux et plantes, au détriment du nombre des animaux sauvages, en second lieu de modifier les pressions sélectives agissant sur l'évolution humaine, créant au fur et à mesure des êtres humains de plus en plus domestiques, c'est-à-dire vivant dans un *écosystème à nutrition forcée*, c'est-à-dire dans un écosystème qui ne pourrait pas produire tout ce qu'il produit s'il ne recevait pas une énergie supplémentaire sous forme de travail humain, d'engrais, de semences, etc. Cet apport d'énergie augmenta avec le progrès technologique, d'abord l'emploi de la traction animale pour le labour, puis la fertilisation de plus en plus efficace, l'extirpation des espèce concurrentes, l'emploi des machines, la sélection artificielle, l'ingénierie génétique, le transport des denrées par avion. Aujourd'hui la Terre est une planète profondément modifiée par rapport à son état originel, et si la modification n'a pas encore été plus radicale, ceci n'est dû qu'à la rareté de l'eau dans beaucoup de régions et à des raisons d'inégalité dans la distribution des ressources, qui limitent la possibilité d'employer les technologies les plus avancées dans les zones les plus pauvres de la planète.

Par conséquent, puisque la dépendance de l'homme à l'égard de son milieu aujourd'hui n'est plus directe, mais passe par des intermédiaires, la question des perspectives futures du rapport de notre espèce avec sa planète est assez compliquée et, à mon avis, doit désormais être abordée à deux niveaux différents : 1) l'alarme pour les ressources essentielles, eau, air, nourriture, terres émergées ; la conservation de ces ressources est un problème urgent et dramatique car leur rareté dans l'écosystème à nutrition forcée pourrait causer la mort d'un grand nombre de personnes dans des délais courts ; et pourtant, comme on l'a vu avec l'échec de l'accord sur les gaz à effet de serre, même sur ce point, on n'a pas toujours réussi à atteindre d'accord global ; 2) l'alarme sur les écosystèmes et les paysages naturels à cause de la crise d'extinction des espèces en cours aujourd'hui ; cela pourrait apparaître comme un problème important du point de vue culturel, mais situé à un échelon inférieur par rapport au point de vue précédent qui concerne notre survie ; toutefois, la possibilité concrète existe que l'effondrement total des écosystèmes naturels finisse par bouleverser aussi les écosystèmes à nutrition forcée qui soutiennent notre espèce. En d'autres termes, personne ne peut affirmer avec certitude que notre espèce pourra survivre encore dans un monde radicalement transformé selon ses besoins et son bon plaisir. Que l'on pense, par exemple, que la pollinisation de nombreuses plantes alimentaires est faite par les insectes et que la persistance des espèces actuelles d'insectes qui sont nos symbiotes est remise en question par la crise d'extinction actuelle.

Malheureusement, bien peu sont ceux qui perçoivent la gravité de la situation. Beaucoup espèrent que la technologie résoudra de toute façon tous les problèmes, même s'ils se contentent de l'utiliser sans en comprendre le moins du monde la

1

1. *Vue du Pinnacle Desert, Nambung National Park, Australie occidentale. La beauté de ces piliers de roche qui ressemblent à des sculptures fait oublier que cette région est presque complètement dépourvue de vie.*

2. *Dunes de Khonghoryn, les plus grandes et les plus spectaculaires de Mongolie. Cette région de neuf cents kilomètres carrés est la principale concentration de sable du Gobi Gurvansaikhan National Park, par ailleurs principalement formé de terrains pierreux.*

2

3

3. Welwitschia mirabilis, *une étrange plante des déserts de Namibie et d'Angola. Ses longues feuilles sont comme réduites à un amas informe fouetté par le vent.*

1

2

nature et les limites. Malheureusement, la technologie peut utiliser les principes fondamentaux de la nature, mais elle ne peut les bouleverser et elle ne pourra pas renverser une situation dont la racine en définitive tient à deux facteurs : a) le nombre global d'habitants humains de la planète, b) la quantité d'énergie consommée par chaque individu. Sur le nombre, il y a bien peu à dire : il augmente essentiellement dans le tiers monde et, selon toute évidence, il continuera d'augmenter tant qu'existeront des populations pauvres et marginalisées dont la seule richesse réside dans leur progéniture. Sur l'énergie, vu l'énorme différence de consommation existant entre le monde développé et ce qu'on appelle les pays en voie de développement, il revient au premier de se préoccuper de réduire sa consommation globale, ce qui signifie diminuer la vitesse de consommation des ressources et produire moins de déchets, de façon à pouvoir espérer disposer d'une quantité suffisante d'énergie, y compris dans un avenir proche. En théorie, c'est possible de deux façons : a) en

3

5

1. *Une favela autour de Rio de Janeiro, au Brésil, où l'on a apporté l'eau et l'électricité. Le problème des favelas – mauvaise qualité des logements, inexistence des services – a été affronté dans le passé avec des méthodes brutales qui n'ont produit aucun résultat concret.*

2. *Un sentier pourvu de marches est un des services fournis par la municipalité à la favela à travers un concours public qui a stimulé de nombreux architectes.*

3. 4. 5. *Le projet visionnaire de Paolo Soleri, intitulé* Superconductivity Arcology Scrolls. *Il s'agit d'un système d'installations en arc de cercle, reliées par des trains à lévitation magnétique. Ces projets sont une stimulation pour résoudre les problèmes de la planète.*

4

diminuant les consommations (c'est-à-dire la production économique) ; b) en augmentant l'efficacité d'utilisation de l'énergie et donc en obtenant le même résultat technologique avec moins d'énergie consommée. Dans le monde actuel, aucun économiste ne proposerait jamais de stabiliser, encore moins de diminuer, la production de biens et de services. Même ceux qui se soucient de conservation ont rarement le courage de dire quelques mots timides en faveur de cet objectif impopulaire mais important que, voici un quart de siècle, l'Italien Aurelio Peccei avait indiqué comme prioritaire. En revanche, pour ce qui est de l'augmentation d'efficacité, quelques brèches s'ouvrent, mais bien moins vite qu'il ne serait nécessaire.

Les prévisions sont très difficiles et, même s'il n'existe aucune raison d'être optimiste, je crois qu'il n'est pas non plus opportun de se joindre au chœur des prophètes de malheur qui, malheureusement, ont surtout contribué à alimenter le scepticisme général sur ces questions. Personne ne peut vraiment savoir quel avenir attend ceux qui viendront après nous. De toute façon, aucune espèce ne peut durer éternellement et il est très rare qu'une espèce quelconque puisse durer plus de quelques millions d'années au cours desquelles, normalement, elle modifie notablement son aspect extérieur et ses habitudes. Notre espèce ne peut pas constituer une exception à cette règle, elle risquerait même plutôt de s'éteindre bien avant son temps biologique naturel et elle risque de s'éteindre sans laisser derrière elle aucune descendance directe. Si cette menace d'extinction imminente peut être écartée, si à l'avenir il y a encore de la place pendant quelque temps pour un nouveau descendant de notre espèce, il ne nous reste qu'à espérer qu'il puisse vraiment, en tant que population et qu'espèce, être honnêtement défini comme *sapiens*.

Une nuée d'hirondelles (Hirundo rustica) *qui hivernent s'apprêtent à retrouver leurs dortoirs nocturnes dans le centre de la ville de Bangkok. Tous les animaux ne peuvent pas vivre dans un contact aussi rapproché avec notre espèce, et même ceux qui le peuvent ont besoin de conditions déterminées pour persister. Dans le cas de l'hirondelle, oiseau migrateur très commun en Europe à la saison reproductive (de fin mars à septembre), les sites préférés pour la nidification sont ruraux. Les changements brusques dans les techniques de culture et d'élevage mettent en crise de nombreuses espèces qui soudain ne peuvent plus compter sur des ressources déterminées et qui, même si elles surmontent les difficultés, restent en crise pendant des années. Ceci dit, et en replaçant dans ses inévitables limites le phénomène de l'urbanisation de certains animaux, nous pouvons toutefois nous permettre de considérer cette image comme un symbole de la symbiose possible entre êtres humains et animaux sauvages, des nouvelles pages que l'évolution pourra écrire – si nous lui en donnons la possibilité, et le temps – sur la nouvelle alliance entre hommes, devenus (du moins on le souhaite) plus sages, et animaux, rendus plus attentifs et plus imaginatifs par le continuel écoulement d'un monde humain en rapide progrès technologique.*

BIBLIOGRAPHIE

ALCOCK J. 1989, *Animal behavior. An evolutionary approach*, Sinauer, Sunderland, Massachusetts.

BONNER J. T. 1993, *Life cycles: reflections of an evolutionary biologist*, Princeton University Press, Princeton.

CATANIA K. C., KAAS J. H. 1997, *Somatosensory fovea in the star-nosed mole: behavioural use of the star in relation to innervation patterns and cortical representation*, Journal of Comparative Neurology 387: 215-233.

COCKELL C. S. 2003, *Impossibile extinctions. Natural catastrophes and the supremacy of the microbial world*, Cambridge University Press, Cambridge.

COMINS N. 1993, *What if the moon didn't exist: voyages to Earths that may have been*, Harper and Collins, New York.

CONWAY-MORRIS S. 2003, *Life's solution: inevitable humans in a lonely universe*, Cambridge University Press, Cambridge.

DARWIN C. 1839, *The voyage of the Beagle*, John Murray, Londres (trad. fr. 2007, *Voyage d'un naturaliste autour du monde*, La Découverte, Paris).

— 1859, *On the origin of species by means of natural selection*, John Murray, Londres (trad. fr. 1999, *L'Origine des espèces*, Garnier-Flammarion, Paris).

— 1958, *The autobiography of Charles Darwin (1809-1882) with original omissions restored. Edited with appendix and notes by his granddaughter Nora Barlow*, Collins, Londres (trad. fr. 1985, *Autobiographie*, Belin, Paris).

DAWKINS R. 1976, *The selfish gene*, Oxford University Press, New York (trad. fr. 1997, *Le gène égoïste*, Armand Colin, Paris).

— 1986. *The blind watchmaker*, Longman, Londres (trad. fr. 1999, *L'Horloger aveugle*, Robert Laffont, Paris).

— 1996, *Climbing mount Improbable*, Viking, Londres.

— 2003, *A devil's chaplain*, Weidenfeld & Nicolson, Londres.

— 2004, *The ancestor's tale. A pilgrimage to the dawn of life*, Weidenfeld & Nicolson, Londra.

DOBZHANSKY T. 1937, *The genetics and the origin of species*, New York, Columbia University Press.

DYSON F. 1999, *Origins of life*, Cambridge University Press, Cambridge.

EIGEN M. 1992, *Steps toward life: a perspective on evolution*, Oxford University Press, Oxford.

EIGEN M., W. GARDINER, P. SCHUSTER, R. WINKLER- OSWATITCH 1981, *The origin of genetic information*, Scientific American 244(4): 88-118.

ELDREDGE N. 1985, *Time Frames: the rethinking of Darwinian evolution and the theory of punctuated equilibria*, Simon & Schuster, New York.

FISHER R. A. 1930, *The genetical theory of natural selection*, Clarendon Press, Oxford.

GARDNER R. A, B. T. GARDNER 1969, *Teaching sign language to a chimpanzee*, Science 187: 644-672.

GOLD T. 1992, *The deep, hot biosphere*, Proceedings of the National Academy of Sciences of the USA 89: 6045-6049.

GOULD S. J. 1980, *Is a new and general theory of evolution emerging?*, Paleobiology 6: 119-130.

— 1985, *The flamingo's smile: reflections in natural history*, Norton, New York (trad. fr. 2000, *Le Sourire du flamant rose*, Points Seuil, Paris).

GOULD S. J., ELDREDGE N. 1977, *Punctuated equilibria: the tempo and mode of evolution reconsidered*, Paleobiology 3: 115-124.

GRANT P. R. 1999/1986, *Ecology and evolution of Darwin's finches*, Princeton University Press, Princeton.

GRIFFIN D. R. 1976, *The question of animal awareness: evolutionary continuity of mental experience*, Rockfeller University Press, New York.

— 1992, *Animal minds*, University of Chicago Press, Chicago..

HENIG R. M. 2000, *The monk in the garden: the lost and found genius of Gregor Mendel, the father of genetics*, Houghton-Mifflin, Boston.

HUNT G. 1996, Nature 379: 249-251.

KESSEL E. 1955, *Mating activities of the balloon flies*, Systematic Zoology 4: 97-104.

KOEHLER O. 1953, *Thinking without words*, Proceedings of the Fourteen International Congress of Zoology, 75-88.

LACK D. 1945, *The Galapagos finches (Geospizinae): a study in variation*, Occ. Papers Calif. Acad. Sci. N. 31.

LAMARCK J. B. 1809, *Philosophie zoologique*, J.-G. Dentu, Paris.

LEWONTIN R. C. 1990, *Fallen angels*, in "New York Review of books".

MAINARDI D. 1975, *L'animale culturale*, Rizzoli editore, Milan.

MARGULIS L. 1981, *Symbiosis in cell evolution*, W. H. Freeman, San Francisco.

MASSA R. 1990, *L'arca di smeraldo*, Arnoldo Mondadori, Milan.

— 2001, *I pappagalli africani*, FOI, Piacenza.

— 2005, *Il secolo della biodiversità*, Jaca Book, Milan.

MASSA R., V. GALANTI, BOTTONI L. 1996, *Mate choice and reproductive success in the domesticated budgerigar Melopsittacus undulatus*, Italian Journal of Zoology 63: 243-246.

MAYNARD-SMITH J. 1974, *The theory of games and the evolution of animal conflict*, Journal of Theoretical Biology 47: 209-221.

MAYR E. 2001, *What evolution is*, Weidenfeld & Nicolson, Londres.

— 2004, *What makes biology unique? Considerations on the autonomy of a scientific discipline*, Cambridge University Press, Cambridge (trad. fr. 2006, *Après Darwin : La biologie, une science pas comme les autres*, Dunod, Paris).

MAYR E., DIAMOND J. 2001, *The birds of Northern Melanesia. Speciation, Ecology and Biogeography*, Oxford University Press, Oxford, New York.

MILLER S. L. 1953, *Production of amino acids under possible primitive earth conditions*, Science 117: 528-529.

MINELLI G. 1984, *Dai pesci agli albori dell'umanità. Storia ed evoluzione dei vertebrati*, Jaca Book, Milan.

MOLLER A. P. 1992, *Female swallow preference for symmetrical sexual ornaments*, Nature (Lond.) 337: 238-240.

MONOD J. 1970, *Il caso e la necessità. Saggio sulla filosofia naturale della biologia contemporanea*, Biblioteca della EST, Arnoldo Mondadori, Milan.

MOWRER O. H. 1952, *The autism theory of speech development and some clinical applications*, Journal of speech and hearing disorders 17: 263-268.

OPARIN A. I. 1938, *Origin of life*, Macmillan, New York (trad. fr. 1996, *L'Origine de la vie*, Paris, Masson).

PATTERSON F. G. 1978, *Linguistic capabilities of a lowland gorilla*, in Sign language and language acquisition in Man and Ape, a cura di F.C.C. Peng, p. 161-201, Westview Press, Boulder, Colorado.

PEPPERBERG I. M. 1999, *The Alex studies. Cognitive and comunicative abilities of Grey Parrots*, Harvard University Press, Cambridge Massachusetts-Londres.

PIANKA E. R., VITT L. J. 2003, *Lizards. Window to the evolution of diversity*, University of California Press, Berkeley, Los Angeles-Londres.

PREMACK D. 1971, *On the assessment of language-competence in the chimpanzee*, in "Behavior of non-human Primates", a cura di A.M. Schrier e F. Stollnitz, vol. 4, pp. 186-228, Academic Press, New York.

ROMER A. S. 1970, *The vertebrate body*, Saunders, Philadelphie, Londres, Toronto.

RUMBAUGH D. M. 1977, *Language learning by a chimpanzee*, Academic Press, New York.

SASSI P. 1964, *Storia dei dinosauri*, Edizioni Massimo, Milan.

SCHROEDINGER E. 1944, *What is life? The physical aspect of the living cell*, Cambridge University Press, Cambridge (trad. fr. 1993, *Qu'est-ce que la vie*, Points Seuil, Paris).

SEGRÉ D., D. LANCET 1999, *A statistical chemistry approach to the origin of life*, Chemtracts-Biochem. Mol. Biol. 12 (6): 382-397.

SIMPSON G. G. 1983, *Fossils and the history of life*, Scientific American Books, New York.

TERRACE H. S., I. A. PETITTO, R. J. SANDERS, BEVER T. G. 1979, *Can an ape create a sentence?* Science 206: 891-902.

TODT D. 1975, *Social learning and vocal patterns and modes of their applications in Grey parrots*, Zeitschrift fur Tierpsychologie 39: 178-188.

TRIVERS R. L. 1985, *Social evolution*, Benjamin-Cummings, Menlo Park.

VON NEUMANN J. 1948, *The general and logical theory of automata*, Conferenza tenuta nel 1948 il cui testo fu pubblicato nel volume *Cerebral mechanisms in behavior. The Hixon symposium*, John Wiley 1951, New York.

WALLACE A. R. 1855, *On the law which has regulated the introduction of new species*, Ann. Mag. Nat. Hist. 2nd Series, 16: 184-196.

WATSON J.D. 1976, *Molecular biology of the gene*, Benjamin-Cummings, Menlo Park (trad. fr. 1989, *Biologie moléculaire du gène*, Interéditions, Paris).

WILSON E. O. 1975, *Sociobiology*, Harvard University Press (trad. fr. 1987,La Sociologie, Editions du Rocher, Paris).

ZAHAVI A. 1975, *Mate selection, a selection for a handicap*, Journal of theoretical biology 52: 205-214.

ZAHAVI A., ZAHAVI A. 1997, *The handicap principle*, Oxford University Press, Oxford.

ZUK M., JOHNSON K., THORHILL R., LIGON J. D. 1990, *Mechanism of female choice in red jungle fowl*, Evolution 44: 477-485.

INDEX DES NOMS

A

Abeille ouvrière *(Apis mellifica)* 79
Acanthodes 147
Accipiter novaehollandiae (épervier) 55
Acestrorhynchus microlepis 87
Acinonyx jubatus (guépard) 62
Acipenser sturio (esturgeon) 149
ADN (Acide désoxyribonucléique) 105, 108-109, 113, 116-124, 129, 213
ADN mitochondrial 130
Adonis du printemps *(Adonis vernalis)* 63
Adonis vernalis (adonis du printemps) 63
ADP 105, 125
Adventure, brigantin 9
Aepyceros melampus (impala) 23, 33
Agama (agame) 15
Agame *(Agama)* 15
Agapornis fischeri (inséparable de Fischer) 52
Agapornis personatus (inséparable masqué) 52
Agapornis roseicollis (inséparable rosegorge) 52
Agnathe 37, 145, 205
Agrion bremii 56
Agrion najas 56
Agrion scitulum 56
Aigrette sacrée *(Egretta sacra)* 52
Albatros *(Diomedea irrorata)* 71
Aletsch, glacier 21
Algue brune *(Laminaria digitata)* 132
Alouette africaine *(Mirafra africana)* 90-91
Alpaga *(Lama pacos)* 180
Amanita muscaria 133
Amazona autumnalis (amazone diadème) 173
Amazone diadème *(Amazona autumnalis)* 173
Amazonie 19, 223
Amblyrhynchus cristatus (iguane marin des Galápagos) 10
Amia 149
Amibe 136
Amphibiens 35, 72-73, 152-154
Amphioxus *(Branchiostoma)* 144
Amphiprion ocellaris (poisson clown) 94
Anabaena 120
Anapsides 156-157, 162
Anastomus orientalis (bec-ouvert indien) 212-213
Anglaspis 145
Anguis fragilis (orvet) 91
Ankilosaure 164
Anomalocaris 143
Apis mellifica (abeille ouvrière) 79
Ara ararauna (ara bleu) 195
Ara bleu *(Ara ararauna)* 195
Archaeopterix litographica 166, 168, 170
Archéobactéries 111
Architeuthis sp. (calmar) 88-89
Arctocephalus pusillus (otarie du Cap) 183
Ardea purpurea (héron pourpré) 82
Aristote 85
ARN (Acide ribonucléique) 108-112, 116-118, 120
Arthropodes 82, 143-146, 152-153
Aruba, île d', Petites Antilles 173, 174
Aspis cerastes (vipère à cornes du Sahara) 160
Atome 97
ATP (adénosine triphosphate) 105, 125-126, 129
Augustin, saint 13
Australie 10, 29, 45, 56, 68, 86, 124, 151, 160, 180, 182, 226
Australo-asiatique, région 45
Australopithecus 190-191
Autruche *(Struthio camelus)* 35, 139

B

Babouin *(Papio cynocephalus)* 186-187
Bactérie 116
Balaenoptera acutorostrata 75
Balaenoptera musculus (baleine bleue) 75
Baleine bleue *(Balaenoptera musculu)* 75
Bangkok 230
Barbourofelis (tigre à dents de sabre placentaire) 86, 90
Bartolomé, île de, Galápagos 214
Basidechenella rowi 143
Bayanzag 103, 165
Beagle, brigantin 9, 10, 12, 20, 26
Beagle, canal 11
Bec-ouvert indien *(Anastomus orientalis)* 212-213
Belonesox belizanus 87
Bichir africain *(Polypterus bichir)* 148-149
Bonne-Espérance, cap de 10
Bonner, J. T. 137
Bonnier, Gaston 31, 208-209
Bonobo *(Pan paniscus)* 188
Bornéo 19
Bouquetin *(Capra ibex)* 216
Brachiopodes 143-145
Brachiosaurus 166
Bradypodion dracomontanum (caméléon nain du Drakensberg) 60
Branchiostoma (amphioxus) 144
Brassemer cendré *(Tachyeres pteneres)* 36
Brésil 10, 186, 229
Briggs, Derek 143
British Museum 12
Brno 31
Brochet *(Esox lucius)* 87
Brugghen, Hendrick ter 96
Bruun Natural Science Society 31
Bubo bubo (grand-duc) 216
Bufo bufo (crapaud) 72-73
Buphagus africanus (Piqueboeuf à bec jaune) 184
Burgess 142

C

Cactus 82, 91, 93, 135
Caesio suevicus (poisson fusilier de Suez) 72
Calmar *(Architeuthis sp.)* 88-89
Caloenas nicobarica 54
Calvatia maxima 218
Cambrienne, explosion 142
Caméléon nain du Drakensberg *(Bradypodion dracomontanum)* 60
Camelus camelus (chameau de la Bactriane) 17, 207
Camelus dromedarius (dromadaire) 17
Campylomormyrus 88-89
Canada 143
Canaries, îles 29
Canis lupus (loup) 29, 79, 86
Canis mesomelas (chacal à chabraque) 79
Capra ibex (bouquetin) 216
Carcharodon 147
Catania, Ken C. 88
Caudipteryx 169
Celuridi 166
Ceratium concilians 137
Ceratium pentagonum 137
Cercopithecus aethiops (singe vert) 75, 202
Ceresiosaurus calcagnii 158
Cerf *(Cervus elaphus)* 182-183
Cervus elaphus (cerf) 182-183
Chacal à chabraque *(Canis mesomelas)* 79
Chaetodon semilarvatus (poisson papillon demi-masqué) 72

Chalcides chalcides (seps strié) 35
Chalcides ocellatus (scinque ocellé) 36
Chameau de la Bactriane (*Camelus camelus*) 17, 207
Chamois alpin (*Rupicapra rupicapra*) 49
Chamois des Pyrénées (*Rupicapra pirenaica*) 49
Characidae 87
Chardin, Teilhard de 200
Chauve-souris frugivore (*Epomophorus wahlbergi*) 64
Chelonia mydas (tortue verte) 157
Chêne pédonculé (*Quercus robur*) 135
Chengjiang, roches cambriennes de 145
Chimpanzé (*Pan troglodytes*) 36, 188-189, 190, 192, 194-196, 221
Chipmunk du Colorado (*Eutamias quadrivittatus*) 42
Chlorophyta 137
Choeropsis liberiensis (hippopotame nain) 181
Chrysococcyx lucidus (coucou éclatant) 56
Clone 122
Clostridium botulinum 106
Cnemidophoris 141
Cobe à croissant (*Kobus ellipsiprymnus defassa*) 62
Cockell, C. S. 126
Cod, Cape 196
Code génétique 112-116
Coleoptères 63
Colibri (*Topaza pella*) 46
Collocalia (salangane) 88
Colobe roux (*Colobus badius*) 186
Colobus badius (colobe roux) 186
Comins, Neil 101
Communication 72-77
Comores, îles des 150
Compsognathus 170
Condylura cristata (taupe à nez étoilé américaine) 88
Connochaetes taurinus (gnou) 184
Conway Morris, Simon 67, 85, 86, 94, 101, 143, 197, 200
Copernic, Nicolas 24
Coppens, Yves 190
Coq bankiva (*Gallus gallus*) 69
Coq de Sonnerat (*Gallus sonneratii*) 69
Cormoran des Galápagos (*Phalacrocorax harrisi*) 36
Cormoran huppé (*Phalacrocorax aristotelis*) 221
Cornalia, Emilio 158
Corneille de Nouvelle-Calédonie (*Corvus moneduloides*) 196
Corneille mantelée (*Corvus corone cornix*) 48
Corneille noire (*Corvus corone corone*) 48
Corvus corone cornix (corneille mantelée) 48
Corvus corone corone (corneille noire) 48
Corvus moneduloides (corneille de Nouvelle-Calédonie) 196
Coucou éclatant (*Chrysococcyx lucidus*) 56
Couleuvre à collier (*Natrix natrix*) 160
Couleuvre d'Esculape (*Elaphe longissima*) 91
Couleuvre tesselée (*Natrix tessellata*) 160
Crabe, nébuleuse du 98
Crapaud (*Bufo bufo*) 72-73
Crick, Francis Harry Compton 213
Crinifer zonurus (touraco à queue barrée) 175
Crocodile du Nil (*Crocodylus niloticus*) 163, 170-171
Crocodylus niloticus (crocodile du Nil) 163
Crocuta crocuta (hyènes tachetées) 32
Cro-Magnon, homme de 49
Custom House, Dublin 40
Cuvier, Georges 14, 17, 18
Cyclobatis 147
Cynognathus 178

D

D'Alembert, Jean-Baptiste Le Rond 138
Darwin, Caterina 12
Darwin, Charles 9-13, 15, 18-27, 31-34, 37-38, 43-46, 51, 67-68, 80, 96, 205, 208-209, 211-213
Darwinisme social 80
Darwinisme 13, 24, 211, 213
Dauphin (*Tursiops truncatus*) 76-77
Dawkins, Richard 78, 80, 81, 108, 118, 130, 203
Degas, Edgard 200-201
Deinonychus 168
Delessert, baron 17
Démocrite 13
Dermochelys coriacea 157
Di Bartolo, Domenico, peintre 126-127
Diamond, Jared 50-52, 55-56, 58
Diapsides 156
Diderot, Denis 138
Dimetrodon 177
Dinomischus 143
Dinosaure 162-171
Diodon hystrix (poisson porc-épic) 59
Diomedea irrorata (albatros) 71
Diplopodes 140
Diplovertebron 153
Dobzhansky, Theodosius 209, 213
Dodo (*Raphus cucullatus*) 36
Doppler, effet 100
Dorylus nigricans (fourmi guerrière) 76-77
Down House 12
Dragon de Komodo (*Varanus komodoensis*) 160
Drakensberg, montagnes de 60
Dromadaire (*Camelus dromedarius*) 17
Droméosauridés 166
Dublin 40
Dunkleosteus 146-147
Dyson, Freeman 105

E

Eau 84
Écureuil d'Abert (*Sciurus aberti aberti*) 55
Écureuil de Kaibab (*Sciurus aberti kaibabensis*) 55
Egretta sacra (aigrette sacrée) 52
Eigen, Manfred 108, 110
El Hakel 146
Elaphe longissima (couleuvre d'Esculape) 91
Eldredge, Niles 67, 209
Éléphant africain (*Loxodonta africana*) 41, 183
Enhydra lutris (loutre de mer) 64
Eniwetok, atoll d' 223
Épervier (*Accipiter novaehollandiae*) 55
Epomophorus wahlbergi (chauve-souris frugivore) 64
Escargot (*Helix pomatia*) 141
Esox lucius (brochet) 87
Española, île d', Galápagos 71
Esturgeon (*Acipenser sturio*) 149
Éthiopienne, région 45
Euphorbes 82, 91-93
Eutamias quadrivittatus (chipmunk du Colorado) 42

F

Fauvette à tête noire (*Sylvia atricapilla*) 32
Faux corail (*Lampropeltis triangulum*) 94
Fisher, Ronald Aylmer 68, 70
FitzRoy, Robert, capitaine 9, 10
Flamant rose (*Phoenicopterus ruber*) 174
Flux génique 124
Formica rufa (fourmi rouge) 38
Fou à pieds bleus (*Sula nebouxii*) 12
Fou de Bassan (*Sula bassana*) 176,218
Fourmi guerrière (*Dorylus nigricans*) 76-77
Fourmi rouge (*Formica rufa*) 38
Fratercula arctica (macareux moine) 40
Fucus vesiculosus 132-133

G

Galago (galago) 187
Galilée 24
Gallus gallus (coq bankiva) 69
Gallus sonneratii (coq de Sonnerat) 69
Gamètes 139
Gardner, R. A. et Gardner, B. T. 194
Gènes 120
Gentiana kochiana (gentiane de Koch) 63
Gentiane de Koch (*Gentiana kochiana*) 63
Geospiza fortis 66
Geospiza magnirostris (pinson) 66
Girafe (*Giraffa camelopardalis*) 15, 45, 210-211
Giraffa camelopardalis (girafe) 15, 45, 210-211

Gnou *(Connochaetes taurinus)* 184
Gobi, desert de 103, 165
Gobius bucchichii 140
Goéland pontique *(Larus cachinnans)* 176
Gold, Thomas 110
Goodall, Jane 194
Gorgebleue européen *(Luscinia svecica)* 54
Gorilla gorilla (gorille) 36, 188-189, 190, 194-196, 221
Gorille *(Gorilla gorilla)* 36, 188-189, 190, 194-196, 221
Gould, John 29, 52, 54, 82
Gould, Stephen Jay 67, 82, 160, 209
Goura couronné *(Goura cristata)* 58
Goura cristata (goura couronné) 58
Goura de Scheepmaker *(Goura scheepmakeri)* 58
Goura de Victoria *(Goura victoria)* 58
Goura scheepmakeri (goura de Scheepmaker) 58
Goura victoria (goura de Victoria) 58
Grand-duc *(Bubo bubo)* 216
Grant, P. R. 67
Gray, Asa 20
Grenouille de Madagascar *(Mantella aurantiaca)* 154
Griffin, Donald 194-195
Guacharo *(Steatornis)* 88
Guanaco *(Lama guanicoë)* 180
Guépard *(Acinonyx jubatus)* 62
Gyps indicus (vautour indien) 172-173

H

Haeckel, Ernst 37
Halcyon chloris (martin pêcheur *Halcyon chloris*) 55
Haliaeetus leucocephalus (pygargue à tête blanche) 44
Haliaeetus vocifer (pygargue vocifère africain) 88-89
Halichoerus grypus (phoque gris) 183
Halkieria evangelista 143
Hallucigenia 143
Harfang des neiges *(Nyctea scandiaca)* 172
Hawaï, îles 45
Helix pomatia (escargot) 141
Heloderma (hélodermes) 160
Hélodermes *(Heloderma)* 160
Hemicyclaspis 145
Henslow, John Stevens 9, 12
Hepsetidae 87
Hepsetus odoe 87
Héraclite 96
Hermaphrodisme 140-141
Héron pourpré *(Ardea purpurea)* 82
Heterocephalus glaber (rat taupe nu) 88
Hiérarchie 79
Hilara sartor 38-39
Hippocampe *(Hippocampus hippocampus)* 151
Hippocampus hippocampus (hippocampe) 87
Hippopotame *(Hippopotamus amphibius)* 18, 130-131
Hippopotame nain *(Choeropsis liberiensis)* 181
Hippopotamus amphibius (hippopotame) 18, 130-131
Hirondelle *(Hirundo rustica)* 68, 230
Hirondelle noire *(Progne subis)* 210
Hirundo rustica (hirondelle) 78, 230
Hooker, professeur 20
Hôpital de Santa Maria della Scala, Sienne 126
Horn, cap 10
Houghton, professeur 20
Huître épineuse *(Spondylus regius)* 17
Hunt, Gavin 196
Hurghada, Égypte 72
Hydromantes italicus (spélerpès brun) 154-155
Hyènes tachetées *(Crocuta crocuta)* 32
Hyménoptères 63, 77

I

Ichtyosaures 87, 158
Ictéride américain *(Icterus galbula)* 91
Icterus galbula (ictéride américain) 91
Iguana iguana (iguane vert) 161
Iguane marin des Galápagos *(Amblyrhynchus cristatus)* 10
Iguane vert *(Iguana iguana)* 161
Impala *(Aepyceros melampus)* 23, 33
Indicateur de miel *(Indicator indicator)* 196
Indicator indicator (indicateur de miel) 196
Inséparable de Fischer *(Agapornis fischeri)* 52
Inséparable masqué *(Agapornis personatus)* 52
Inséparable rosegorge *(Agapornis roseicollis)* 52
Iridium 169
Isabela, île, Galápagos 200

K

Kaas, J. H. 88
Kampala, Ouganda 41
Kangourou roux australien *(Macropus rufus)* 178-179
Kelvin, Lord 25
Kent 12
Kenyapithecus 190
Kessel, E. 39
Khonghoryn, dunes de (Mongolie) 226-227
King, capitaine 9
Koala *(Phascolarctos cinereus)* 45
Kobus ellipsiprymnus defassa (cobe à croissant) 62
Koehler, Wolfgang 194
Kremlin, Moscou 43

L

Lacerta agilis (lézard des souches) 14
Lacerta lepida (lézard ocellé) 14
Lacerta viridis (lézard vert) 14, 74, 160
Lama *(Lama glama)* 180
Lama glama (lama) 180
Lama guanicoë (guanaco) 180
Lama pacos (alpaga) 180
Lamarck, Jean-Baptiste 13, 15
Laminaria digitata (algue brune) 132
Lampropeltis triangulum (faux corail) 94
Lancet, D. 107
Langage des animaux 75-76
Larus cachinnans (goéland pontique) 176
Latimeria 150-151
Lavande *(Lavandula spica)* 29
Lavandula spica (lavande) 29
Lemur catta (lémurien catta) 185
Lémurien catta *(Lemur catta)* 185
Leontopithecus rosalia (tamarin doré) 186-187
Lepidoptères 63
Lepidosaures 159-161
Lépisostée osseux *(Lepisosteus osseus)* 149
Lepisosteus osseus (lépisostée osseux) 149
Lewontin, Richard 60
Lézard de Wagler *(Podarcis wagleriana)* 14
Lézard des murailles *(Podarcis muralis)* 14
Lézard des ruines *(Podarcis sicula campestris)* 14
Lézard des souches *(Lacerta agilis)* 14
Lézard ocellé *(Lacerta lepida)* 14
Lézard vert *(Lacerta viridis)* 14, 74, 160
Lightfoot, John 25
Limule *(Limulus polyphemus)* 67
Limulus polyphemus (limule) 67
Linné, Carl von 14, 15
Lion, lionne *(Panthera leo)* 33, 95
Lis de Saint-Bruno *(Paradisia liliastrum)* 63
Lizard, canari 30
London, canari 30
Loriot eurasiatique *(Oriolus oriolus)* 91
Lorius albidinuchus 58
Lorius hypoinochrous 58
Loup *(Canis lupus)* 29, 79, 86
Loutre de mer *(Enhydra lutris)* 64
Loxodonta africana (éléphant africain) 41, 183
Lune 101
Luscinia svecica (gorgebleue européen) 54
Lycaenops 178
Lycaon *(Lycaon pictus)* 39, 79
Lycaon pictus (lycaon) 39
Lyell, Charles 20

M

Macaca silvana (magot) 186-187
Macareux moine *(Fratercula arctica)* 40
Machu Picchu 180

Macropus rufus (kangourou roux australien) 178-179
Madagascar 45, 155, 185
Magellania flavescens 145
Magot *(Macaca silvana)* 186-187
Mainardi, Danilo 191
Maïs *(Zea mays)* 28, 29
Malthus, Thomas 20
Manet, Édouard 193, 196-197
Mante religieuse *(Mantis religiosa)* 86
Mantella aurantiaca (grenouille de Madagascar) 154
Mantis religiosa (mante religieuse) 86
Mantispa semihyalina 86
Margulis, Lynn 128
Marmota marmota (marmotte alpine) 40
Marmotte alpine *(Marmota marmota)* 40
Marrella 143
Martin pêcheur *Halcyon chloris* *(Halcyon chloris)* 55
Massa, Renato 69
May, île de 183
Maynard-Smith, John 78
Mayr, Ernst 50-52, 54-56, 58, 80, 168, 205, 211-213
Meda, Piero 94
Mégapode de Freycinet *(Megapodius freycinet)* 54
Megapodius freycinet (mégapode de Freycinet) 54
Méiose 137-138
Mélanésie 50, 51
Mellivora capensis (ratel) 196
Melopsittacus undulatus (perruche ondulée) 28-29, 68-69
Mendel, Gregor 30, 31, 211
Merlebleu de l'Ouest *(Sialia mexicana)* 94
Mésange noire *(Parus ater)* 52
Metropolitan Museum of Art, New York 85
Michel-Ange 96
Micrasterias americana 131
Micrococcus radiodurans 120
Micrurus corallinus (serpent corail) 94
Milan noir *(Milvus migrans)* 40
Miller, Stanley 102
Milvus migrans (milan noir) 40
Mimidae 46
Mino de Dumont *(Mino dumontii)* 221
Mino dumontii (mino de Dumont) 221
Mirafra africana (alouette africaine) 90-91
Moineau domestique *(Passer domesticus)* 212
Moineau friquet *(Passer montanus)* 43
moineau gris *(Passer griseus)* 40
Moller, Anders Pape 68
Molothrus ater (vacher à tête brune) 38
Molothrus badius 38
Molothrus bonariensis (vacher luisant) 38
Molothrus pecoris 38
Monarcha 56
Monod, Jacques 95
Montalenti, Giuseppe 17
Moscou 43
Mowrer, O. H. 198
Murchison Falls 163
Mus darwinii (rat de Darwin) 12
Musée d'Orsay, Paris 200
Muséum d'histoire naturelle, Paris 15
Mutations 124
Myllokunmingia fengjiaoa 145
Myzomela, mangeur de miel 56

N

Namib, desert du 219
Namibie 79, 183, 219, 227
Natrix natrix (couleuvre à collier) 160
Natrix tessellata (couleuvre tesselée) 160
Neandertal, homme de 49
Néarctique, région 45
Nectarinia purpureiventris (souimanga à ventre pourpre) 45-46
Néolithique, révolution agricole du 225-226
Neophron percnopterus (vautour percnoptère) 194-195
Néotropicale, région 45
Neutron 97
Ninox 56
Nitrobacter winogradskyi 120
Nodder, Frederick Polydore 141
Notocactus leninghausii 82-83
Nouvelle-Guinée 45
Nouvelle-Zélande 10, 45
Nyctea scandiaca (harfang des neiges) 172-173

O

Odontogriphus 143
Oiseaux 171-176
Okapi *(Okapia johnstoni)* 210-211
Okapia johnstoni (okapi) 210-211
Ombrette africaine *(Scopus umbretta)* 41, 53
Opabinia 143
Oparin, Aleksandr Ivanovic 106
Orang-outan *(Pongo pygmaeus)* 18, 36, 79, 188-190
Orientale, région 45
Oriolus oriolus (loriot eurasiatique) 91
Ornithorhynchus anatinus (ornithorynque) 178-179
Ornithorynque *(Ornithorhynchus anatinus)* 178-179
Orvet *(Anguis fragilis)* 91
Ostracodermes 145
Otarie *(Zalophus wollebaeki)* 71, 217
Otarie du Cap *(Arctocephalus pusillus)* 183
Oudna, Tunisie 224-225
Owen, Richard 162

P

Pacifique, océan 10
Paléarctique, région 45
Pan paniscus (bonobo) 188
Pan troglodytes (chimpanzé) 188
Panthera leo (lion, lionne) 33, 95
Panthera tigris (tigre) 44, 216
Paon *(Pavo cristatus)* 45
Papio cynocephalus (babouin) 186-187
Paradisia liliastrum (lis de Saint-Bruno) 62
Paradoxides gracilis 144
Parapriacanthus guentheri (poisson de verre) 150
Parc national et réserve
- Amboseli, Kenya 183, 202
- Anja d'Ambalavao, Madagascar 185
- Arches, Utah, États-Unis 34
- Aruba, Petites Antilles 195
- Bass Rock, Écosse 219
- Budongo, Ouganda 196
- Cape Cross, Namibie 183
- Etosha, Namibie 79
- Galápagos, îles, Équateur 4, 10, 12, 43-44, 46, 66, 71, 156, 158, 196, 200, 214, 217
- Gombe, Tanzanie 194
- Grand Paradis, Val di Cogne 219
- Grand Canyon, Arizona, États-Unis 55
- Keoladeo Ghana, Inde 215, 219
- Kirindy, Madagascar 185
- Kruger, Afrique du Sud 33, 56, 75
- Masai Mara, Kenya 32-33, 95, 173, 190
- Monks Wood, Angleterre 218
- Nambung, Australie 226
- Queen Elizabeth, Ouganda 175
- Tarangire, Tanzanie 184
- Tsavo, Kenya 170, 184
- Yellowstone, Wyoming-Montana-Idaho, États-Unis 110-111, 214

Parthénogénèse 140-141
Parus ater (mésange noire) 52
Passer domesticus (moineau domestique) 212
Passer griseus (moineau gris) 40
Passer montanus (moineau friquet) 43
Patterson, F. G. 194-195
Pavo cristatus (paon) 45
Peccei, Aurelio 230
Pelecanus occidentalis (pélican brun) 172-173
Pélican brun *(Pelecanus occidentalis)* 172-173
Pepperberg, Irene 196, 198-199
Péramèle *(perameles)* 86
Perameles (péramèle) 86
Perroquet à face jaune *(Poicephalus flavifrons)* 56
Perroquet à tête brune *(Poicephalus cryptoxanthus)* 56-57

Perroquet à ventre orange *(Poicephalus rufiventris)* 57
Perroquet de Jardine *(Poicephalus gulielmi)* 199
Perroquet de Meyer *(Poicephalus meyeri)* 40
Perroquet du Cap *(Poicephalus robustus)* 60-61
Perroquet jaco *(Psittacus erithacus)* 196-199
Perroquets de savane *(Poicephalus)* 56-57
Perruche ondulée *(Melopsittacus undulatus)* 28-29, 68, 69
Petit calao à bec jaune *(Tockus flavirostris)* 41
Petit-Saint-Bernard 23
Phalacrocorax aristotelis (cormoran huppé) 221
Phalacrocorax harrisi (cormoran des Galápagos) 36
Pharomachrus mocinno (quetzal) 44
Phascolarctos cinereus (koala) 45
Phoenicopterus ruber (flamant rose) 174
Phoque gris *(Halichoerus grypus)* 183
Pic maçon *(Sitta europaea)* 49
Pic maçon corse *(Sitta whiteheadi)* 49
Pic maçon de Kabylie *(Sitta ledanti)* 49
Pigeon *Ptilinopus rivoli (Ptilinopus rivoli)* 55
Pikaia 143
Pinson *(Geospiza magnirostris)* 66
Piqueboeuf à bec jaune *(Buphagus africanus)* 184
Pisum commune (pois commun) 31
Pleurosaurus goldfussi 159
Plymouth 10
Podarcis muralis (lézard des murailles) 14
Podarcis sicula campestris (lézard des ruines) 14
Podarcis wagleriana (lézard de Wagler) 14
Poecilidae 87
Poicephalus cryptoxanthus (perroquet à tête brune) 56-57
Poicephalus flavifrons (perroquet à face jaune) 56-57
Poicephalus fuscicollis 61
Poicephalus gulielmi (perroquet de Jardine) 199
Poicephalus meyeri (perroquet de Meyer) 40, 57, 74
Poicephalus robustus (perroquet du Cap) 60-61
Poicephalus rufiventris (perroquet à ventre orange) 57
Pois commun *(Pisum commune)* 31
Poisson clown *(Amphiprion ocellaris)* 94
Poisson de verre *(Parapriacanthus guentheri)* 150
Poisson fusilier de Suez *(Caesio suevicus)* 72-73
Poisson papillon demi-masqué *(Chaetodon semilarvatus)* 72-73
Poisson porc-épic *(Diodon hystrix)* 59
Poisson-spatule *(Polyodon spathula)* 149
Polyodon spathula (poisson-spatule) 149
Polypterus bichir (bichir africain) 148-149
Pongo pygmaeus (orang-outan) 18, 188
Pouilles, calcaires du Miocène 147
Précambrien 85
Premarck, D. 194
Primates 75, 77, 79, 185-191, 197, 221
Progne subis (hirondelle noire) 210
Propithecus verreauxi (sifaka de Verreaux) 185
Protéine 105-106, 108-109, 111-112, 116-120, 124
Proton 97
Psittacus erithacus (perroquet jaco) 196-199
Pterodactylus elegans 170
Ptilinopus rivoli (pigeon *Ptilinopus rivoli*) 55
Purgatorius 185
Pygargue à tête blanche *(Haliaeetus leucocephalus)* 44
Pygargue vocifère africain *(Haliaeetus vocifer)* 88-89
Pygopodidae 94

Q

Quartz 81
Quercus robur (chêne pédonculé) 135
Quetzal *(Pharomachrus mocinno)* 44

R

Rambur, Jules-Pierre 56
Rano Kau, cratère 27
Raphus cucullatus (dodo) 36
Rarotonga, îles de Cook 222
Rat de Darwin *(Mus darwinii)* 12
Rat taupe nu *(Heterocephalus glaber)* 88
Ratel *(Mellivora capensis) 196*
Rembrandt 85
Reptiles 155-171
Rhodomicrobium vannielii 120
Richmond Park 183
Richmond, George, peintre 9
Robinia pseudacacia (robinier) 64-65
Robinier *(Robinia pseudacacia)* 64-65
Romer, Alfred 153, 173
Rumbaugh, D. M. 194
Rupicapra pirenaica (chamois des Pyrénées) 49
Rupicapra rupicapra (chamois alpin) 49

S

Salangane *(Collocalia)* 88
Salvia hispanica 14
Santa Cruz, Galápagos 4, 156, 217
Saxicola torquata (tarier pâtre) 172-173
Schroedinger, Erwin 104, 106
Scincus scincus (scinque des sables) 66-67
Scinque des sables *(Scincus scincus)* 66-67
Scinque ocellé *(Chalcides ocellatus)* 36
Sciurus aberti aberti (écureuil d'Abert) 55
Sciurus aberti kaibabensis (écureuil de Kaibab) 55
Scolopendra cingulata 82
Scopus umbretta (ombrette africaine) 41, 53
Scutosaurus 155
Scyliorhinus elongatus 147
Scymnognathus 178
Segré, D. 107
Seps strié *(Chalcides chalcides)* 35
Serpent corail *(Micrurus corallinus)* 94
Seymouria 155
Sialia mexicana (merlebleu de l'Ouest) 94
Sifaka de Verreaux *(Propithecus verreauxi)* 185
Singe vert *(Cercopithecus aethiops)* 75, 202
Sitta europaea (pic maçon) 49
Sitta ledanti (pic maçon de Kabylie) 49
Sitta whiteheadi (pic maçon corse) 49
Smilodon (tigre marsupial à dents de sabre) 86, 90
Société, îles de la 10
Soleri, Paolo 228-229
Sonar 76
Souimanga à ventre pourpre *(Nectarinia purpureiventris)* 45-46
Spélerpès brun *(Hydromantes italicus)* 154-155
Spencer, Herbert 32
Sphenodon punctatus (tuatara de Nouvelle-Zélande) 159
Spiegelmann, Sol 109
Spondylus regius (huître épineuse) 17
Spriggina floundersi 142
Squilla mantis 86-87
Staatsgalerie, Munich 193
Station prussienne de Tenerife 194
Steatornis (guacharo) 88
Stégosaure *(Stegosaurus)* 164
Stenella clymene 87
Steneosaurus bollensis 170
Stenopterygius crassicostatus 87
Streptomyces rimosus 120
Stromatolithes 125
Struthio camelus (autruche) 35, 139
Sturnella 90-91
Sula bassana (Fou de Bassan) 176, 218
Sula nebouxii (fou à pieds bleus) 12
Supernova 98
Sydney 10
Sylvia atricapilla (fauvette à tête noire) 32
Système solaire 98

T

Tachyeres pteneres (brassemer cendré) 36
Tamarin doré *(Leontopithecus rosalia)* 186-187
Tarbosaurus 165

Tarier pâtre *(Saxicola torquata)* 172-173
Taupe à nez étoilé américaine *(Condylura cristata)* 88
Terrace, H. S. 194
Terrapene carolina (tortue boîte) 42
Terre de Feu 11-12
Territoire 79
Testudo elephantopus (tortue géante des Galápagos) 156
Testudo marginata (tortue bordée) 58
Testudo pardalis (tortue léopard) 217
Tetrao tetrix (tétras-lyre) 69
Tétras-lyre *(Tetrao tetrix)* 69
Teuber, Eugen 194
Thon *(Thunnus thynnus)* 151
Thonningia sanguinea 203
Thunnus thynnus (thon) 151
Thylacine *(Thylacinus cynocephalus)* 86
Thylacinus cynocephalus (thylacine) 86
Tigre *(Panthera tigris)* 44, 216
Tigre à dents de sabre placentaire *(Barbourofelis)* 86, 90
Tigre marsupial à dents de sabre *(Smilodon)* 86, 90
Tockus flavirostris (petit calao à bec jaune) 41
Todt, Dietmar 198
Topaza pella (colibri) 46
Tortue boîte *(Terrapene carolina)* 42
Tortue bordée *(Testudo marginata)* 58
Tortue géante des Galápagos *(Testudo elephantopus)* 156
Tortue léopard *(Testudo pardalis)* 217
Tortue verte *(Chelonia mydas)* 157
Touraco à queue barrée *(Crinifer zonurus)* 175
Trachops cirrhosus 194
Tricératops 165
Tricholoma nigrum 133
Trilobites 143-144
Tuatara de Nouvelle-Zélande *(Sphenodon punctatus)* 159
Tupaïa 185
Tursiops truncatus (dauphin) 76-77
Tyrannosaure *(Tyrannosaurus rex)* 164-165
Tyrannosaurus rex (tyrannosaure) 164-165

U

Ulva lactuca 128
Uraeginthus ianthinogaster 173
Uranium 35

V

Vacher à tête brune *(Molothrus ater)* 38
Vacher luisant *(Molothrus bonariensis)* 38
Varan du désert *(varanus griseus)* 161
Varanus griseus (varan du désert) 161
Varanus komodoensis (dragon de Komodo) 160
Vautour indien *(Gyps indicus)* 172-173
Vautour percnoptère *(Neophron percnopterus)* 194-195
Veglia, Alpe 23
Velociraptor 169
Vicugna vicugna (vigogne) 180
Vigogne *(Vicugna vicugna)* 180
Vipère à cornes du Sahara *(Aspis cerastes)* 160
Virus 106
Volvox carteri 137
Vombatus ursinus (wombat) 86
Von Neumann, John 104

W

Walcott, Charles Doolittle 143
Wallace, Alfred Russel 18-20, 43, 45, 211
Wallace, ligne de 45
Washington Monument 42
Watson, James Dewey 213
Weismann, August 213
Welwitschia mirabilis 227
Whittington, Harry 143
Wilson, Edward O. 71
Wiwaxia 143
Wombat *(Vombatus ursinus)* 86

Z

Zahavi, Amotz 69-70
Zalophus wollebaeki (otarie) 71, 217
Zea mays (maïs) 28, 29
Zuk, Marlene 69

CRÉDITS ICONOGRAPHIQUES

Les numéros hors des parenthèses indiquent la page, ceux entre parenthèses l'image.

Fonds Jaca Book

Antonini, Ettore : 113.
Bacchin, Giorgio : 185 (3), 190 (2), 220 (2, 4).
Berselli, Remo : 64 (1), 73 (2), 142 (1), 155 (3-4), 179 (4-5), 194 (2).
Blandino, Daniela : 9 (1), 10 (1), 44-45, 49 (3), 51 (4), 57 (3), 58 (2), 59, 66 (1), 114-115, 119.
Boesi, Alessandro : 125 (3).
Citi, Duilio : 83, 84 (1), 92-93, 133 (5), 134, 135 (4-5).
Corsi, Sandro : 97.
Covini, Virginia : 110 (2).
Dattena, Cesare : 100 (1), 162, 170 (2-4).
Del Nevo, Annapaola : 157 (4).
Fatka, Oldrich, Praga : 144.
Frigerio, Marco : 150.
Ginori, Ph. : 29 (7), 30, 46 (1), 49 (4), 58 (1), 61 (3), 68 (2-3).
Gonano, Maria Elena : 47 (3), 69 (4), 129 (2), 136 (1), 148, 152 (1), 153 (2), 167 (4).
Gradin, Maurizio e Jacomelli, Fabio : 26 (2), 138 (1).
Massa, Renato : 13 (4), 14 (3-4), 15 (6), 21 (3), 22-23, 28 (2), 29 (3-6), 32 (2), 33 (4), 35 (3-4), 39 (5-6), 40 (3), 41, 42 (2-3), 47 (2), 53 (3-4), 57 (2), 58 (3), 61 (2, 4), 62-63, 65 (4), 67 (4-5), 74 (2), 75 (3), 77 (3), 78 (1), 79 (5), 82 (2), 84 (2-3), 86 (2), 90 (4), 91, 95 (4), 132 (1, 3), 133 (4, 6), 135 (6), 140 (2), 141 (4), 151 (2), 154 (2), 160, 161 (4), 163, 172 (1, 4), 173 (5), 175 (2), 176, 181 (2), 182 (2), 183 (3), 184 (2), 186 (2), 187 (4-5), 189 (3), 190 (1), 191 (3), 195 (4), 197 (2), 203, 207 (2, 4), 210 (2), 211 (3), 212, 215, 216 (2), 217 (5), 218, 219 (4-5), 221 (6), 230.
Moriggia, Rosalba : 52, 107 (5), 109 (2), 116 (1), 117 (4), 120-121 (1-6), 210 (1).
Orlandi, Lorenzo : 37 (3), 146 (1).
Oschmann, Wolfgang, Frankfurt a.M. : 87 (5), 171 (6).
Perotti, Gianni : 34 (1).
Piatto, Maria : 107 (4).
Raffa, Stefano : 28 (1).
Re, Giulia : 70 (1, 3), 75 (4), 87 (6).
Rieber, Hans P., Zürich : 158 (1).
Rizzato, Sergio : 149 (2-5).
Scheffold, B. : 158 (2).
Scotti, Carlo : 81, 142 (2), 145 (3), 146 (3), 147 (5), 165 (6), 191 (4).
Simoni, Roberto : 204.
Stabin, Angelo : 220 (1).
Tamer, Marzio : 177 (4).
Venuto, Vincenzo : 199 (3).
Viohl, Günther, Eichstätt : 159, 166 (3), 170 (1).

Les images non mentionnées proviennent du fonds Jaca Book.

Autres fonds

Abdelahad, N. : 131 (2).
Andena, Luigi : 32 (1), 43 (5), 172 (2).
Arcudi, Gianni : 10 (2), 73 (1), 76 (1), 82 (1), 94 (2), 140 (1), 151 (3), 157 (3).
Bernardi, Marc/Inner Space : 89 (4).
Bugli, Roberto : 68 (1).
Cossa, Bruno : 8, 12 (1), 33 (3), 40 (1), 42 (1), 43 (4), 55 (3), 64 (3), 70 (2), 71 (5), 79 (4), 89 (2), 102 (1), 130 (1), 154 (1), 156 (2), 161 (5), 165 (7), 171 (5), 172 (3), 173 (6), 174, 180, 182 (1), 183 (4), 184 (1), 185 (4-5), 186 (1), 195 (5), 200, 202, 205-206, 214, 217 (4), 219 (3), 221 (5), 227 (2-3).
Cossa, Claudia : 139, 179 (6), 226 (1).
Costantino, Gianni : 89 (3).
Cramer, Noël, Thonex, Suisse : 11 (3).

Dué, Andrea/Calvetti, Leonello e Massini, Luca : 164 (1), 165 (4), 166 (1-2), 168 (1), 169 (5).
Fotoricerca Donadoni, Bergame : 132 (2).
Gargiulo, G.M. : 128 (1).
Granata Images/Ammann, K.K. : 189 (2) ; Ross, Bill : 222 (2), Saragosa, A. : 19 (5), 223 (3) ; Weisser, W. : 19 (3).
Graneri, Walter : 74 (1), 86 (3).
Grazia Neri-Minden Pictures/Moffett, Mark : 66 (2).
Grazia Neri-Science Photo Library/Los Alamos National Laboratory : 223 (4).
Greenpeace/Chin Yun, C. : 213 (5).
Lunwerg-Jaca Book/Toni Catany : 26 (1).
Milne, Robert, IFA-CNR, Turin : 106 (1-2), 117 (5).
Peitsch, Manuel C., Geneva Biomedical Research Institute, Glaxo-Wellcome Experimental Research, Switzerland : 104 (1-2), 105, 118.
Pepperberg, Irene : 196, 198 (2).
Pinna, Giovanni : 64 (2).
Poccianti, Maddalena : 110 (1), 111.
Scanlon, Robert : 38 (1).
Stoddart, Tom : 222 (1).
Segala, Ariberto : 40 (2), 216 (1, 3).
Teruzzi, Giorgio : 125 (2), 143, 147 (4).
Vautier, Mireille : 225.
Zingone, A. : 136 (2-3).

Les images suivantes sont tirées de :
39 (3-4) : John Alcock, *Animal behavior. An evolutionary approach*, Sinauer Associates Inc. Publishers, Sunderland, Massachusetts 1989, p. 198-199.
50 (1-3) : Ernst Mayr, Jared Diamond, *The birds of Northern Melanesia. Speciation, Ecology, and Biogeography*, Oxford University Press, New York 2001, jacket, plates 1, 9, illustrazioni di H. Douglas Pratt.
88 (1), 90 (1-2) : Simon Conway-Morris, *Life's solution: inevitable humans in a lonely universe*, Cambridge University Press, Cambridge 2003, p. 177, p. 131.
194 (1): Jane Goodall, *Through a Window. My Thirty Years with the Chimpanzees of Gombe*, Houghton Mifflin, Boston 1990, p. 149.

Ouvrage réalisé par le Studio graphique des Éditions du Rouergue.

Reproduit et achevé d'imprimer en juillet 2007
sur les presses de Conti Tipocolor Spa (Italie).

Dépôt légal : octobre 2007
ISBN : 978 2 8415 6873 4